ZHIYE JINENG PEIXUN JIANDING JIAOCAI

■ 职业技能培训鉴定教材 ■

常用电机检修工

CHANGYONG DIANJI JIANXIUGONG

（高级）

主　编　张友芬

编　者　杨　镔　马占广　张金龙　董焕和

主　审　凌跃胜

审　稿　赵争菡　杜　勇

中国劳动社会保障出版社

图书在版编目(CIP)数据

常用电机检修工：高级/劳动和社会保障部教材办公室组织编写．—北京：中国劳动社会保障出版社，2007

职业技能培训鉴定教材

ISBN 978－7－5045－6601－0

Ⅰ．常…　Ⅱ．劳…　Ⅲ．电机-检修-技术培训-教材　Ⅳ．TM307

中国版本图书馆 CIP 数据核字(2007)第 169771 号

中国劳动社会保障出版社出版发行

（北京市惠新东街 1 号　邮政编码：100029）

出 版 人：张梦欣

*

北京隆昌伟业印刷有限公司印刷装订　新华书店经销

787 毫米×1092 毫米　16 开本　13.25 印张　281 千字

2007 年 11 月第 1 版　　2007 年 11 月第 1 次印刷

定价：22.00 元

读者服务部电话：010－64929211

发行部电话：010－64927085

出版社网址：http：//www.class.com.cn

内容简介

本教材由劳动和社会保障部教材办公室依据《国家职业标准——常用电机检修工》组织编写。本教材从职业能力培养的角度出发，力求体现职业培训的规律，满足职业技能培训与鉴定考核的需要。

本教材在编写中贯穿“以职业标准为依据，以企业需求为导向，以职业能力为核心”的理念，采用模块化的编写方式。全书按职业功能分为四个模块单元，主要内容包括电机检修前的组织与准备、电机检修、修试试验、检修报告等。每一单元内容在涵盖职业技能鉴定考核基本要求的基础上，详细介绍了本职业岗位工作中要求掌握的最新实用知识和技术。

为便于读者迅速抓住重点、提高学习效率，教材中还精心设置了“培训目标”“考核要点”“特别提示”等栏目。每一单元后附有单元测试题及答案，全书最后附有知识和技能考核模拟试卷，供读者巩固、检验学习效果时参考使用。

本教材可作为高级常用电机检修工职业技能培训与鉴定考核教材，也可供中、高等职业院校相关专业师生参考，或供相关从业人员参加在职培训、岗位培训使用。

前言

1994年以来，劳动和社会保障部职业技能鉴定中心、教材办公室和中国劳动社会保障出版社组织有关方面专家，依据《中华人民共和国职业技能鉴定规范》，编写出版了职业技能鉴定教材及其配套的职业技能鉴定指导200余种，作为考前培训的权威性教材，受到全国各级培训、鉴定机构的欢迎，有力地推动了职业技能鉴定工作的开展。

劳动保障部从2000年开始陆续制定并颁布了国家职业标准。同时，社会经济、技术不断发展，企业对劳动力素质提出了更高的要求。为了适应新形势，为各级培训、鉴定部门和广大受培训者提供优质服务，教材办公室组织有关专家、技术人员和职业培训教学管理人员、教师，依据国家职业标准和企业对各类技能人才的需求，研发了职业技能培训鉴定教材。

新编写的教材具有以下主要特点：

在编写原则上，突出以职业能力为核心。教材编写贯穿“以职业标准为依据，以企业需求为导向，以职业能力为核心”的理念，依据国家职业标准，结合企业实际，反映岗位需求，突出新知识、新技术、新工艺、新方法，注重职业能力培养。凡是职业岗位工作中要求掌握的知识和技能，均作详细介绍。

在使用功能上，注重服务于培训和鉴定。根据职业发展的实际情况和培训需求，教材力求体现职业培训的规律，反映职业技能鉴定考核的基本要求，满足培训对象参加各级各类鉴定考试的需要。

在编写模式上，采用分级模块化编写。纵向上，教材按照国家职业资格等级单独成册，各等级合理衔接、步步提升，为技能人才培养搭建科学的阶梯型培训架构。横向上，教材按照职业功能分模块展开，安排足量、适用的内容，贴近生产实际，贴近培训对象需要，贴近市场需求。

在内容安排上，增强教材的可读性。为便于培训、鉴定部门在有限的时间内把最重要的知识和技能传授给培训对象，同时也便于培训对象迅速抓住重点，提高学习效率，在教材中精心设置了“培训目标”“考核要点”“特别提示”等栏目，以提示应该达到的目标，需要掌握的重点、难点、鉴定点和有关的扩展知识。另外，每个学习单元后安排了单元测试题，每个级别的教材都提供了知识和技能考核模拟试卷，方便培训对象及时巩固、检验学习效果，并对本职业鉴定考核形式有初步的了解。

本书在编写过程中得到天津市职业技能培训研究室、中环天虹微电机有限公司、天津市涉外机电技术学校、河北工业大学的大力支持和热情帮助，在此一并致以诚挚的谢意。恳切希望各使用单位和个人对教材提出宝贵意见，以便修订时加以完善。

劳动和社会保障部教材办公室

目录

第1单元

电机检修前的组织与准备

本单元采用表格的形式介绍了电机常见的内、外机械故障和电气故障的查找方法，既便于读者学习，又便于应用在实际工作中。读者经系统学习后可以进一步提高电机故障查找的技术水平。

电机检修施工前要编制检修工艺过程卡片、工艺卡片、工序卡片、工艺守则等，并对检修用工、用料进行预算，做到有计划、有步骤、按最优化、科学性与切实可行的方案去检修。

高级工要发挥智慧做些检修电机的简单工具。

在讲述电机的电气控制系统时，以C650卧式车床电气控制系统为例进行了介绍。这是一个有一定深度和实用价值的例子，读者经过认真学习、仔细思考，可以扩大知识面，并对实际工作有所启发。

第一节 电机故障初步判断与分析

培训目标

- → 能够判断电机的机械故障与电气故障
- → 能够指导工作人员试运行，并根据电机异常现象和现存记录分析故障原因
- → 能够指导工作人员记录询问情况与原始数据

电机故障是指电机的性能指标异常、不转动或烧毁，而导致系统部分或完全丧失使用功能。它包括机械故障和电气故障。查找故障的基本方法如图 1—1 所示。

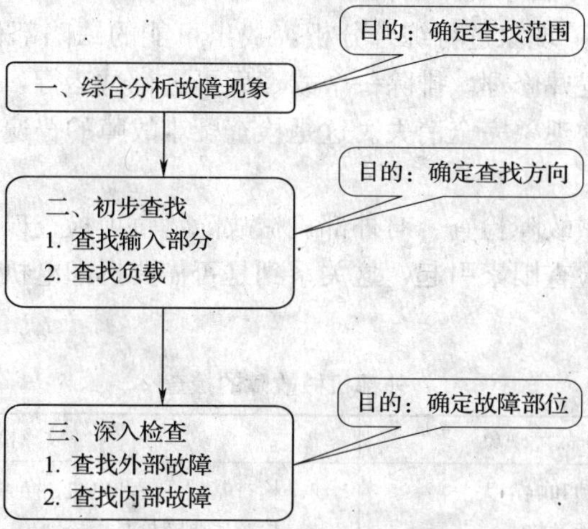

图 1—1　电机故障查找基本方法流程图

查找故障可分为圈定故障范围和检查故障位置两阶段，主要采用综合分析和检查试验。查找故障是一项很复杂的工作，故又称之为故障诊断。当电机及其相应系统故障较多时，还要反复查找才能找到故障位置。

一、电机机械故障

1. 电机机械故障的分类

由电机机械部分引起的故障称为电机机械故障。其中由电机本体以外的机械原因（如安装条件恶化、传动机构失调、负载阻卡等）引起的故障称为电机外部机械故障，由电机本体的机械原因（如轴承、端盖、转轴破损等）引起的故障称为电机内部机械故障。

2. 电机机械故障的检查

（1）常见机械故障检查方法

1）观察法。用于检查明显的结构缺陷。例如，转轴弯曲、断裂，轴承的退火颜色

及漏油现象，电刷、换向器、集电环、铁心表面的擦痕和不整齐、风叶损坏等。这种方法具有较高的可靠性，电机检修中经常使用。

2）检验法。利用计量器具对可能的缺陷部位进行测量，将测量值与规定值比较，查找出故障部位。例如，用量具检查尺寸和表面粗糙度，用测力计检查电刷的压力，用温度计或测温仪检查绕组和轴承的温度等。这种检测法精度高，在电机检修中必须使用。

3）试探法。主要用于检查各类松动缺陷以及接触过紧或过松。例如，用小锤轻轻敲击铁心两端齿部和端板，如听到“哑声”，同时看到冲片缝隙有铁锈或灰尘喷出，表明铁心有松动；用手旋转转子，转动不灵活，电机内部发出不规则的摩擦声，表明电机内部有阻卡物；用力推集电环，可查出其松动；此外还可以检查轴承的润滑和间隙等。这种方法主要利用人对力和声音的感觉，需要一定的经验，应尽量避免使用。

4）试验法。这种方法主要用于检查特殊的机械缺陷，如平衡试验等。

5）排除法。对故障现象进行综合分析，找出可能的缺陷部位，分别对这些部位进行检查，找出故障位置并修理。排除一个故障后再进行试运行，并对剩下的异常现象进行新的查找，直到异常现象完全消失。这是检查疑难故障的普遍做法，适用于检查电气故障和机械故障。

（2）常见外部机械故障检查。对外部机械故障，每项检查以后都要进行试运行，以确认异常是否由该项检查因素引起，这关系到是否需要拆卸电机。常见的外部机械故障及检查见表1—1。

表1—1　　外部机械故障的检查

故障类型	故障现象	故障检查
安装条件恶化	1. 振动和响声大 2. 轴承过热	1. 检查基础强度和电机、负载、联轴器或带轮的安装情况 2. 检查底脚螺栓是否松动
传动机构失调	1. 轴承过热，电流增大 2. 传动带打滑，电流减小 3. 电机振动，电流不稳	检查传动带是否过紧或过松
负载卡阻	1. 转动不灵活 2. 空转电流大且不稳 3. 机械上有噪声	1. 在整体空转时电流大的情况下，用听诊棒或直接听出机械中是否有异物滚动或滑动的噪声 2. 清除阻卡物

（3）常见内部机械故障检查

1）轴承故障检查。电机轴承是转子转动时输出转矩的支承，也是定子、转子同轴度的重要保证，但在高速运行中会造成磨损，如果磨损超限就会导致电机产生振动、噪声和发热，严重时甚至不能工作，从而引起绕组烧毁。

引起轴承故障的原因有：安装不正；检修时，零件机加工精度不够，更换的轴承型号或润滑剂不符合要求；装配工艺不良；使用不当或使用条件恶劣（如过载、转动部件的机械故障等）。轴承故障及检查见表1—2。

表 1—2　　轴承故障及检查

故障类型	故障现象	故障检查
磨损严重，润滑脂变质，润滑脂过少	1. 轴承过热，有金属摩擦声 2. 振动和噪声大 3. 轴承磨损、呈退火颜色、支承架破裂 4. 空载电流对称且有所增大	1. 解除电动机与机械间的连接，测量空载电流并与性能指标比较，看是否差异较大 2. 打开轴承盖，看是否有渗油（渗出润滑脂析出的稀油）和甩油（挤出胶体润滑脂）等漏油现象 3. 检测轴承。观察是否有退火颜色（暗红色）、支承架破裂等现象 4. 抽出转子清洗轴承，测量轴承间隙
配合过紧	1. 轴承过热，啸叫声 2. 轴承呈退火颜色，轴承圈破裂	清洗轴承，轴承圈无裂纹时，测量轴承间隙是否合格
配合过松	1. 轴承过热 2. 振动和噪声大	清洗轴承，测量轴承间隙是否合格
安装位置不正	1. 振动和噪声大 2. 滚道有金属剥落、支承架开裂	检查轴承变形状况
滑动轴承快速磨损，烧瓦	电机剧烈振动、噪声大	检查油泵、循环油路、油质是否正常，有无油膜形成

2）其他常见内部机械故障检查。其他常见内部机械故障及检查方法见表 1—3。

表 1—3　　电机其他常见内部故障及检查方法

故障部位	故障现象	故障检查
转轴	振动和噪声大	检查转轴是否弯曲
	电机抖动或扫膛	检查转轴是否断裂
	连接处振动和噪声大	检查转轴的键槽是否磨损
铁心	振动、噪声大、温度高	检查铁心是否松动
	噪声大	检查铁心是否扇张
	1. 电流大且不稳，振动 2. 摩擦响声、绝缘烧焦气味	检查铁心表面是否擦伤
集电环	电刷在此处有火花	检查集电环表面是否擦伤、
	1. 回路电流不稳 2. 绝缘损伤	检查集电环是否松动
电刷	电流不稳、有火花	检查电刷是否过度磨损
	1. 电机剧烈振动 2. 电流不稳、有火花	检查电刷是否碎裂

续表

故障部位	故障现象	故障检查
换向器	电刷火花大	检查换向器是否松动
	电刷火花严重	检查换向器是否变形
	1. 电机电流不稳、振动 2. 绕组局部过热	检查换向器升高片根部是否断裂
风扇	电机过热	检查风扇的风叶是否损坏、松动
转子	振动、扫膛时电流大且不稳	检查转子动平衡

【注意事项】

- 检查机械外部故障时要综合考虑，逐项检查，随检随修，事半功倍。
- 检修轴承时，场地要清洁。清洗轴承时，清洗器具、汽油等都要清洁，轴承要多洗几遍，一定要洗到无污物为止。加润滑脂时切勿将杂质带入轴承内，避免日后严重磨损轴承。最好在无尘环境下检修。
- 如果要车转子时只能车掉一薄层；最多不能超过原气隙的10%。
- 更换电刷时要注意牌号及其方向性，电刷圆弧与接触面要磨符合。
- 精车换向器后一定用NO. 800金相砂纸研磨、抛光表面，云母片要下刻，换向片要倒角，清除研磨粉末要彻底，不可留有金刚砂粒和粉末，换向器表面不可有毛刺及伤痕。

二、电机电气故障

1. 电机电气故障的分类

由电机电气部分引起的故障称为电机电气故障。其中由电机本体以外的电气原因（如电源电压不稳、电源线不符合要求、控制电路问题等）引起的故障称为电机外部电气故障。外部电气故障的后果是指造成绕组的工作电压异常，如失压、欠压、过压、三相交流电压不对称等。由电机本体的电气原因（如绕组开路、短路、接线错误、电刷与换向器接触不良等）引起的故障称为电机内部电气故障。内部电气故障的后果是指造成电机的工作电流和磁场异常，产生发热、振动、噪声、火花等故障现象。

2. 电机电气故障的检查

（1）常用电机外部电气故障的检查

1）外部电气故障现象

①接头连接不良。

②绕组进线电压异常。

③电器元件断开。

④电器触头接触不良。

⑤接触器和继电器吸合故障。

2）通电检查法

①检查绕组进线电压，确定故障范围。合上电源开关，测量进线端的电压。如果异常，则电源的进线电压有故障。

②检查主回路故障位置。对电压异常的各端子，从电源进线端开始顺序检查主回路各连接点的电压。当检查出某个点电压异常，则该点和前一点之间的元件有断开，如熔断器和电线断开、接触器的主触头或继电器的触点未吸合等；当检查出某点电压有明显减小时，则该点与前一点存在接触不良，如吸合不牢靠的接触器触头、接线不良等。如果查出接触器主触头未接通，则表示控制回路存在故障，需要检查控制回路。

③检查控制回路故障位置。从控制电源进线开始，检查和判定方法与主回路基本相同。

3）断电检查法

①首先必须切断电源开关，再从开关的出线端开始沿回路方向，用万用表电阻挡顺序检查相邻两个接头之间的通断，并记录回路各元件的通断状态。

②对照电气控制系统图，根据测量记录找出故障位置。

③用观察法检查开关有无故障。

按电压异常情况，表1—4列出常用电机的外部电气故障及其故障现象。

表1—4　　常用电机外部电气故障及其故障现象

电机类型	故障类型	故障现象
异步电动机	无电压	电机不转动或断路器跳闸
	缺相	1. 不能启动并有嗡嗡声或转动有振动、过热、电流不平衡 2. 熔断器一相烧断或断路器跳闸
	电压过高	1. 空载电流大但对称 2. 过热且有较大噪声
	电压过低	1. 启动困难 2. 负载转速低、电流大、发热
	电压不对称	1. 空载电流不对称 2. 振动和噪声较大
	外部接线错误	Y联结误接成△联结
		△联结误接成Y联结
		电源线误接地
直流电动机	励磁无电压	1. 不能启动或严重超速运转并且噪声和换向火花大 2. 电流大使熔断器烧断
	励磁电压过低	1. 不能启动或电机超速转动、有噪声和火花 2. 电枢电流大使熔断器烧断
	电枢无电压	停转
	电枢电压过低	不能启动且电流大、熔断器会烧断或低速运转且电流大

续表

电机类型	故障类型	故 障 现 象
同步电动机	失磁	不转动且电流极大、振动和噪声较大、严重过热或异步运行且电流大、不稳振动、发热
	严重欠磁	同失磁故障，但程度轻
	缺相	不能启动且电枢电流极大或转动且电流大，过热、振动和噪声大
	电压不对称	过热、振动和噪声程度轻于缺相

（2）常用电机内部电气故障的检查。内部电气故障是指电机绕组中各种形式的开路、短路、接线错误，以及电刷与换向器或集电环接触不良、引出线故障，它们最终都表现为绕组故障。内部电气故障的后果是造成电机的工作电流和磁场异常，产生发热、振动、噪声、火花等故障现象。

绕组是电机的核心，也是最容易产生故障的部件之一，是电机检修的重点部位。检查绕组故障主要依靠电工仪表、简易器具（如磁针、试灯）和专用仪器，运用试验的方法进行，同时要充分运用电机理论知识和其他相关知识。绕组故障的检查过程和方法如下：

1）初步查找，找出故障绕组和故障类型。首先打开接线盒并解开各绕组间的连接，然后用下列方法进行检查：

①万用表法。用万用表电阻挡检查各绕组两端或绕组一端对机壳的通断。若万用表指针不偏转，则绕组有断路或无明显接地；反之绕组无断路或有接地。

②兆欧表法。用兆欧表检查绕组对地和相间绝缘电阻，找出接地和相间短路绕组。

③电桥法。用电桥检查各绕组的电阻。电阻比原始值小，绕组有匝间短路。

2）深入检查，找出故障位置。

①检查绕组引出线故障。拆接线板，检查其背面绕组引出端接头、引出线之间的绝缘以及接线板；检查电刷的接线以及它与换向器或集电刷的接触情况。处理好检查发现的缺陷后试运行，如异常消失，故障就此排除；否则，就要拆卸电机继续查找。

②检查绕组内部故障，找出具体故障位置。电机清扫后，绕组端部表面的一些缺陷可直接观察出来，如绝缘擦伤和烧焦、变形和擦断、并头套开裂等。查出绕组内部的故障位置主要依赖于试验方法。通过观察各种试验过程中的现象来查找出电机的故障。

常用电机内部电气故障及故障现象见表1—5。

表1—5　　常用电机内部电气故障及其故障现象

绕组	故障类型	故 障 现 象
异步电动机定子绕组	一相头、尾接线错误	1. 三相电流不平衡，Y联结该相电流大、△联结该相两相线电流大 2. 一相（Y联结）或两相（△联结）熔断器烧断
	断线	不能启动并有嗡嗡声或转动有振动、过热；不动时电流极大引起熔断器烧断，转动时电流大可能引起熔断器烧断
	匝间短路	电流不平衡，Y联结该相电流大、△联结该相两端线电流大，并可能使熔断器烧断；负载时振动、发热和噪声加重
	相间短路	电流不平衡，短路的两相电流大，振动、发热和噪声较重

续表

绕组	故障类型	故 障 现 象
笼形转子绕组	断条或端环开裂	振动、噪声加大、定子电流增大且不平衡
绕线转子绕组	接线错误	振动、噪声大，电流增大
	断线	不能启动或转动，振动、发热且噪声严重，电流增大
	匝间短路	电流增大，振动、发热、噪声加大
	相间短路	
直流电枢绕组	接线错误	电流增大，绕组发热，振动、噪声加大，火花增多
	断线	电流不稳且增大，过热，振动大、噪声大，火花大
	匝间短路	振动、发热、噪声和火花随短路匝数增大而增大
	接触不良	振动、噪声和火花的程度时重、时轻，电流不稳
励磁绕组	断线	同外部电气故障中的励磁无电压情况
	匝间短路	直流机电流增大，振动、发热、噪声和火花大，转速升高；多极同步机各相电流不平衡，发热、振动和噪声加大
同步电动机定子绕组	接线错误	电流不平衡，振动、发热、噪声加大
	断线	不能启动且电枢电流极大，熔断器烧断或者转动且电流大，振动、发热、噪声加大
	匝间短路	电流不平衡且增大，振动、发热、响声加大
	相间短路	启动困难，电流不平衡且增大，振动、发热、响声加大
以上各绕组	接地	机壳带电

【注意事项】

- 检验交流电源有无故障时，电机不要接通电源，这样可避免电机故障进一步恶化。
- 检验直流电源有无故障时，先检查励磁回路，后检查电枢回路，不可在失磁下将电枢回路接通电源。

三、电机故障原因的初步分析

1. 直流电动机故障原因分析

直流电动机的故障是多种多样的，产生的原因较复杂，且互相影响。表 1—6 介绍直流电动机常见故障原因的分析。

表 1—6　　直流电动机常见故障及原因分析

故障类型	原因分析
电动机不能启动	1. 熔断器熔断 2. 电源线断线或接触不良 3. 负载过重 4. 启动电流太小 5. 电刷接触不良 6. 励磁回路断路 7. 电枢开路或短路
电动机转速不正常	1. 串励磁场绕组接反 2. 电刷不在正常位置 3. 电枢或磁场绕组短路 4. 串励电动机轻载或空载运行 5. 磁场线圈断路或接线接触不良 6. 启动器接线接触不良或接错 7. 励磁回路电阻过大 8. 励磁绕组电阻过小
电枢冒烟	1. 电机长期过载 2. 换向片间云母击穿或有金属切屑落入其中 3. 电枢线圈短路 4. 定子和转子铁心擦伤 5. 电机直接启动或正反转过于频繁 6. 电动机端电压过低
磁场绕组过热	1. 电机端电压长期超过额定值 2. 并励磁场绕组电阻太小，电流过大或有部分短路 3. 电机长期过载，串励绕组的电流太大
电机振动	1. 电机固定不牢固 2. 电枢不平衡 3. 轴头弯曲 4. 机组与电机轴线不重合

2. 异步电动机故障原因分析

三相异步电动机常见故障及其原因分析见表 1—7。

3. 同步电动机故障原因分析

同步电动机的常见故障及原因分析见表 1—8。

单元 1

表 1—7　　三相异步电动机常见故障及其原因分析

故障类型	原因分析
电动机不能启动或带载运行时转速低于额定值	1. 电源没有接通，开关处于分断状态 2. 熔体熔断 3. 电压过低 4. 控制设备接线错误或将△联结接成 Y 联结，电动机能空载启动，但不能满载运转 5. 机械负载过大或传动机构卡住 6. 过载保护设备动作 7. 定子绕组中或外部电路有一相断线 8. 定子或转子绕组短路 9. 笼形电动机转子断条或脱焊，电动机能空载启动，但不能满载启动 10. 轴承变形 11. 润滑脂太硬 12. 电动机内部首、尾端线接错
电动机有不正常的振动或响声	1. 电动机的地基不平，电动机安装的不符合要求 2. 转子和定子摩擦 3. 转子不平衡 4. 滚动轴承在轴上装配不良或轴承损坏 5. 轴承严重缺油 6. 风叶碰壳 7. 电动机缺相运转，有嗡嗡声 8. 电动机转子或轴上所附有联轴器、带轮、飞轮、齿轮等不平衡 9. 轴承损坏
电动机温升过高	1. 电动机过载 2. 电源电压过高或过低 3. 电动机的通风不畅 4. 环境温度过高 5. 定子绕组有短路或接地故障 6. 缺相运转 7. 转子运转时和定子铁心相摩擦，致使定子局部过热 8. 电动机受潮或浸漆后未烘干
电动机三相电流不平衡	1. 三相电源电压不平衡 2. 定子绕组中有部分线圈短路 3. 重绕定子绕组后，部分线圈匝数有误 4. 重绕定子绕组后，部分线圈之间接线有误
轴承过热	1. 轴承损坏 2. 轴承与轴配合过松或过紧 3. 润滑油过多、过少或油太脏，或者混入铁屑等杂物 4. 传动带过紧或联轴器安装不良 5. 电动机两侧端盖或轴承盖未装平

表 1—8　　同步电动机的常见故障及其原因分析

故障类型	原因分析
轴承发热	1. 润滑不良 2. 轴承污损或润滑油内有杂物 3. 轴承太紧 4. 因轴承振动而松动
轴承发热但没有超过其他部分	1. 电动机过载 2. 励磁电流过大
定子绕组的某几点发热冒烟，某几点槽楔有灼痕	1. 定子绕组有部分匝间短路 2. 定子、转子铁心相擦
电动机不能启动	1. 定子绕组的电源电压太低，启动转矩过小 2. 转子绕组开路 3. 轴承太紧或安装不当使定子、转子铁心相擦 4. 负载太重 5. 定子绕组的电源或控制电路有缺陷或错误 6. 启动时笼形转子有断条或连接处接触不良
电动机启动后转速不能增加到正常转速，且有较大振动	1. 励磁系统有故障不能投入额定励磁电流 2. 励磁绕组有匝间短路 3. 励磁绕组的接线有错误，绕制方向、匝数有错误
定子绕组各部分都有发热	1. 电动机过载 2. 磁场过励，功率因数低
定子绕组有一个或几个线圈发热	定子绕组有部分线圈匝间短路
电动机在运转中振动过大，或有异常噪声	1. 励磁绕组松动 2. 励磁绕组有匝间短路、绕制错误或接线不正确 3. 定子与转子之间的气隙不均匀 4. 转子不平衡 5. 转子轴上所带的机械设备工作不正常 6. 底座固定情况不良或基础强度不够 7. 机座或轴承支座安装不良 8. 转轴弯曲
绝缘击穿	1. 工作电压过高 2. 工作环境恶劣，线圈被有害气体、潮气等腐蚀 3. 工作线路上产生过电压

4. 电机振动及其电磁原因分析

振动是物体在某个位置往复运动的自然现象。力是产生运动的根本原因。如果物体在某个方向是自由的，在力的作用下将沿着该方向运动；如果在某一个方向上运动被束缚，则在力的作用下，在该方向只能在有限的空间移动。运动的方向是受力最大的方向。当该运动向上的力或最大力的方向随时间变化时，就会引起振动。就电机而言，其径向和轴向运动都受到其结构的约束，如果在这两个方向上的力随时间变化，都会引起电机的振动，同时产生噪声。可见，受力不均和运动被限制是电机产生振动和噪声的根本原因。振动的幅度即为轴承的轴向间隙和径向间隙；振动的强度取决于不平衡力的大小。

由于工作时电机各绕组中的电流将产生磁场，依据电磁作用原理，定子各导体受转子磁场作用或转子各导体受定子磁场作用，结果产生相互的作用力。同样可以将定子磁场和转子磁场分别看成一个磁极，在理想工作状态下两者相对静止，定子与转子间的作用力相当于一对异性磁极间的相互吸引力。为了克服转动的阻力，两个磁极的中心线位置必须不同，各导体沿着圆周切向作用产生的力对轴就形成恒定的电磁转矩，在该方向电机可自由运动；同时，沿圆直径方向的各导体的径向力大小相等、方向相反。因此，在理想状态下电机就不会因电磁原因产生振动，其受力分析过程，如图 1—2 所示。

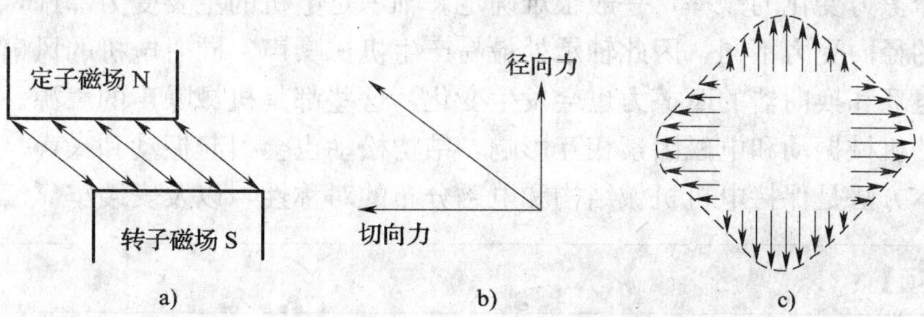

图 1—2　电机稳定状态的受力

a）磁场相互作用　b）转子受力分析　c）各导体的径向力

如果工作时电机的定子、转子磁场不相对静止或径向电磁力不平衡时，电机就产生向力大的径向方向运动趋势，因而引起振动和电磁噪声。对异步电动机，当因短路、断路等原因引起定子或转子绕组中各导体的电流不相同时，电流大的导体受到的径向力就大，转子就要向该位置转动，随着磁场的转动，移动的方向将不断的发生变化，就引起了电机振动。对直流电机，如果主磁极磁场不对称或者电枢各导体电流不相等，电流正常的导体转到磁场强的或者电流大的导体所处的主磁极下面，该导体受力就大，反之受力就小，电机转动过程中也要产生振动。同步电机振动的电磁原因也相同，当电机启动时，由于转子磁场不转动，定子磁场以同步速转动，两者产生交变的电磁转矩，电机有向正反两个转动方向运动趋势，其平均值为零，故同步电动机不能自行启动，但在转动方向上电机不会振动；当电机失磁或严重欠磁时，同步电动机还可能因阻尼绕组的存在而进入异步运行或不稳定，在这些情况下，同步电动机的电流都将明显增大，因而其振动更加强烈。

5. 电机中的噪声

导体在磁场中受到的作用力会因电机种类不同而不同。根据电磁力计算公式 $F=BIL$ 可知，在一个主磁极下各导体受到的作用力与磁通密度的大小有关。各导体的受力大小与主磁极的相对位置有关。随着磁场或绕组转动，各导体所受作用力会随时间而变化，在某个位置，不同时刻的受力不同，从而产生电磁振动和电磁噪声。同时各个导体之间也会产生作用力。

在槽内和端部，直流电动机中线圈各股线间相互吸引；在线圈端部，导体电流方向相同的相邻线圈之间受吸引力，导体电流方向不同的线圈相互排斥。因此绕组的端部需要绑扎而槽内部需要槽楔来固定。由于力的大小不变，这种束缚不会引起振动和电磁噪声。

交流电机中，线圈内各股线也都相互吸引，并且以两倍的电源频率交变；槽内和端部不同相间的线圈之间的相互作用力也以两倍的频率交变，但在交流电变化的不同时刻，它们有吸引力，也可能有排斥力。因此交流电动机还存在两倍工频的电磁噪声。电磁噪声的强度与磁场强度和导体电流等有关，即与负载轻重程度有关，负载越重，工作电流越大，电磁噪声的强度也就越大。

因为电机的自重、安装不良、转子不平衡等会引起电机的机械振动，这就产生了机械噪声。机械噪声主要是由摩擦力变化而引起，噪声的强度与摩擦力成正比，噪声的频率取决于摩擦力变化的频率，一般很难确定。轴承是电机的主要受力部件，轴承圈各位置在受限的径向受力不同，因此轴承处最易产生机械噪声。同时电机的风扇会导致空气振动，集电环和换向器的摩擦力也会发生变化，这些都是机械噪声的声源。

电机的机械振动和电磁因素相互影响，结构松动也会引起振动和噪声。消除振动和噪声的基本方法是保持电机机械结构和电磁分布的对称性，以及安装牢靠。

【注意事项】

- 进行电机故障原因的分析时应有重点。如直流电动机启动时电流过大，应先考虑电枢回路部分，后考虑励磁回路部分。电枢回路部分又有电刷、换向器与电枢绕组，此时应先考虑电刷的安放位置，后考虑电刷与换向器接触情况及电枢绕组。
- 分析故障时应把复杂情况分成若干单元，在各个单元中要分清主次，这样可以迅速发现故障。

四、记录电机检修前的原始数据和试运行情况

在电机修理前要了解电机情况及进行现场调查，即了解电机的原始数据，查看电机工作现场，询问故障前的运行情况及故障发生过程和出现的各种现象，有时还要进行试运行检查。这些工作要做记录，以便分析、查询与存档。

1. 记录原始数据

电机检修前应做好原始数据的记录，以便和运行后的性能数据进行比较。需记录的电机原始数据见表 1—9。

表 1—9　　电机原始数据表

(1) 铭牌数据				
型号	额定容量	定子电压	定子电流	
定子接法	转速	频率	转子电压	
转子电流	转子接法	绝缘等级	运行方式	
功率因数	效率	出厂编号	制造厂	出厂日期

续表

（2）转子铁心数据		
转子槽数	转子铁心外径	气隙
转子铁心总长	通风道数	通风道宽
槽形尺寸	无纬带宽度	无纬带道数
钢丝直径	钢丝宽度	钢丝下绝缘厚度及材料
钢丝材质	扣片尺寸及材质	
（3）转子绕组数据		
绕组形式	绕组接法	并联路数
线圈节距	导线规格	并绕根数
每槽导体数	每线圈匝数	
导线截面尺寸$\frac{a\times b\text{（裸）}}{a'\times b'\text{（绝缘后）}}$	绝缘结构	线圈尺寸
（4）定子铁心数据		
定子槽数	定子铁心内径	定子铁心总长
定子铁心外径	定子铁心槽深	
定子铁心槽宽	定子铁心齿宽	
（5）定子绕组数据		
绕组形式	绕组接法	并联路数
线圈节距	导线规格	并绕根数
层间垫条尺寸及材质		槽底垫条尺寸及材质
槽绝缘尺寸及材质		槽楔尺寸及材质
线圈尺寸		

2. 记录询问情况

电机在检修前要向电机操作者询问电机在运行中出现的异常现象，并做好记录，以便分析故障产生的原因。询问的内容可记录在表1—10中。记录时要注意反映情况的真实性，既不能夸大，也不能缩小，更不能丢掉一些有参考价值的线索。

表1—10　　电机检修前询问记录

范围	项目	情况	项目	情况
噪声方面	金属断裂咔嚓声		扫膛声	
	轴承尖叫声		电磁噪声变大	
	轴承滚珠响声		风叶碰撞声	
	转速不稳周期变化声		缺相运行声	
	机械传动异常声			
	其他			

单元 1

续表

范围	项目	情况	项目	情况
振动方面	底脚振动剧烈		电机抖动剧烈	
	缺相振动		转子不平衡振动变大	
	其他			
气味方面	烧绝缘味		烧胶木味	
	烧塑料味		电刷火花臭氧味	
	其他			
发热方面	外壳发热烫手（见表1—11）		风筒外皮烫手	
	端盖轴承部位烫手		热保护器动作	
	滑动轴承座烫手		轴承滴油	
	塑料风叶过热变形			
	其他			
转动方面	突然停转		反转	
	给电不转		卡住、抱轴，手扳不转	
	转速过低		转速过高	
	其他			
绝缘方面	对地绝缘电阻小		匝间绝缘电阻小	
	相间绝缘电阻小		层间绝缘电阻小	
	其他			
电气方面	电压不正常		合不上闸	
	电流不正常		自动跳闸	
	电流不通		机壳带电	
	换向器烧残		集电环烧残	
	其他			
光、烟雾方面	冒烟		换向器环火	
	匝间短路打火			
	其他			
机械方面	底脚断裂		端盖轴承室破损	
	端盖止口破损		铁心松动	
	转轴断裂		滚键	
	其他			
颜色方面	电机外皮变色		塑料件变色	
	绕组表面变色		换向器烧黑	
	轴承变色		集电环烧黑	
	机壳、端盖内壁变色			
	其他			

注：1. 情况栏可填写有、无，是、否，或大、小。

2. 未列入项目中的项目为其他。

单元 1

表 1—11 电机外壳温度与手感关系

机壳温度（℃）	手感	感觉方法及征状
<35	稍冷	温度比体温低，感觉到凉
40	稍温	温度比体温略高，有一点温
45	温和	用手一摸就感觉到暖和
50	稍热	用手长时间触摸，手掌会变红
55	热	仅能用手摸 5～6 s
60	甚热	仅能用手摸 3～4 s
65	非常热	仅能用手摸 2～3 s，离开后感觉到手热
70	非常热	用一个手指触摸，只能坚持 3 s 左右
75	极热	用一个手指触摸，只能坚持 1～2 s
80	极热	用手指稍触摸，使热得想离开，用乙烯树脂带试会卷缩（电机有可能已烧毁）
80～90	极热	用手指稍触摸一下，就感到热得烫手（电机烧毁的可能性很大）

3. 记录电机检修前试运行情况

根据询问情况与现场检查，依然对电机的故障无法确定时，可通电试运行，进一步查明故障原因。一般采取空载试运行，仔细观察其运行情况，如有无严重振动、异常声音和焦臭味、火花，以及温升、电流、电压和转速等变化情况，据此做出进一步判断。此外，对于某些故障，还可在试运行过程中切断电源迅速进行检查，如断电后立即打开电动机端盖，用手触摸有无严重发热部位，同时断电后还可以大致判断电动机的故障性质。例如，切断电源后，若故障现象立即消失，则可判断是电磁方面的故障；若故障仍然存在，则可判定是机械方面的故障。

【特别提示】

在试运行过程中，一旦出现异常现象，应立即切断电源，以免故障进一步扩大。

第二节 技术资料准备

培训目标

→ 能够看懂复杂的电气传动系统图和电机控制系统图
→ 能够绘制零件图和较复杂的工具加工图
→ 能够领会电机制造厂的技术文件及有关国家标准
→ 能够读懂专用电机结构装配图

一、电气传动系统

1. 电气传动系统的组成和形式

电动机从电源吸收电能转换成机械能，经其轴通过相关机构将机械能传递到生产机械的工作机构上，最终使工作对象（或称工件）在形体、位置等方面按人们的要求发生改变。这里的工作机构是电动机的实际负载。例如，起重作业是完成重物的空间位移，各类加工作业是完成原材料（毛坯）的形体改变等。为了适应不同的生产需要，工作机构应按人们事先设想的、符合生产作业要求的规律运动，电气传动系统就是指各类生产机械的运动控制系统。电气传动系统一般由电动机、传动机构、工作机构、控制设备和电源等组成，如图 1—3 所示。

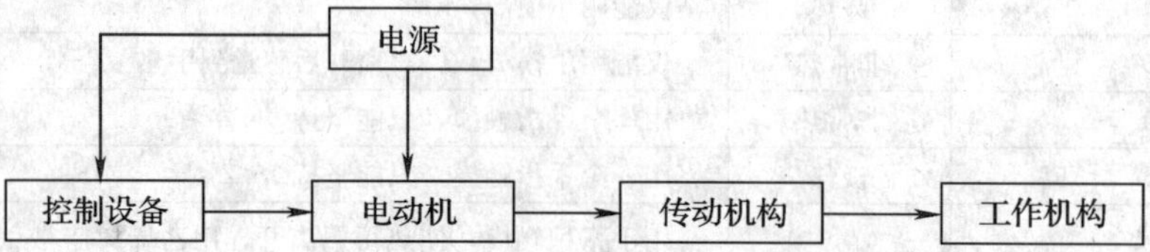

图 1—3　电气传动系统的组成

电气传动系统可分成电气控制系统和机械传动系统两部分。电气控制系统由电源、控制设备和电动机的绕组电路组成，用来控制电动机的启动、正反转、制动、调速等各种运行状态。机械传动系统包括电动机轴、传动机构和工作机构，其作用是将机械能以合乎生产要求的运动速度和运动形式传递到工作机构上。因此，电气传动系统的作用就是保证电动机能够安全、准确地去拖动机械进行生产。由此可见：电气传动系统中，电源是基础，为运动的产生、传递、控制提供能源；电动机是核心，既是电气控制的对象，又是机械传动的原动力；负载性质是关键。工作机构的运动速度既可以在电动机方面加以控制，也可通过传动机构得到改变，因此，电动机及其控制方式和机械传动方式都应根据负载的机械特性选择。

按机械传动方式不同，电气传动系统可分成单轴电气传动系统和多轴电气传动系统，其中以多轴系统最为常见。电动机轴与机械的工作机构直接相连的系统称为单轴电气传动系统，如小水泵、鼓风机等的传动系统，其特点是电动机与负载为同一个轴、同一转速；电动机通过传动机构与工作机构相连接的系统称为多轴传动系统，如带传动、齿轮传动等，其特点是电动机与负载有不同的轴、不同的转速，甚至不同的运动形式。

2. 机械传动常用部件与传动机构的作用

机械传动系统中，连接电动机轴与工作机构间的所有运动机构统称为传动机构。它通常由各类联轴器、法兰、曲轴、凸轮、偏心轮、导向杆、齿轮、靠背轮、带轮、传动带、滑轮、绳索、辊子、卷筒等构件组合而成。以翻斗机构为例如图 1—4 所示。传动机构的作用是通过其各构件之间的配合，进行运动传递并改变转速、运动的形式和方向，最终使工作机构的运动轨迹和速度适合生产作业要求。例如，蜗轮蜗杆、条状齿轮等可将转动变换成直线运动；传动带或咬合齿轮的两传动轴的转向相反，转速往往也不相同。通常把具有主从传动关系的相邻两轴上的机构合起来叫做一级传动，两轴分别叫做主动轴和从动轴。据此，多轴传动机构又可分成单级传动机构和多级传动机构等情况，其级数的多少依实际需要而定。

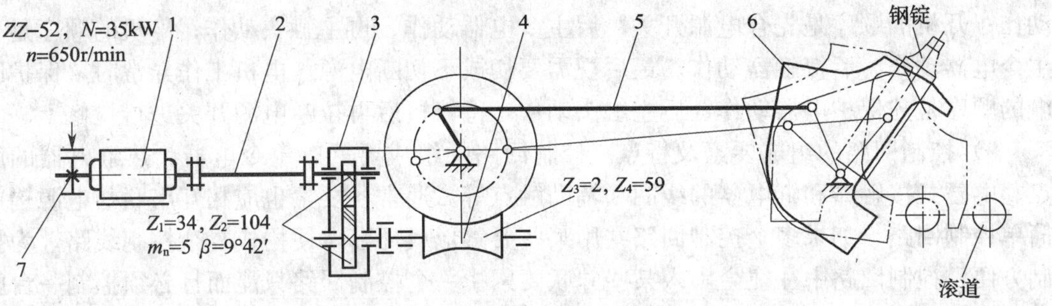

图 1—4　翻斗机构传动示意图

1—电动机　2—齿轮联轴器　3—单级圆柱齿轮减速器

4—圆弧面蜗杆减速器　5—曲柄连杆机构　6—翻斗　7—刹车装置

3. 电气控制系统图

（1）电气控制系统图的组成特点。通过控制开关电器的动作来改变电机绕组电路的结构，使电机的工作状态满足安全生产需要，称为电机控制。开关电器中，专门用来控制信号和指令的电器叫做主令电器，如按钮开关、转换开关、行程开关等；在得到指令后能发生指令动作的电器叫做控制电器，如接触器、继电器等；以切断电机工作电源为目标，能自行动作并发出信号控制其他电器动作的电器叫保护电器，如熔断器、热继电器等。把相关的低压电器、电阻器、电抗器、变压器以及具备逻辑判断的信号处理功能的电子线路等元器件，按一定的要求和规律连接组成的整体，称为控制线路或控制设备；再将控制线路或控制设备上出口分别与电机绕组和电源相连接，就组成了电气控制系统。

用国家标准规定的图形符号、文字符号将电气控制系统的全部要素绘制和标注出来的电路图，称为电气控制线路图或电气控制系统图。电气控制线路图有电气原理图、安装接线图和电器布置图等。电源到电机绕组的强电流电路称为主回路；其他监控主回路的弱电流电路称为辅助电路。控制和保护主回路的电路称为控制回路，是辅助电路中最重要、最复杂的一种；辅助电路还包括信号、照明等回路。读图要依据电气原理图的以下特点。

1）电气控制线路图的图面特点。各主回路一般按电机的工作顺序依次画在前面，各辅助电路则按接通顺序和所控主回路的位序布置在后，具有结构简单、层次分明、易于分析研究线路工作原理等特点。对复杂线路，通常在图的正上方用框格注明各回路的名称和作用、正下方用框格标出其序号，或直接在图上方加注文字说明右方用框格标出各电器的作用与名称；同类电器用文字符号后面跟数字序号加以区分，注意同一个电器各受控元件的文字符号在同一张图上各处是相同的。

2）主回路及其组成要素的特点

①主回路必须处在受控状态，一个控制命令只允许有一种接通状态。主回路组成要素要满足以下条件：至少有一个是受控的；能承受电机正常工作电流；通常应串联，只有不会同时接通的受控要素才能并联。适合组成主回路的要素有热继电器的热元件、断

路器和隔离开关、熔断器、电磁式接触器的主触头、电阻器、电抗器。

②组成要素一般按动作频繁程度和断流能力确定动作顺序。正常状态下保护电器不动作；开机的顺序是先合电源开关、后主令电器动作、再主触头动作；停机的顺序是先主令电器动作、后接触器动作、最后视需要切或不切断电源。电机工作异常时，保护断电的顺序是先保护电器动作、后主触头动作，待停机后再拉断电源开关进行检修。

3）控制回路的组成要素及特点。控制回路的组成要素有主令电器、热继电器的触点、电磁式接触器和继电器的线圈和辅助触点等。通常各要素也应相互串联与电源构成简单控制回路。如果多个控制回路共用某些要素形成环套，便构成复杂控制线路。为控制方便，控制回路中往往会串入某些并联要素。一个控制回路只能而且必须控制一台电机有一种接通状态。控制回路本身也是受控的，要求其中主令电器控制的受控要素率先动作，最后是接触器动作。

（2）识读电气控制线路图。读图的目的是弄懂电器动作的顺序，明确电机控制和保护原理；前提是掌握图形、文字符号的含义，并且熔断器接通。读图常从开关动作开始，重点是分析主令电器动作后各相关回路的动作过程和最终状态，最后对系统工作状况进行总结论述。方法如下：

1）准备工作。其任务主要有两个：

①了解电气控制系统图中各回路的受控要素和基本功能。

②分析所有手动开关（如电源开关、复位开关）的作用，通过分析找出并合上系统正常工作状态所需的手动开关，明确此时已接通的电路作用。

2）受控动作过程分析。受控动作过程从任一个主令电器或保护电器动作开始，然后按动作先后分析其他受控电器随后的全部动作，最后根据主回路的状态分析出相关电机的工作状态。通常只分析工作状态受控制命令影响的那些电机。

3）下结论。按各回路的通断状态，综合得出有关各电机和系统的工作状态。

【实例】

识读 C650 型卧式车床电机电气控制线路。

1. 运动形式

车床有三种运动形式：一是主轴上的卡盘或顶尖带着工件的旋转运动，称为主运动。二是溜板带着刀架的直线运动，称为进给运动。三是为了提高工效，刀架的快速直线运动，称为辅助运动。

2. 电气传动和控制特点

（1）主轴电动机 M1 能降压点动调整、直接启动、正反转和反接制动。主轴由主轴变速箱机械调速，由主轴电动机驱动。

（2）刀架快速移动，由电动机 M2 驱动。

（3）采用冷却液冷却，冷却泵由电动机 M3 驱动。

3. 电气控制线路的工作原理

图 1—5 所示是 C650 型卧式车床电气原理图，读图的步骤和方法如下：

第一步：合上电源开关 QS1，主回路与控制回路处于受控状态。主轴电动机 M1、刀架快速移动电动机 M2、冷却泵电动机 M3 受控已准备就绪。

第二步：分析各电动机的正常运转时的受控动作过程（见以下各段分析）。

第三步：下结论（略）。

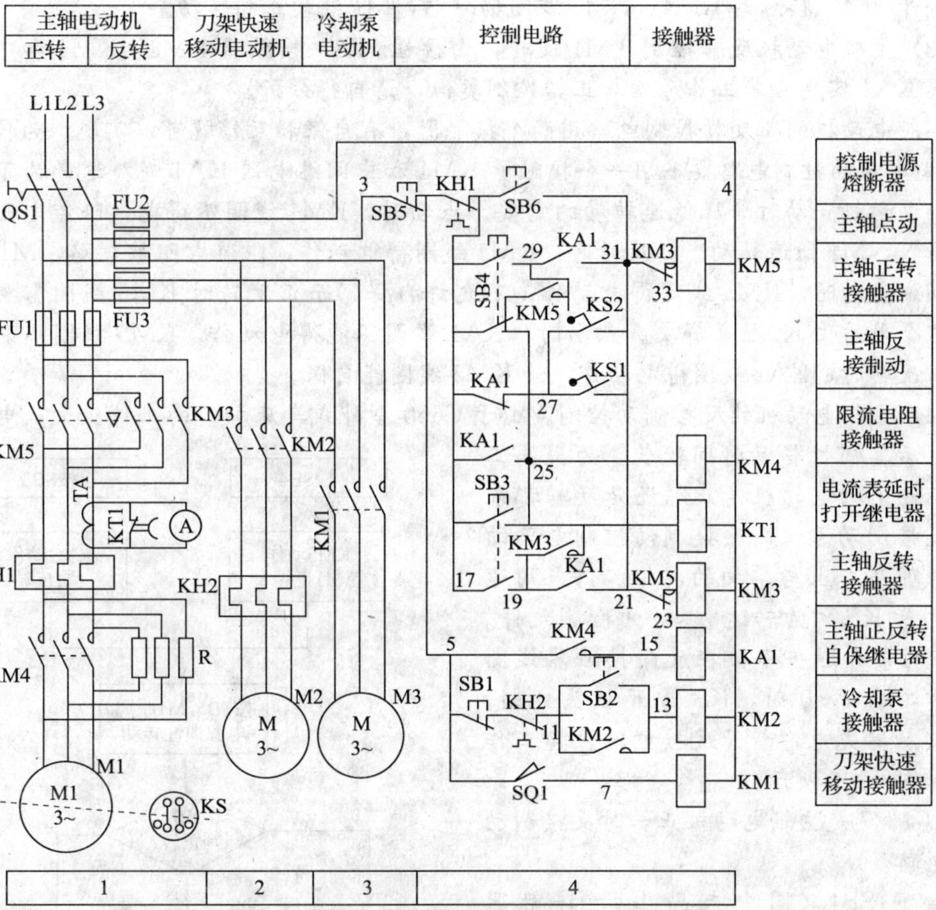

图 1—5　C650 型卧式车床电气原理图（图中的编号是接线号）

（1）主轴电动机正向点动调整控制。主轴电动机 M1 的点动由点动按钮 SB6 控制，按下 SB6→正向转动接触器 KM5 线圈得电→KM5 主触头闭合→经限流电阻 R（KM4 未闭合）→M1 低速正向旋转。

松开 SB6→KM5 失电→M1 停转。

（2）主轴电动机正转控制。M1 正转由按钮 SB4、接触器 KM4、KM5 和中间继电器 KA1 实现。其工作原理如下所述：

按 SB4（17—25）通→KM4 线圈得电

KM4 主触头闭合→限流电阻 R 被短接

KM4 辅助常开触头（5—15）闭合→KA1 线圈得电

KA1 常开触头（17—25）闭合→锁住 KM4

KA1 常开触头（29—31）闭合→KM5 线圈得电即（3—5—17—29—31—33—4）通

KM5 辅助常开触头（25—29）闭合和 KA1 常开触头（17—25）闭合→KM5 自保

KM5 主触头闭合→M1 全压启动运转

KM5 辅助常闭触头（21—23）分断→KM3 线圈不能得电（联锁）

松开 SB4，接触器 KM4、KM5 线圈仍得电，M1 继续正向转动。

（3）主轴电动机反转控制。M1 反转，由按钮 SB3，接触器 KM3、KM4 和中间继电器 KA1 实现。其工作原理与正转控制类似，请自行分析。

一般电动机的正反转控制电路用两个接触器，有自保和互锁就可以实现。为什么 C650 型车床的控制电路要多用一个接触器 KM4 和中间继电器 KA1 呢？这是为了满足主轴电动机点动时降压低速转动的需要。点动时，KM4 线圈不得电，限流电阻 R 得以串入，M1 低速转动。正反转时，KM4 线圈得电动作，限流电阻被短路，M1 全压转动。点动时，KM5 线圈得电动作，不允许自保，而正反转时 KM5 线圈需要自保，这个矛盾由 KA1 来解决。点动时，KA1 线圈不能得电动作，KM5 线圈不能自保；正反转时，KA1 线圈得电动作，使 KM5 线圈能自保。

（4）主轴电动机的反接制动控制。由于 C650 型卧式车床加工的工件较大，电动机断电后其惯性转动时间较长，为提高工效，不论主轴电动机是正转还是反转都采用了反接制动。双向反接制动控制电路的工作原理基本上与单向的类似。仍采用速度继电器 KS 作为转速 $n\approx0$ 的检测元件。将 KS 的常开触头串接在反向接触器线圈电路中，当 $n\approx0$ 时，KS 常开触头分断，反向接触器失电，断开反接电源。其工作流程如图 1—6 所示。

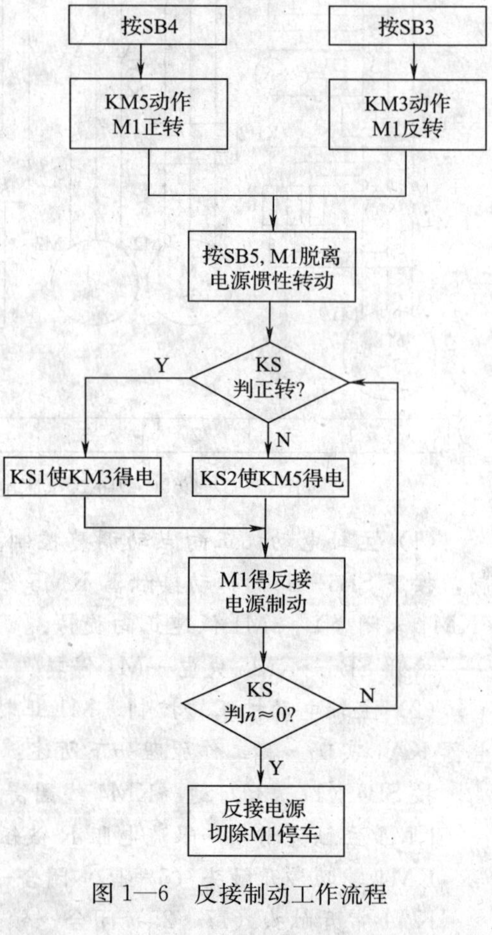

图 1—6　反接制动工作流程

图 1—7 是主轴电动机正转时反接制动控制电路。

按下 SB4（图中未画出），接触器 KM4、KA1 和 KM5 线圈均得电动作，电动机 M1 正向转动。KS1 常开触头（27—21）闭合，为接触器 KM3 线圈得电做准备（KM3 由于 KM5 的辅助常闭触头（21—23）断开互锁而不能得电）。

按 SB5（即刻松开），KM4 线圈失电释放，将 R 接入主电路。KM5 线圈失电释放，M1 脱离电源惯性转动，KS1 常开触头仍保持闭合。由于 KM5 辅助常闭触头的闭合，KM3 线圈得电动作，M1 经 R 得到反接电源，而被制动。

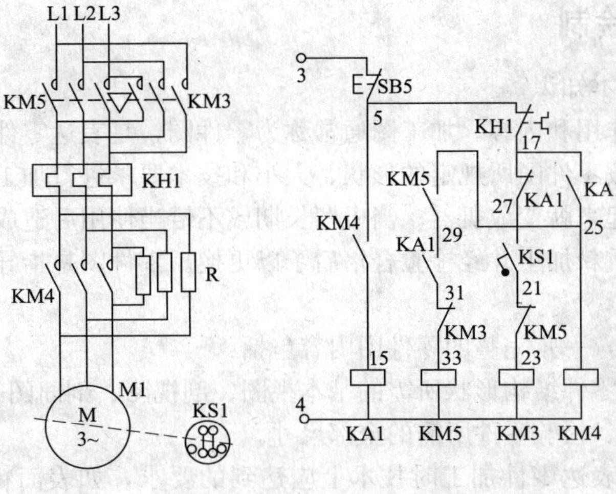

图 1—7　主轴电动机正转时反接制动控制电路

电动机转速下降到一定转速时，KS1 常开触头分断，KM3 失电释放，撤除反接电源，制动结束。

图 1—8 是主轴电动机反转时反接制动控制电路，其工作原理与正转时类似，请自行分析。

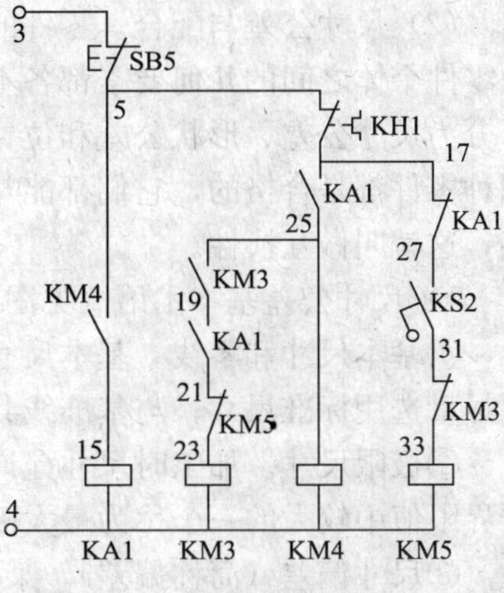

图 1—8　主轴电动机反转时反接制动控制电路

(5) 刀架快速移动控制。刀架快速移动控制：转动刀架手柄，压动限位开关 SQ1，接触器 KM1 线圈得电动作，其主触头闭合，M3 快速移动电动机转动，驱动刀架快速移动。按下停止按钮 SB5 或转动刀架手柄使 SQ1 复位，KM1 线圈失电释放，M3 停转，刀架停止移动。

(6) 冷却泵电动机控制。冷却泵电动机 M2 的控制：按下启动按钮 SB2，接触器 KM2 线圈得电动作并自保，M2 启动旋转。

按下停止按钮 SB1，KM2 线圈失电释放，M2 单独停转；若按下 SB5，则 M2 与 M1 同时停转。

(7) 主轴电动机电流表。电流表用来监测主轴电动机的负载情况。根据电流表的指示，适当调整切削量，使主轴电动机在额定范围内尽量满载运行，以提高功率因素和劳动生产率。

电流表通过互感器 TA 接在主轴电动机的一相电源上。为了防止电流表被全压启动的大电流冲击，安装了时间继电器 KT1。启动时，KT1 线圈得电动作，它的延时断开常闭触头仍然闭合将电流表短接，电流互感器次级电流流过这个触头。启动完毕，电流降到额定值，KT1 也就延时结束，其延时常闭触头分断，电流表接入电路。

主轴电动机反接制动时，KT1 线圈是失电释放的，其延时常闭触头是闭合的，电流表也被短接。

(8) 机床设有短路保护过载保护。

二、加工图的绘制

1. 加工图的基本知识

（1）加工图的作用和内容。加工图通常称为零件图，是表达零件结构、大小及技术要求的图样。工件按零件图所规定的形状、大小和技术要求进行加工制造，并经检验合格后，把它们装配起来就变成机器；当机器长期或不恰当使用后造成其中的某些零件损坏时，要对其进行重新加工并经检验合格后予以更换。零件图是指导机器制造和检修的主要技术文件之一。

如图 1—9 所示，一张完整的零件图内容包括：

1）视图。表达零件结构形状所需的基本视图、剖视图、剖面图等。

2）尺寸。制造、检验零件所需的全部尺寸。

3）技术要求。表达零件加工时技术上应达到的要求，如表面粗糙度、尺寸公差、形位公差、热处理等。

4）标题栏。以表格说明零件的名称、数量、材料、比例、图号和责任签名等。

（2）尺寸公差与配合。零件的几何要素不可能加工得绝对准确，按零件图加工出来的零件个体之间的几何要素都各不相同，零件几何要素所允许变动的范围就是公差，它可分为尺寸公差、形状公差和位置公差三方面。凡是几何要素的变动范围在公差以内的同种零件都是合格的，它们都能与其他零件达到良好的配合，在机器中都具有相同的功能，这就叫做互换性。

1）尺寸公差基本术语（见图 1—10）

①基本尺寸和零线。基本尺寸是指设计时给定的尺寸。为满足互换要求，基本尺寸要尽量选用标准尺寸；与基准线共同表示基本尺寸的另一水平线就叫做零线。

②极限尺寸。加工时尺寸允许变化的两个界限值，它以基本尺寸为基数来确定。两个界限值中较大的一个称为最大极限尺寸，较小的一个称为最小极限尺寸。

③尺寸偏差（简称偏差）。某一尺寸减去其基本尺寸所得的差值称为偏差。最大极限尺寸减去基本尺寸的差值称为上偏差，最小极限尺寸减去基本尺寸的差值称为下偏差。

④公差。加工时零件的几何尺寸所允许的变动范围就是尺寸公差（简称公差）。公差是一个正数，数值上等于最大极限尺寸减最小极限尺寸，也等于上偏差减下偏差。

⑤尺寸公差带和标准公差。表示上、下偏差的两条水平线所围成的区域称为尺寸公差带，如图 1—11 所示。由国家标准规定的、用以确定公差带大小的任一公差称为标准公差，它以 IT 开头、后面跟阿拉伯数字将其分成 20 个公差等级，形如 IT01、IT0、IT1…IT18。标准公差数值由基本尺寸和公差等级决定，公差等级表示尺寸的精确程度。

2）配合的类型和标注方法

①配合的类型。配合是指基本尺寸相同、相互结合的孔和轴的公差带间的关系，这里基本尺寸称为配合尺寸。按轴和孔的极限尺寸不同，配合分三种类型：即间隙配合、过盈配合和过渡配合，见表 1—12。

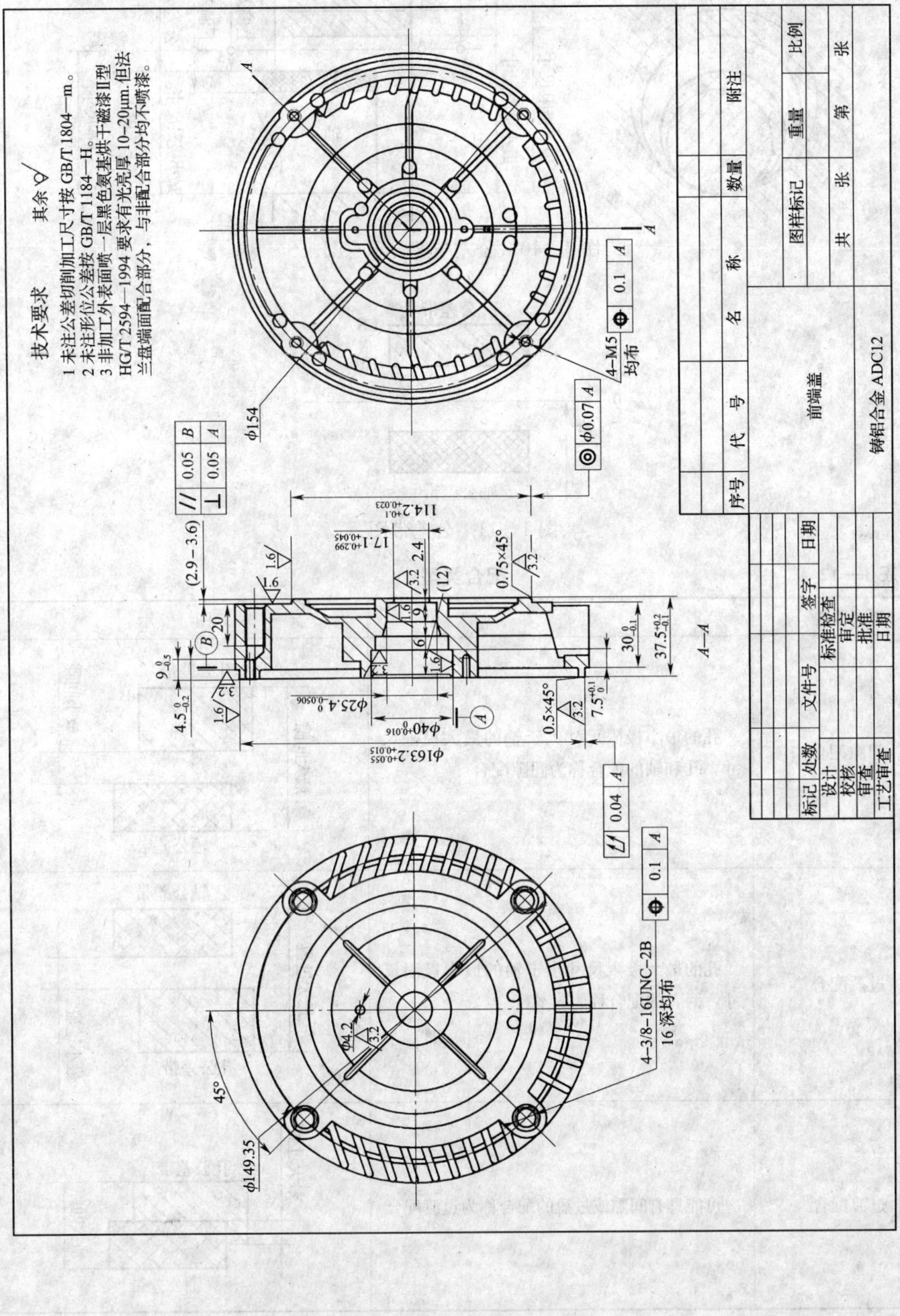
技术要求
1 未注公差切削加工尺寸按 GB/T 1804—m。
2 未注形位公差按 GB/T 1184—H。
3 非加工外表面喷一层黑色氨基烘干磁漆Ⅱ型 HG/T 2594—1994 要求有光亮厚 10~20μm,但法兰盘端面配合部分，与非配合部分均不喷漆。
其余
4−M5 均布
φ154
4−3/8−16UNC−2B
16深均布
45°
φ149.35
A—A
序号 代号 名称 数量 附注
前端盖
铸铝合金 ADC12
图样标记 重量 比例
共 张 第 张
标记 处数 文件号 签字 日期
设计 标准检查
校核 审定
审查 批准
工艺审查 日期

图 1—9 前端盖零件图

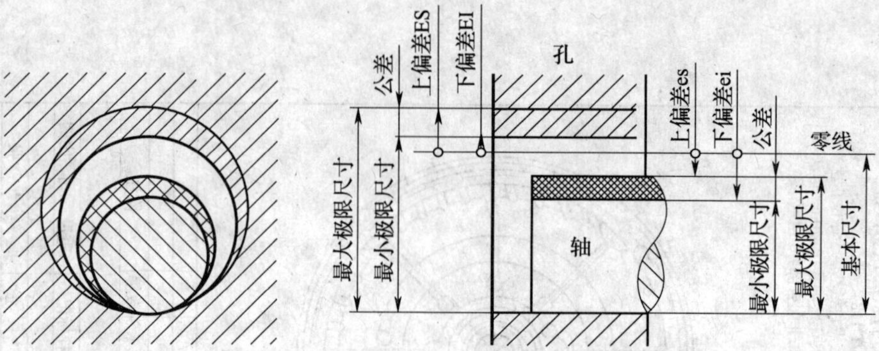

图 1—10　公差与配合示意图

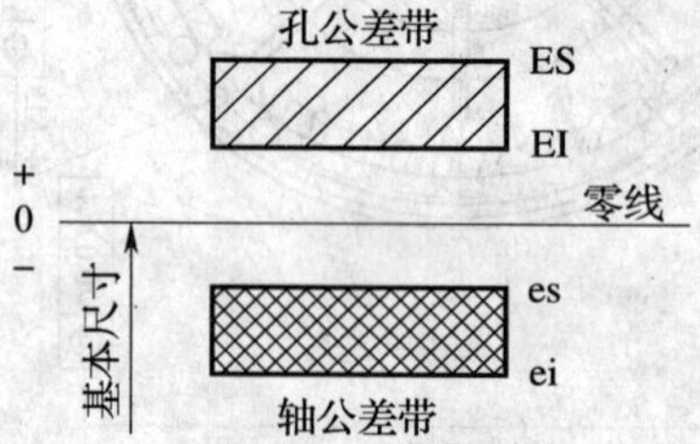

图 1—11　公差带图

表 1—12　　**配合类型**

配合类型	定　义	图　示
间隙配合	孔的最小极限尺寸大于轴的最大极限尺寸，孔和轴的配合称为间隙配合	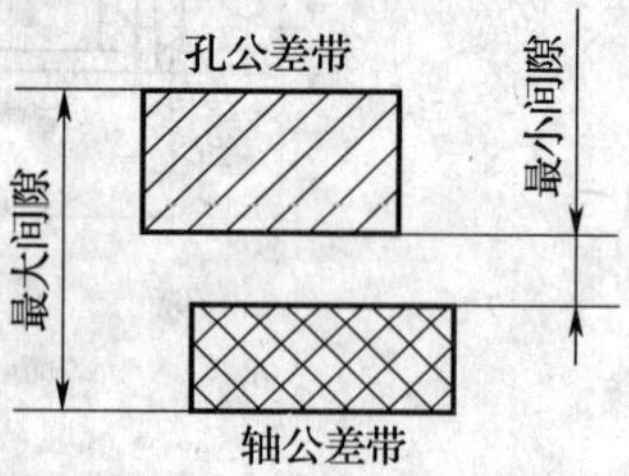
过盈配合	孔的最大极限尺寸小于轴的最小极限尺寸，两者的配合称为过盈配合	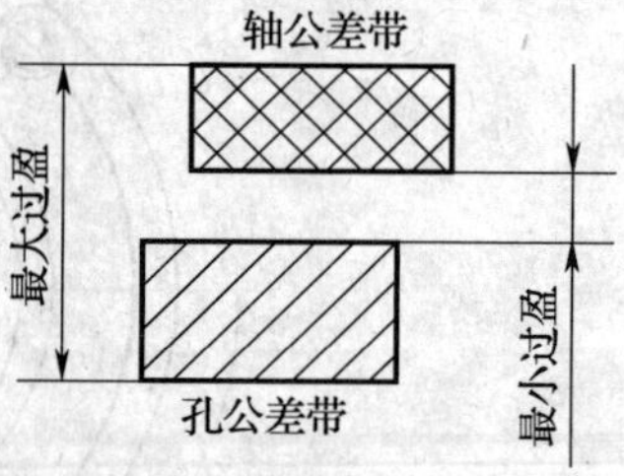
过渡配合	可能具有间隙或过盈的配合称为过渡配合	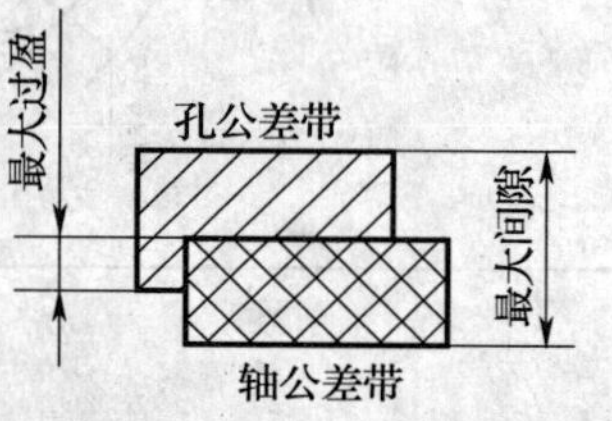

②标注方法。按轴和孔的基本偏差不同，配合又可分成基孔制和基轴制。基孔制是指基本偏差即下偏差为零的孔的公差带与不同基本偏差的轴的公差带形成各种配合的一种制度，它以孔为配合基准，用代号 H 表示。基本偏差即上偏差为零的轴的公差带与不同基本偏差的孔的公差带形成各种配合的一种制度称为基轴制，它以轴为配合基准，用代号 h 表示。

允许间隙和过盈的变动量称为配合公差。配合公差的值等于轴公差和孔公差之和，它表示对配合的精度要求，是反映配合松紧、评价配合质量的一个重要指标。

公差与配合应与基本尺寸一起标注。对零件图，方法之一如 ϕ30H7 和 ϕ30k6，ϕ30 表示孔和轴直径的基本尺寸为 30；H7 为孔公差带代号，由基本偏差代号 H 和公差等级代号 7 组成；k6 为轴公差带代号，k 是基本偏差代号，6 为公差等级代号。也可按公差等级代号查阅 GB 1801—1999，在图上直接标注出上、下限偏差，即孔标注成 $\phi30^{+0.025}_{0}$ 或 ϕ30H7（$^{+0.025}_{0}$），轴 ϕ30k6 可标注成 $\phi30^{+0.018}_{+0.002}$ 或 ϕ30k6（$^{+0.018}_{+0.002}$）。在装配图中，公差与配合的标注形式如 ϕ50H7/k6，其中分数形式轴、孔公差带代号组合成为配合代号。

（3）形位公差

1）形位公差的种类及符号。形位公差的分类、项目和符号见表 1—13。加工过程中，零件产生的形状和位置误差简称为形位误差。形状和位置误差的允许变动量，称为形状和位置公差，简称形位公差。形位公差研究的对象是构成零件几何特征的点、线、面等几何要素（简称要素），分别称之为点要素、线要素、面要素。其中，球心、轴线、中心平面为中心要素，球面、圆柱面、圆锥面和端平面等为轮廓要素。图样上，给出形状或（和）位置公差要求的要素称为被测要素；用来确定被测要素的方向或（和）位置要求的要素称为基准要素。

表 1—13　　形位公差分类、项目及符号

分类	项目	符号	分类		项目	符号
形状公差	直线度	—	位置公差	定向	平行度	//
	平面度	⏥			垂直度	⊥
	圆度	○			倾斜度	∠
	圆柱度	⌭		定位	同轴度	◎
	线轮廓度	⌒			对称度	⌯
	面轮廓度	⌓			位置度	⌖
				跳动	圆跳动（径向、端面、斜向）	↗
					全跳动（径向、端面）	⌰

2）形位公差的标注方法。国家标准 GB 1182—1996 规定，在零件图图样上，应采用框格代号来标注形位公差，对于有方向、位置要求的要素，还必须用基准代号表示被测要素与基准要素之间的关系。当无法采用框格代号标注时，允许在技术要求中用文字

说明。

框格代号由框格和指引线两部分组成，框格和指引线都用细实线绘制，框格高度为字高的两倍，如图 1—12 所示。基准代号由短粗线、圆圈、连线和相应的字母组成，连线和圆圈用细实线绘制，圆圈的直径与框格高相等，字母水平书写在圆圈内，见图 1—13。框格有两格和多格等形式，从框格左边起，第一格填写公差项目符号，第二格填写公差值，从第三格起填写代表基准代号的字母，此外框格内还包括其他有关符号等内容。

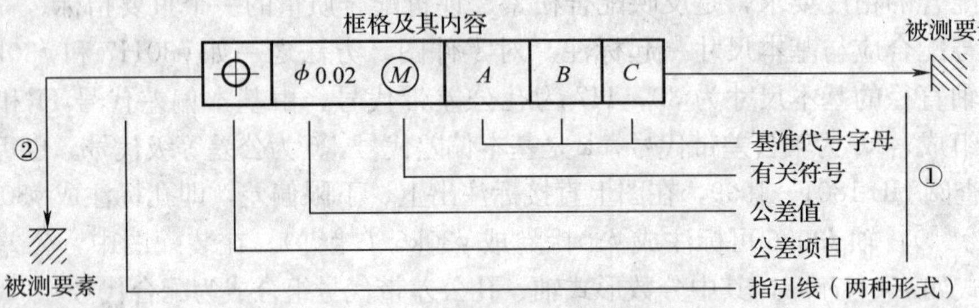

图 1—12　形位公差的框格代号

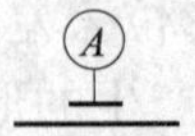

图 1—13　基准代号

参见图 1—9 所示的零件图，对框格代号，框格通常应水平标注，当水平标注有困难时可垂直标注，指引线将框格与被测要素联系起来。原则上，指引线从框格一端的中间位置引出，中途可以折弯，但不得超过两次，箭头应指向被测要素公差带的宽度方向或直径方向。当被测要素为轮廓要素时，指引线箭头指在可见轮廓线上或其延长线上，并明显的与尺寸线位置错开，如图 1—14a 所示；当被测要素为中心要素时，指引线箭头应指在尺寸界线上，并与该要素的尺寸线对齐，如图 1—14b 所示。

对基准代号，其连线可以取任意方向，当基准要素为轮廓要素时，基准代号的连线应紧靠轮廓要素或其延长线，并与尺寸线位置错开，如图 1—14a 所示；当基准要素为中心要素时，基准代号的连线应紧靠该要素的尺寸线并与之对齐，如图 1—14b 所示。

如对形位公差有附加要求，可在框格的周围附加文字说明，数量的说明应写在公差框格的上方，解释的说明要写在框格的下方。

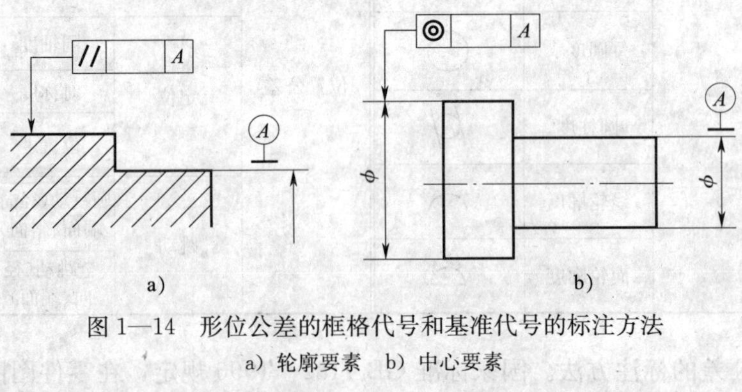

图 1—14　形位公差的框格代号和基准代号的标注方法

a）轮廓要素　b）中心要素

（4）表面粗糙度。表面粗糙度的符号及意义见表 1—14。图样上，表面粗糙度代号应标注在可见轮廓线、尺寸线、尺寸界线或它们的延长线上，符号的尖端必须从材料外指向表面，表面粗糙度的参数值标注在尖三角内。通常采用的表面粗糙度参数是轮廓算术平均偏差 R_a，即取样长度内轮廓偏距绝对值的算术平均值。

表 1—14　　表面粗糙度符号及意义

符号	意义	符号	意义
	表示表面可用任何方法获得	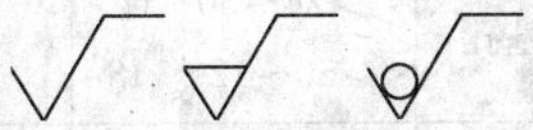	前列符号的长边加一横线用于标注有关参数说明
	表示表面是用去除材料的方法获得，在零件图上最为常见	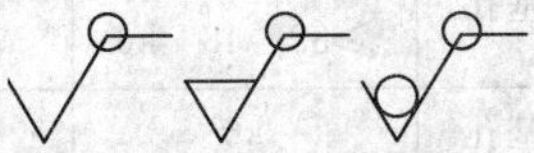	在上行上再加一个圆，表示所有表面具有相同的表面粗糙度要求
	表示表面是用不去除材料的方法获得		

Y系列三相异步电动机主要零件尺寸配合公差及形位公差和表面粗糙度要求见表1—15。

表 1—15　　Y系列三相异步电动机主要零件尺寸配合公差及形位公差和表面粗糙度

零部件及部位		配合制	公差代号	表面粗糙度 $R_a/\mu m$	形位公差要求
机座	止口内径	基孔	H8	3.2	1. 机座铁心挡内圈对两端止口公共基准轴线的同轴度公差为8级 2. 机座止口端面对止口基准轴线的端面圆跳动公差为8级和9级公差值之和的1/2 3. 机座止口内径和铁心挡内径的圆度公差为相应直径公差带的75%，而且其平均直径应在公差带内 4. 机座轴向中心线对于底脚支承面的平行度公差为H80～250、0.16；H280～315、0.30；平面度公差为H80～112、0.125；H132～200、0.15；H225～280、0.20；H135、0.25
	铁心挡内径	基孔	H8	3.2	
	总长度	基孔	h11	6.3	
	底脚孔直径		H14		
	中心高		H80～250$^{-0.10}_{-0.40}$ H280～315$^{-0.20}_{-0.80}$		
	底脚孔中心至轴伸端止口平面距离		JS14		
	A/2		H80～132±0.4 H160～225±0.6 H250～315±0.8		
端盖	止口直径	基孔	js7	6.3 3.2	1. 轴承室内圆对止口基准轴线的径向圆跳动公差为8级 2. 与机座配合的止口平面对轴承室的内圆基准轴线的端面圆跳动公差为8级和9级公差值之和的1/2 3. 凸缘端盖的凸缘止口对端盖止口的径向圆跳动公差为8级和9级公差值之和的1/2 4. 轴承室的圆柱度公差为7级
	轴承室内径	基轴	>30～50$^{+0.020}_{0}$ >50～80$^{+0.022}_{0}$	1.6	
	轴承室深度		h11	6.3	
	止口平面到轴承室平面距离	基孔	H11	6.3	

单元 1

续表

零部件及部位		配合制	公差代号	表面粗糙度 $R_a/\mu m$	形位公差要求
转轴	全长		JS14		1. 轴伸挡外圆（磨削尺寸）对两端轴承挡公共基准线的径向圆跳动公差为 7 级 2. 轴的两端轴承挡外圆的圆柱度公差为 6 级 3. 轴的轴伸端键槽对称度公差为 8 级和 9 级公差值之和的 1/2
转轴	铁心挡直径（热套）	基孔	＞24～50 t7 ＞50～120 t8	3.2	
转轴	轴伸挡直径	基孔	≤28 j6≤55 m6 ≥32～48 k6	6.3	
转轴	轴承挡直径	基孔	k6	0.80	
转轴	轴承盖挡直径	基孔	b11	0.80	
转轴	风扇挡直径	基孔	h7		
转轴	轴承挡距离		h11	6.3	
转轴	键槽宽		N9	1.6	
定子冲片	外径	基孔	自定公差		定子冲片外圆对内圆的同轴度公差为 8 级
定子冲片	内径	基孔	H8		
定子冲片	槽形	基孔	H10		
定子冲片	槽口宽	基孔	H12		
定子冲片	扣片槽宽	基孔	H11		
定子冲片	槽底直径	基孔	H10		

2. 加工图的绘制与阅读

（1）绘制加工图的步骤

1）准备技术资料

①了解和分析零件。了解零件在机器或部件中的作用、地位以及与其他零件的关系、连接方法等，分析零件的结构形状、名称、材料和加工方法。

②选择零件表达方案。根据零件的结构特点和加工方法，选取一组适当的视图，它们既能清晰表达零件的结构形状，又能顾及读图和绘图方便。

主视图是零件图中最重要的视图，一般应根据零件的结构特征、加工位置和工作位置来确定其应安放位置和投影方向。以回转体为主要结构的零件，如轮盘类等，要求主视图的轴线安放位置与加工时零件轴线一样呈水平位置，这样便于工人看图，这是加工位置原则；对加工位置不固定的零件，如叉架类等，主视图一般按零件在机器中的工作位置绘制，这是工作位置原则。零件主视图安放位置确定后，应根据零件的形状特征，选择能充分表达零件各组成部分的结构形状特征的方向，作为主视图的投影方向，这是形状特征原则。关于其他视图，零件的主要结构应优先采用俯视图、左视图等基本视图，必要时在基本视图上取剖视图、剖面图等来表达；次要结构或局部形状可用局部视图、剖面等来表达；细小结构可用局部放大图来表达。

2）画零件草图。以目测零件，用徒手绘制的图样，称为零件草图，步骤如下：

①布置视图，画基准线，考虑尺寸标注位置。

②目测比例，徒手画图。从主视图开始，画出零件的全部视图。

③画尺寸界线、尺寸线、箭头。

④量注尺寸。测量实物各部分尺寸，将它们填写在尺寸线上。

⑤标注技术要求，如表面粗糙度、尺寸公差等。

⑥填写标题栏。

3）绘制零件图

①根据零件结构、尺寸，确定绘图的图幅、比例。

②画框图、标题栏、基准线等。

③画底图。注意画底图下笔要轻。

④检查底图，无误后描深。

⑤标注尺寸、表面粗糙度、尺寸公差等技术要求。

⑥填写标题栏。

（2）阅读加工图。在零件加工、检验以及审查、校核设计图样时，均需先看懂零件图。读图的步骤为：

1）看标题栏。从标题栏了解零件的名称、材料、图样比例等内容，从而为了解零件在机器中的作用、制造要求和结构特点提供了条件。

2）分析视图，想象零件结构形状。首先，根据视图配置找出主视图，分析还有哪些视图，采用了哪些剖视、剖面及其剖切位置，还有哪些其他表达方法，明确相互间的投影关系（投影方向、尺寸关系）。在分析的基础上，想象零件的主要结构，复杂零件可分成几部分，并注意各个细节部分，从而想象出零件的整体形状。

3）分析尺寸和技术要求。在分析理解零件形状的基础上，再分析尺寸和技术要求。看尺寸时，应根据零件结构形状，分清哪些是定形尺寸、定位尺寸和总体尺寸，找出长、宽、高三个方向上的尺寸基准。看技术要求时，可根据图中标注的表面粗糙度、尺寸公差、形位公差及其他要求等，弄清主要加工表面的加工要求，弄清零件热处理和其他加工要求。

【注意事项】

- 零件视图应尽量保持直线的投影关系，避免在某一视图上出现较多的虚线。在主视图确定以后，要仔细分析零件各组成部分的形状和相对位置是否都表达清楚了，在充分表达的前提下，应尽量减少视图的数量，避免视图零碎而增加读图的困难。
- 零件图上标注的尺寸是加工和检验零件的重要依据。标注零件图尺寸，除要做到一般基本视图尺寸标注的要求外，还应符合零件的设计、加工和检验的要求。要注意选好尺寸基准；零件的重要尺寸要直接注出，不要经过换算；不能注成封闭尺寸链，即同一方向的尺寸不能注成串联并首尾相接；标注尺寸还要考虑加工和测量的方便。
- 读图应全面细致，把握图中每个符号的含义，对文字表述的内容也不要遗漏。

三、电机生产的主要技术文件及有关国家标准

电机检修工应掌握一些电机制造方面的知识。电机厂在生产过程中都应按国家标准及本厂制定的工艺文件来加工生产，现介绍如下：

1. 电机生产的主要技术文件

电机制造厂用的工艺文件大体上分为两类。一类是一般机械通用工艺卡片和过程卡片，另一类是电工专用的工艺守则。

工艺卡片是技术指导性的，它规定了工件的加工顺序，同时规定了各工序的切削规范，如进给量、切削速度和切削深度等技术条件。过程卡片是组织生产用的，每种零件一份，应注明工序安排的顺序，如车、铣、磨等。

在电机制造中有许多工艺过程对相似类型的产品都基本相同，如绕组的浸渍干燥、硅钢片的涂漆、轴承的装配及总装配、高压线圈的绝缘、浸胶等。这些工艺过程的内容比较复杂，在操作上要求能够稳定，才能保证产品质量。这种工艺过程采用文字叙述，编制成“工艺守则”。因此“工艺守则”是现行工艺的总结性文件，起着指导生产的作用。

还有一种文件，如绝缘规范是说明各种绝缘结构的指导文件。

2. 国家标准

对于电机产品的质量要求，国家规定了一系列标准，各生产厂家必须遵守执行。

例如电机国内标准包括：产品标准、零件标准、基础标准。对电机检修后的质量检验可按国家标准查对。需要时应会查对相应的标准阅读与验证。

（1）产品标准

其中有：

YBZS 系列起重用隔爆型双速三相异步电动机技术条件 JB/T 5869—2005

YZE 系列起重及冶金用电磁制动三相异步电动机技术条件 JB/T 7563—2005

YREZ 系列起重用锥形绕线转子制动三相异步电动机技术条件 JB/T 7564—2005

YZRW 系列起重及冶金用涡流制动绕线转子三相异步电动机技术条件 JB/T 7840—2005

YZZ 系列升降机用电磁制动三相异步电动机技术条件 JB/T 7841—2005

YZR-Z 系列起重专用绕线转子三相异步电动机技术条件 JB/T 7842—2005

（2）零部件标准

其中有：

电机用钢制波形弹簧技术条件 JB/T 7590—2005

中小型电机用槽楔技术条件 JB/T 10508—2005

中小型异步电动机用接线板技术条件（机座号 63～355） JB/T 10509—2005

（3）基础标准

其中有：

交流伺服电动机通用技术条件 GB/T 7344—1997

大型三相异步电动机基本系列技术条件 GB/T 13957—1992

水轮发电机基本技术条件 GB/T 7894—2001

风力发电机组　异步发电机　第1部分：技术条件　GB/T 19071.1—2003
船用旋转电机基本技术条件　GB/T 7060—1994
小功率电动机通用技术条件　GB/T 5171—2002

四、专用电机的结构和维护

1. 防爆型电动机的结构和维护

(1) 防爆型电动机的结构特点。防爆型电动机主要分为隔爆型电动机和增安型电动机两类，主要用于存在爆炸性混合物引起爆炸危险的场合。所谓隔爆型电动机是指当电动机的内部发生爆炸时，由于其隔爆面采取了隔爆措施，不会引起外界爆炸性混合物爆炸的特殊电动机。所谓增安型电动机是指在正常条件下，不会产生点燃爆炸性混合物的火花、电弧或危险的高温，并采取措施提高安全程度，在允许过载的情况下也不会出现火花。

防爆型电动机的工作原理和电气性能要求与普通异步电动机相同，两者的主要区别在于电机的外壳能承受更大的压力而不损坏。防爆型电动机的各接合面都采取了适当的措施以增加其结构强度或降低放电的可能性，称之为隔爆接合面，如增大电气间隙、增大螺栓的长度和力学强度或改变接合方向等。YB系列隔爆型电动机广泛用于煤矿井下以及石油、化工系统的电气设备上，其接线盒结构如图1—15所示，典型结构如图1—16所示。

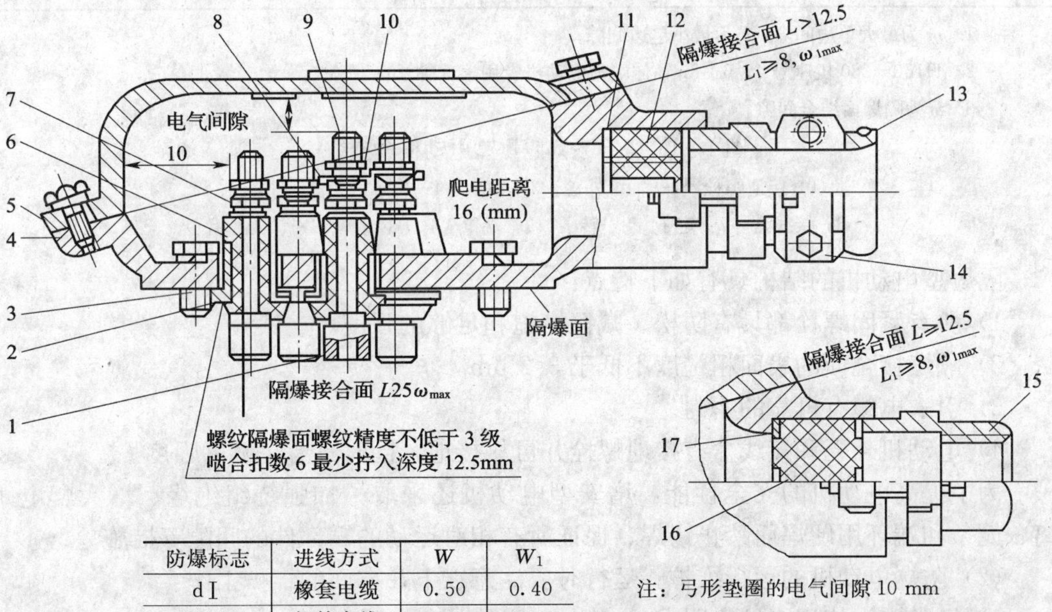

防爆标志	进线方式	W	W_1
dⅠ	橡套电缆	0.50	0.40
dⅡBT4	钢管布线	0.20	0.15

注：弓形垫圈的电气间隙 10 mm

图1—15　YB系列防爆型电动机接线盒结构

1—接线螺栓　2—止动垫片　3—垫圈　4—接线盒座　5—接线盒盖　6—端子套
7—接线片　8—弓形垫圈　9—垫圈　10—螺母　11—金属垫圈　12—密封圈
13—接线盒斗　14—卡板　15—接线斗　16—密封圈　17—金属垫圈

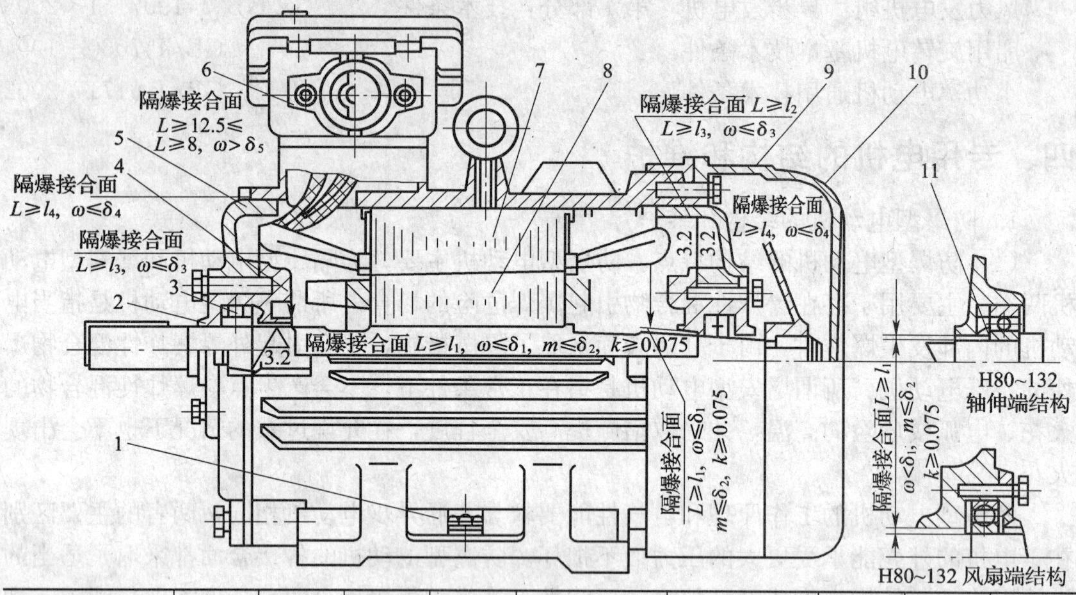

机座号	l_1	l_2	l_3	l_4	δ_1		δ_2		δ_3	δ_4	δ_5
					dⅠ	dⅡBT4	dⅠ	dⅡBT4			
H80—100	12.5	—	—	12.5	0.5	0.3	0.33	0.20	—	0.20	
H112—132	25	—	—		0.6		0.40		—	0.15	
H160—200		12.5	8	25					0.15	0.20	0.15
H225—280	40	25	9		0.8	0.4	0.53	0.26	0.20		

注：1. m 为最大单边间隙，k 为最小单边间隙；

2. H160—280 机座号 4、6、8p 轴伸端为电动机专用滚珠轴承；

3. ω 为隔爆面结合间隙。

图 1—16　YB 系列隔爆型电动机典型结构

1—接地螺栓　2—轴承外盖　3—轴承　4—轴承内盖　5—端盖

6—接线盒　7—定子　8—转子　9—端罩　10—风扇　11—波形垫片

隔爆型电动机的结构具有如下特点：

1）所有紧固螺栓都具有防松、减振措施和足够的强度。

2）隔爆接合面的表面粗糙度不低于 3.2 μm。

3）引入电缆有可靠的密封。

4）电动机外壳和接线盒有接地螺栓并可靠接地，同时具有足够的强度。

为了提高电动机的安全性能，增安型电动机还采取了加强绕组绝缘、增大爬电距离、笼条和端环用硬焊而禁止锡焊、保证所有相对运动的零部件的间隙等措施。

（2）防爆电动机的运行维护。运行时要注意以下几方面的维护工作：

1）经常查阅使用维护说明书。

2）经常清理表面尘垢，检查紧固件的接合松紧。

3）定期测量绝缘电阻，防止电机受潮。

4）监视电机防爆面的腐蚀情况和外壳的表面温度，使其不超过允许温度。

5）经常清除冷凝水，尤其是水平安装的接线盒的空腔。

6）修理时，重点在于防爆面的处理工艺。应采用正确的工艺进行防爆面拆装，防止其受到损伤，接合面的材料不应低于规定要求；对外壳的部件要按规定进行配制；装配时要将连接件充分紧固，更不得遗失组装外壳的零部件。

造成防爆面损伤的原因有：

①加工、装配不当，使防爆面被划伤。

②防爆面腐蚀生锈。原因是密封失效、紧固螺钉松动等未能及时维护，使外界腐蚀性气体进入防爆面造成的。

③出厂时防爆面质量缺陷，如砂眼、防爆面变形等。

（3）防爆面损伤的修复方法

1）环氧树脂粉末热补法

①粉末的配方：6061（E42）号和607号环氧树脂分别占40％和60％，乙氰二氨固化剂3％，炭黑1％～1.5％，粒度为0.18～0.28 mm的石英粉适量。

②配置方法：按配方给出的质量比例称好两种环氧树脂的量，倒入容器加热到160℃；然后将石英粉倒入搅拌，冷却到120～130℃时，再加入炭黑，继续搅拌均匀；待混合配料自然冷却变成固体后，将它碾压成粉末，用孔径为0.18～0.28 mm的筛子筛出粉末待用。

③操作方法：清除防爆面的油污和锈迹，使要处理的表面露出金属光泽；然后将电动机防爆面需处理的局部加热，如垫上铁板用喷灯烘烤铁板等间接加热被处理的局部；在欲填补的砂眼或划痕处放上粉末，使之熔化，同时用划针或细铁棍搅拌粉末，使修补的表面平整；待熔化处冷却到室温，用油石精磨修补的表面，使其平坦光滑。

2）补焊法

①焊料选择：对于铸铁件，可选用锡的质量分数为58％～60％的锡锌焊料，焊剂为30％的氯化氨、70％的氯化锌及100％～150％水组成的混合液；对于钢结构防爆面，可选用HiSnPb58-2铅锡焊料，焊剂选用浓度为30％的盐酸。

②操作方法：清理焊面，均匀加热，加上选好的焊料和焊剂；焊后清理焊接表面，并使其光滑平坦。

2. 起重及冶金用电动机的结构和维护

起重及冶金用电动机的特点是过载能力强，其基准工作制为S3。它们频繁地运行在启动、制动和正反转状态，以及粉尘、高温等恶劣环境。

（1）起重及冶金用电动机的结构特点

1）电动机具有两端轴伸，其中风扇端是传动端。

2）采用高等级绝缘。环境温度为40℃时采用F级绝缘，当环境温度高于60℃时采用H级绝缘，这是专供冶金系统使用的电动机。

3）轴承有良好的强度和润滑。轴承的规格见表1—16，使用Z1-3型锂基润滑脂。

4）集电环采用ZQSn6.5-4铸锡青铜或不锈钢制造；电刷和集电环尺寸见表1—17。

5）采用IP55型防护等级，并且轴伸端和集电环端留有观察窗。

（2）起重及冶金用电动机的运行维护和检修特点。运行维护时应做到：

1）加强清扫和绝缘监测，防止因粉尘污染、潮湿等引起绝缘等级降低。

2）及时检查轴承润滑情况，防止润滑脂变质引起轴承过热。

表 1—16　　**YZ、YZR 系列电动机的轴承规格**

电动机中心高（mm）	IM1		IM3	
	传动端	非传动端	传动端	非传动端
112	308	308	308	308
132	309	309	309	309
160	311	311	311	311
180	313	313	313	313
200	32 315	315	32 315	46 315
225	32 315	315	32 315	46 315
250	32 316	316	32 316	46 316
280	32 320	320	32 320	46 320
315	32 322	322	32 322	46 322
355	32 326	326	—	—
400	32 330	330	—	—

表 1—17　　**YZR 系列电动机电刷和集电环尺寸**

机座号	电刷尺寸（宽×厚×高，mm）	集电环直径（mm）	机座号	电刷尺寸（宽×厚×高，mm）	集电环直径（mm）
112	20×8×32	100	250	40×12.5×50	160
132	20×8×32	100	280	40×20×60	200
160	25×10×50	112	315	40×20×60	200
180	25×10×50	125	355	40×20×60	250
200	32×12.5×50	140	400	40×20×60	250
225	32×12.5×50	140			

3）注意对电刷和集电环的观察，防止因大电流引起进一步损伤。

4）注意对并头套的观察和检查，及时处理并头套脱焊或“放炮”，即由于炭粉引起两个并头套搭桥。

检修时应注意，要将端部各部位的粉尘清洗处理干净，重点检查轴承、电刷、集电环和绕组端部等易发生故障的部位，加强端部的绑扎和槽楔的固定，防止因冲击负载引起脱落和损坏。其故障检查和修理的方法与普通电动机差别不大。

3. 锥形转子电动机的结构和维护

锥形转子电动机在工作时往往承受冲击性负载，具有制动力矩恒定和制动频率高等优点，广泛运用于驱动起重运输机械和建筑机械等设备，其结构如图 1—17 所示。

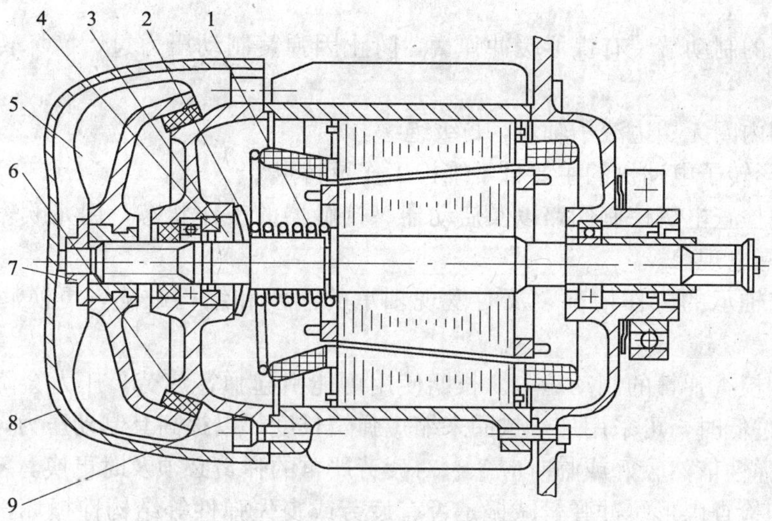

图 1—17　YEZ 系列锥形转子异步电动机的结构

1—制动弹簧　2—蝶形缓冲弹簧　3—支承圈　4—推力轴承

5—风扇制动轮　6—制动盘　7—调节螺母　8—风罩　9—后端盖

(1) 锥形转子电动机的结构特点

1) 定子、转子铁心呈圆锥体，两者的表面与转轴之间存在一个不大的锥度角 α。当电机工作时，定子、转子磁场间的磁拉力 F 垂直于转子表面，它可分解成轴向磁拉力 F_1 和径向磁拉力 F_2，如图 1—18 所示。其中，径向磁拉力的合力为零，轴向磁拉力的大小为

$$F_1 = F\sin\alpha$$

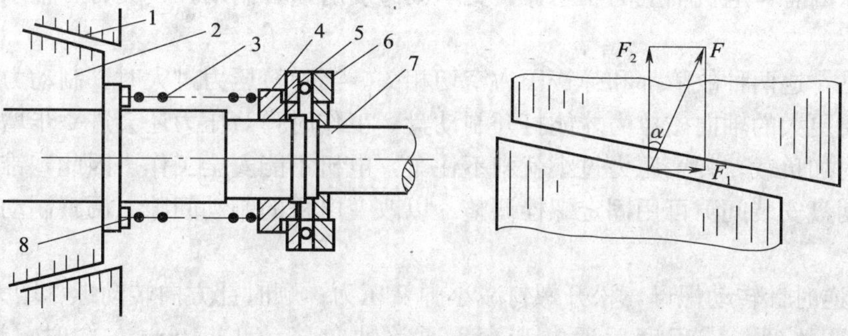

图 1—18　锥形转子电动机工作原理图

1—定子铁心　2—转子铁心　3—制动弹簧　4—支承圈

5—垫圈　6—推力球轴承　7—转轴　8—垫圈

2) 在结构上转子可以轴向移动。工作时，制动弹簧被轴向磁拉力压缩，转子移向到定子铁心内腔，制动器被打开，电机可以自由旋转。当弹簧压力与轴向磁拉力相等时，定、转子间依然保持一定的气隙稳定运行。停机时轴向磁拉力消失，被压缩的弹簧恢复原位，在弹簧压力作用下，转子制动盘与电机端盖间产生制动力矩，电机迅速

单元 1

停转。

3）电机的制动端装有蝶形缓冲弹簧，防止因弹簧制动压力过大撞坏转轴台阶和轴承室。

4）采用内圈无挡边滚子轴承，F 级绝缘。

（2）锥形转子电动机的主要日常维护工作及特点

1）定期检查电机控制回路以及启动器、接触器的工作状态，用兆欧表检查这些部位是否存在漏电现象。

2）检查轴承的工作情况，及时发现轴承的润滑和结构缺陷，更换润滑脂或新轴承。

3）定期检查弹簧的制动压力。长期使用可能引起弹簧疲劳，压力会降低。当检查出弹簧压力过低时，可采用加垫垫圈来缩短弹簧长度，以提高其制动压力，这种方法适用于弹簧的弹性依然较好或临时应急。对疲劳严重的弹簧必须及时更换。

4）定期检查碟形缓冲弹簧减振是否有疲劳或丧失弹性等结构性损坏，并及时处理缺陷。

5）经常观察电机制动是否正常，检查制动盘和端盖制动面有无异常磨损、油污以及裂纹、变形等结构缺陷，并及时处理发现的缺陷。

6）检查电动机与负载的连接情况，找出妨碍电机轴向串动的有关因素并及时排除。

7）一般不可将卧式电动机改装成立式使用。

（3）锥形电动机的检修。除常规电机故障外，锥形电动机还存在的常见故障有制动不可靠和定子、转子铁心相擦。

引起制动不可靠的原因有：制动盘磨损和变形、弹簧压力不够或损坏、制动盘或端盖的制动锥面上有油污、制动间隙过大、制动盘松脱等。引起电动机的定子与转子铁心相擦的原因有：电机轴上的制动弹簧支承圈过度磨损、制动弹簧疲劳、轴承损坏、电机过载等。

可见，这两种故障都和弹簧压力密切相关。当弹簧压力过大时，制动力矩也大，启动时需要更大的轴向磁拉力才能打开制动盘，工作时弹簧压力还会进一步增大，增加了电机的附加负载；弹簧压力过小就刹不住车，电机不能安全工作。因此，锥形转子电动机的制动盘安装间隙可用固定螺栓调整，以改变电机的制动间隙。调整制动间隙的步骤如下：

1）逆时针转动螺母，松开螺钉减小弹簧压力；顺时针方向转动螺母增大弹簧压力。

2）调整到一定程度后通电观察。通常轴向移动 1.5 mm 左右时，认为调整合适。

3）调整后进行力矩值测试。方法是在输出端轴上水平绑上一根 0.5 m 或 1 m 长的杠杆，在杠杆的另一端逐步加砝码，在杠杆开始下降瞬间，记下砝码重力 F 和杠杆长度 L，则制动力矩 $M=FL$。测量时应仔细检查杠杆水平度及其受力端与轴的垂直度。

注意：调节前检查制动盘是否有破损和油污，如有应做处理；然后试运行，发现仍有异常后再进行调整，调整后的制动力矩和弹簧工作压力应符合表 1—18 规定。

表 1—18　　锥形转子电动机的弹簧工作压力和制动力矩

功率（kW）	制动弹簧的工作压力（N）	制动力矩（Nm）	功率（kW）	制动弹簧的工作压力（N）	制动力矩（Nm）
0.2	42.2	2	3	460.9	42.2
0.4	110.8	4.9	4.5	681.6	62.8
0.8	153	10.8	7.5	882.6	98.1
1.5	273.8	19.6	13	1 034.6	184.4

经调节如发现弹簧的工作压力仍然不够，可按下列方法处理：

1）在支承圈和轴承之间加垫厚度合适的垫圈。此法在维持轴向行程不变的情况下，增大弹簧压力，从而提高了制动力矩。

2）增大支承圈的厚度。此法通过限制转子的轴向行程来提高制动力矩，同时又降低了定子和转子铁心相擦的可能性。

3）若转子轴向运动行程合适，则可在图 1—18 中垫圈 8 的位置垫上厚度合适的垫圈，以增加弹簧的预压力。

4. 旁磁制动电动机的结构和维护

旁磁制动电动机的定子与普通三相异步电机相同，而转子由笼形转子和分磁铁两部分组成。电动机的电磁制动机构由衔铁、制动盘、弹簧等主要部件组成，装在非轴伸端，并且可在轴的花键部分轴向移动。在风扇的外圈上装有非金属制动片，与端盖上的轴向可调异步制动圈相摩擦时产生制动力矩，可使电动机迅速停止转动。YEP 系列旁磁制动异步电动机的结构如图 1—19 所示。

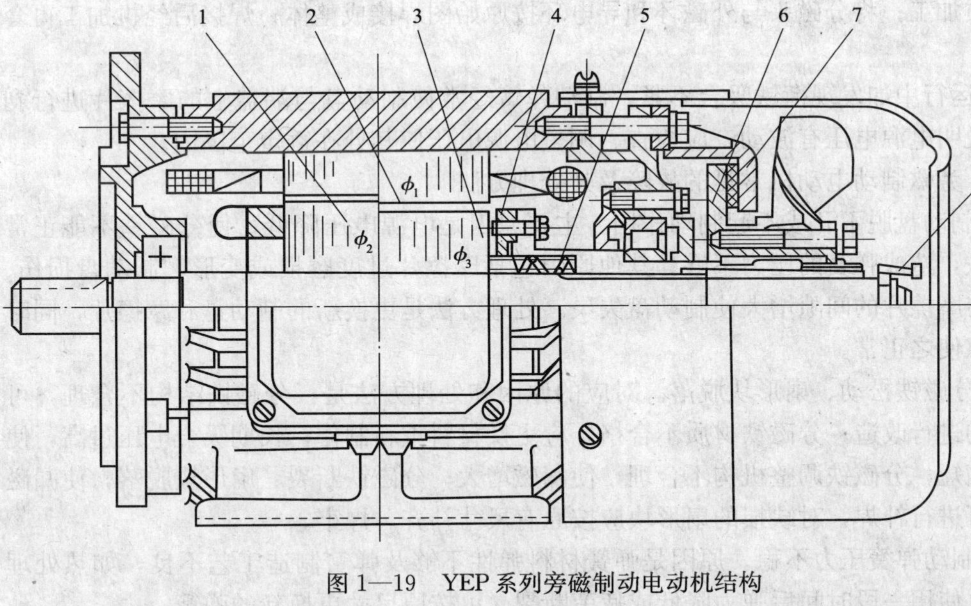

图 1—19　YEP 系列旁磁制动电动机结构

1—转子　2—定子　3—分磁铁　4—衔铁　5—制动弹簧　6—制动盘　7—制动圈　8—释放螺钉

（1）旁磁制动异步电动机的工作原理。当定子通电后产生旋转磁场，由于电机的一端有旁磁铁心，主磁场有一部分经其闭合，产生一个轴向磁吸力，吸引衔铁，衔铁受到的磁吸引力作用使弹簧压缩，制动盘与轴向可调制动圈脱离；与此同时，主磁场的其他部分使笼形转子产生转动力矩，因此，电动机开始转动。定子断电后，轴向磁拉力消失，制动机构在弹簧压力作用下，使制动盘复位，当它与制动圈产生摩擦转矩时，转子因制动力矩迅速停转。

（2）旁磁制动电动机的运行维护

1）启动前检查。必须检查电源电压，确认电压为额定值。这是因为电动机的主磁通与电源电压成正比，当电源电压降低后，相应地旁磁磁路的磁通也降低，而衔铁受到的磁吸引力按磁通的平方降低，衔铁就不能移动到分磁块上，因此，也不能使制动盘脱离制动端盖上的摩擦片。由于制动盘不能脱开或脱开距离小，就会造成电动机不能启动或启动时摩擦片受到较大的摩擦力引起发热。

2）定期检查石棉刹车环的磨损程度。石棉刹车环如磨损过大，会增大刹车机构的行程，降低电机启动、制动的效果；同时行程增大会造成衔铁与分磁铁、制动盘与摩擦片的撞击力量，影响刹车圈和石棉刹车环的寿命。

检查和调整时，通常保证刹车圈与刹车环之间的间隙在 1～1.5 mm。调整时拆下风罩，在制动器的调节螺栓上进行调节。

3）仔细检查分磁铁和衔铁表面是否有杂质、铁屑。要求其表面干净、平坦。

4）检查摩擦片是否磨损。当查出磨损在 2.5～3 mm 时，就需要更换新的摩擦片。

5）检查分磁铁有无裂纹、脱落。如分磁铁损坏严重，就需要配制。配制方法是先测绘原分磁铁几何尺寸，画出加工图；然后选用电工纯铁或 11 号碳素钢，最好采用原来的材质加工；将分磁头与外磁环和导电环按原始图焊接成整体；焊接后经机加工再套入轴内。

6）运行中如发现衔铁吸合不紧，制动弹簧经常使制动盘与端盖上的摩擦片进行刹车。这说明电源电压有波动，应检查、调整电源电压使其处在额定范围内。

（3）旁磁制动电动机常见的故障及其处理方法

1）制动盘脱不开或不起制动作用。主要原因是电源电压降低，使分磁铁不能正常吸引衔铁，造成弹簧的压力不够。其他原因包括摩擦片过度磨损或变形、制动盘损伤、制动盘与摩擦片的间隙增大使制动盘失灵。处理方法是更换新的制动盘和摩擦片，同时调整间隙使之正常。

2）分磁铁松动、扇形块脱落。对应的原因和处理方法是：分磁铁结构不合理，可按新结构进行改造；分磁铁材质不合格，应更换材料重新制作；长期吸合电压过高，使其寿命缩短；分磁铁调整机构不合理，使漏磁增大；分磁铁断裂、扇形块脱落，使漏磁增加，可进行补焊，对缺损的扇形块应按原有尺寸补齐、焊牢。

3）制动弹簧压力不稳。原因是弹簧材料弹性不够及弹簧制造工艺不良，如热处理不好等，使用一段时间后弹力降低或疲劳断裂。可按原尺寸更换新的弹簧。

4）吸力过小或过大。吸力过小的原因有电源电压过低、分磁铁与衔铁接触不良或分磁铁和衔铁本身有缺陷。首先要检查电源电压并进行调整，其次是检查分磁铁和衔铁的完整性，必要时对它们进行修理或将其更换。吸力大的原因是电源电压过高，吸力大引起弹簧压缩过多，使得启动、制动时行程加大，时间延长。解决的办法是调整电源电压。

5）旁磁圈损坏。原因是结构不合理，可按新的结构进行改造；或者是焊接质量不好，这是因为铜与钢之间焊接较困难，要求焊接后进行消除内应力的热处理。

第三节　电机检修具体措施与方案

培训目标

- 能够参与制订电机检修施工组织方案和工艺、技术、安全措施
- 能够制订电机检修方案
- 能够按图样编制电机检修施工项目的工、料预算

一、编制施工措施的基本要求

1. 生产过程及其组成要素

所谓生产过程是指从材料投入开始，经过一系列的加工，直到成品生产出来的全部过程。一般说来，不同类型的生产过程具有共同的目标，这就是生产出合格的产品。所谓合格产品是指该产品的性能符合相关的指标并能满足使用的需要。制造企业的生产过程从原材料开始，逐一对组成产品的部件进行生产加工，最后将各部件组装成合格的产品；修造企业的生产过程是对不合格产品中的某些部件进行修复加工或者将其换用合格的配件，最后使产品的性能重新符合标准或使用要求。

所谓生产是指劳动者运用劳动工具，直接或间接地作用于劳动对象，使之按人们预定的目标变成工业品。企业的生产一般是由许多部分同时进行的，根据各部分在生产过程中的作用不同，生产过程可划分为三个部分：

（1）基本生产过程。基本生产过程是指对构成产品实体的劳动对象直接进行工艺加工的过程。如电机检修中的绕组制作或修补过程，机械零件的修理和加工过程等。基本生产过程是企业的主要生产活动，它直接影响到产品的质量是否合格。电机检修的基本生产过程即是指修理工作的具体实施过程，简称为施工过程。

（2）辅助生产过程。辅助生产过程是指为保证基本生产过程顺利而正常进行，所从事的各种辅助性生产活动的过程。如为基本生产过程提供动力、工具和维修工作等。

（3）生产服务过程。生产服务过程是指为保证生产活动顺利进行而提供的各种服务性工作。如供应工作、运输工作、技术检验工作等。

基本生产过程和辅助生产过程都是由若干相互联系的工艺阶段组成的。所谓工艺阶段是指，按照使用的生产手段的不同和加工性质的差别而划分的局部生产过程。如机械

企业（包括电机检修企业）的基本生产过程可分为零件加工和装配等过程。每个工艺阶段又分成若干工序。所谓工序是指一个工人或一组工人在同一工作地点对同一劳动对象进行加工的生产环节。它是组成生产过程的最小单元，是企业生产技术工作、生产管理和组织工作的基础。按照工序的性质，可以把工序分为基本工序和辅助工序两类。凡直接使劳动对象发生变化的称为基本工序，也叫工艺工序，如电机检修中的拆装绕组、轴承等具体部位等；凡为基本工序的生产活动创造条件的叫辅助工序，如产品检验、运输等工序。有时，一个工序又分为几步操作，每一次操作称为一个工步。所谓工步是指，当加工表面、切削刀具和切削用量中的转速和进给量都保持不变时所完成的那一部分工作。一道工序可以包括一个或若干个工步，但对那些连续进行的若干个相同的工步，为了简化工艺，习惯上看成一个工步，如多个相同用途、相同大小的孔的钻削。采用复合刀具或多刀加工的工步称为复合工步。在工艺文件上，复合工步应视为一个工步。

2. 电机检修的任务和工艺特征

（1）电机检修的工作内容。简单地说，检修的任务是消除产品缺陷，使其性能恢复到符合标准或者满足使用要求。电机检修通常包括下列工作内容：

1）用适当的方法找出电机的缺陷部位；

2）根据缺陷的实际情况判断其严重程度，制定出修理方案或施工措施；

3）按方案实施修理，即对有缺陷的零部件进行修补加工或制作新的配件；

4）将经检验合格的修补件、制作件或通用标准件装回到缺陷部件的原来位置；

5）对修理后的电机进行检查、试验，以确认其合格性。

（2）电机检修工艺特点。电机检修通常包括该电机制造过程各种工序中的工艺。电机检修工艺具有以下特点：

1）工艺涉及面广。除了一般机器制造所共有的铸、焊、锻、机械加工、冲压、表面涂覆和装配工艺外，还有铁心的冲制与压装，绕组的绕制、嵌线、浸漆和烘干，换向器与集电环的制造，电刷装置的制造，绝缘和槽楔制作，绕组端部绑扎等多种专业工艺。电机检修还有拆除损坏件、清洗等特殊工艺。

2）所用材料种类多。电机制造时不但要用到一般金属及其合金材料，如钢、铸铁、铜、铝、硅钢片等，还大量使用各种不同类型的绝缘材料以及工程塑料。电机检修时，除了电机制造用到的材料外，还要用到各种清洗溶剂、固化剂等，才能顺利修复电机的各种缺陷。

3）加工精度要求高。为了使电机运行可靠和安装方便，零部件的装配尺寸和安装尺寸的精度要求高；为使电机的磁路结构对称、旋转平稳，对定子和转子的同轴度要求高；为了降低材料磨损和摩擦损耗，对转轴的轴承挡和推力轴承的镜板等表面粗糙度要求较高。

4）手工劳动量大，体力要求高。由于电机的铁心、绕组、换向器、集电环等结构的特殊性，它们通常都是非标准件或非通用件。电机制造时，为了防止转动部件的松动，铁心和轴承都采用加热工艺装配，使得在拆装体积较大的电机或轴承时，检修工需要花费很大的体力。

5）自制非标准器具多。拆装和清洗电机时，需要制作套筒、起线工具、塞尺等；绕制和嵌装绕组需要制作绕线模、压线板；在查找电机故障时，通常也用到一些简易的探测仪器，如试灯、听诊棒等。

（3）电机检修工作特点。从以上分析可知，电机检修工作具有以下特点：

1）具体任务的不确定性。电机检修的具体工作内容随缺陷部位的不同而改变，这使得电机检修工作可能包括电机制造时的各种工序和工艺。

2）对检修工的技术要求高。电机检修是单件生产作业，不可能配备过多的人员。由于电机的结构除了有与一般机器类似的机械结构外，还具有特殊的导电、导磁和绝缘结构；同时电机检修时首先要找出故障的部位，才能根据情况制订施工措施。由于电机绕组的内部故障很不容易查找等原因，因此，电机检修工就必须了解与电机结构相关的各种材料以及修理所用到的各种材料知识；掌握与电机有关的电磁理论、工作原理以及检查试验等基础知识和基本方法；了解故障电机的异常现象和主要原因；熟悉和掌握多个工种的操作技能，如电工、焊工、车工等。

由此可见，电机检修工作对理论知识有很高的要求，是一项复杂而困难的技术工作，这就要求电机检修工加强学习，不断提高检修技艺。

3．编制施工措施的基本要求

施工措施是指针对生产或检修电机中的各种活动制定出来的行动方案，其核心内容是各工序的工艺规程。所谓工艺规程是指能反映比较合理的工艺过程的技术文件。合理的工艺规程是在总结广大工人和技术人员的实践经验基础之上，依靠科学理论和必要的科学试验而制定出来的。按照它进行生产，就可以保证产品质量以及较高的生产效率与经济性；否则，往往会带来产品质量严重下降或者生产效率显著降低，甚至会出现生产混乱状况。因此，生产中一般应严格执行既定的工艺规程。

工艺规程是指导电机的生产、检修及生产管理工作的依据。在生产条件和规模大致相同的情况下，只要按照工艺规程进行生产，工人能可靠地加工出符合图样要求的零件或完成规程规定的作业。为了编写出高质量的工艺规程，编写时必须遵循以下基本原则和要求：

（1）最优化原则。按照一定的生产条件和实际生产规模，在工人能可靠地完成工艺规程规定的任务前提下，保证生产成本最低、劳动生产率最高。为了做到这一点，工艺规程应能够不断地反映工人的革新和创造，及时地吸取国内外先进工艺技术。在现场条件变化时，需要对工艺规程进行改进或进一步完善。

（2）实践性原则。电机检修的工作任务随故障不同而改变，只有了解具体任务才可能编写出反映实际要求的工艺规程。工艺人员必须深入现场开展调查研究，虚心听取工人师傅的意见和建议。

（3）科学性原则。工艺人员首先必须认真研究原始资料，如产品图样、材料要求、检查现场的设备条件和工艺装备以及自然环境条件等情况，然后参照电机的原有技术条件以及国内外同行业工艺技术发展状况，并结合本部门已有的实践经验，进行工艺规程的编制。对先进工艺技术，必须经过工艺试验方可使用。

二、编制电机检修施工措施

1. 编制施工组织措施

（1）阅读电机产品的装配图和零件图。分析图样上的尺寸公差、形位公差及表面粗糙度等技术要求，审查零件的材料及结构，并从加工和制造角度分析零件的工作原理。

（2）将需要加工的零件分类分组和划分工段，按生产纲领确定生产组织形式。

（3）确定毛坯的材料和尺寸，选择定位基准和主要表面的加工方法，拟订零件加工路线。

（4）确定零件加工工序及其公差。

（5）选择机床、工艺装备。

（6）确定切削用量等材料消耗定额、加工工时定额及工人等级。

（7）填写工艺文件。

【注意事项】

- 编制电机检修施工措施要注意采用最优化原则、实践性原则及科学性原则。
- 编制过程要反复考虑施工项目的各个方面，不要遗漏，不要草率，编制完毕要进行校核与批准。
- 如有更改要及时记录，认真执行。

2. 编制工艺、技术、安全措施

工艺规程确定以后，通常用表格或卡片的形式将施工的内容及要求表示出来，作为生产准备和施工依据。这类技术文件称为工艺文件。电机检修中的工艺文件主要有两大类：一类是用于机械加工过程的通用工艺过程卡片、工艺卡片及工序卡片，另一类是电工专用的工艺守则。

（1）工艺过程卡片。工艺过程卡片列出了整个零件所经过的路线，包括毛坯加工、机械加工、热处理等过程，按先后顺序注明工序安排次序、加工车间、所用设备及工艺装备等。工艺过程卡片是制定其他工艺文件的基础，也是生产技术准备、编制生产作业计划和组织生产的依据。在电机检修这种单件或小批量生产形式中，一般零件仅需编制工艺过程卡片作为工艺指导文件。例如，表 1—19 是某电机制造厂在检修一台发电机的绕组嵌线时所使用的工艺过程卡。表中列出了拆线各工序及其工步中的内容。电机零部件机械加工的工艺过程卡片的格式如表 1—20 所示。对电机检修用到的一些对加工精度要求不高的简单制作，如绕线模、绝缘和槽楔制作等，也可以不要工艺过程卡片，而直接在加工图中作技术说明。

（2）工艺卡片。工艺卡片是局限在某一加工车间范围内，以工序为单元详细说明整个工艺过程的工艺文件。它是用来指导工人和帮助车间领导和技术人员掌握整个零件加工过程的一种最主要的文件，广泛应用于成批生产和小批量生产中比较重要的文件。其格式见表 1—21。

表 1—19　　定子绕组嵌线工艺过程卡

××电机厂	工艺过程卡	零部件代号	×××	共　页
		零部件名称	定子嵌线	第　页

序号	工区	工序名称	工序内容	设备工装			工艺文件	
				名称	编号	数量	名称	编号
			现场施工步序：（如果修理规范和技术协议与图样有出入处，按规范和协议处理），注：非浇胶产品，拆线时用的敲棒、退拔斜木、气锤禁止使用					
1		检查	检查发电机原始情况。施工前检查下端盖应拆除，脚手架要搭接牢靠、方便操作，并核实电厂提供的工具和材料情况					
2		检查	定子绕组运到现场后，进行外观检查，防晕层如有损坏应修补好，并做下列试验： ①交流耐压：40 450 V，1 min ②流量试验：符合规定要求 以上试验由电厂实施，本厂配合，双方各留一份记录					
3	汽装	拆	敲槽楔。注意要保护铁心，拆下的槽楔要保留。顶部线圈用临时槽楔固定 拆去绑扎涤玻绳，剥去鼻子绝缘 拆压板，槽口垫块，端部垫块 拆引水管。注意不要损伤，拆下后要保留					
4		拆	烫头子（氧气、乙炔要保证供应），取出压板螺杆 拆除连接线。序 63 支架利用					
5		拆线	①拔除上层线棒（注意操作站位，选择合适的线棒拆除顺序） ②清理和拆除上层线棒端部垫块、R 垫块，清理槽内 ③拔除下层线棒（应尽可能先取出槽内侧面垫条，注意保护槽内测温元件引线不要损坏） ④拆除总进水 ⑤拆除端箍、支架等 清理场地，记录拆除后的有关情况。定子交汽金加工					

						使用于	签字	日期	人员	签字	日期
									设计		
									校核		
标记	处数	更改文件号	内容	签字	日期	旧底图总号	底图总号		批准		
更改						图样			工艺		

单元 1

表 1—20　　**机械加工工艺过程卡**

<table>
<tr><td colspan="2" rowspan="2">××工厂</td><td colspan="3" rowspan="2">简明工艺过程卡片</td><td colspan="2">产品型号</td><td colspan="2">零件图号</td><td>零件名称</td><td colspan="2">共　页</td></tr>
<tr><td colspan="2"></td><td colspan="2"></td><td></td><td colspan="2">第　页</td></tr>
<tr><td colspan="3">毛坯种类</td><td>材料</td><td></td><td colspan="2">材料定额</td><td colspan="3"></td><td colspan="2">工时定额</td></tr>
<tr><td>序号</td><td>工序</td><td colspan="3">操作内容</td><td>车间</td><td>设备</td><td colspan="3">工艺装备</td><td>准备终结</td><td>单件</td></tr>
<tr><td>1</td><td></td><td colspan="3"></td><td></td><td></td><td colspan="3"></td><td></td><td></td></tr>
<tr><td>2</td><td></td><td colspan="3"></td><td></td><td></td><td colspan="3"></td><td></td><td></td></tr>
<tr><td>3</td><td></td><td colspan="3"></td><td></td><td></td><td colspan="3"></td><td></td><td></td></tr>
<tr><td>⋮</td><td>⋮</td><td colspan="3">⋮</td><td>⋮</td><td>⋮</td><td colspan="3">⋮</td><td>⋮</td><td>⋮</td></tr>
<tr><td>绘制</td><td></td><td>日期</td><td></td><td>审查</td><td></td><td>日期</td><td></td><td>车间
会签</td><td></td><td>日期</td><td></td></tr>
</table>

表 1—21　　**工　艺　卡　片**

<table>
<tr><td colspan="4">××工厂</td><td>产品型号</td><td colspan="2"></td><td colspan="2">零件名称</td><td colspan="2"></td><td>零件号</td><td></td></tr>
<tr><td colspan="4" rowspan="2">机械加工工艺卡</td><td>每台件数</td><td></td><td>下料方式</td><td colspan="2">每料　件</td><td>毛重</td><td>kg</td><td>第　页</td><td>共　页</td></tr>
<tr><td>材料</td><td></td><td>毛坯尺寸</td><td colspan="2"></td><td>净重</td><td>kg</td><td>责任车间</td><td></td></tr>
<tr><td rowspan="2">工序号</td><td rowspan="2">安装</td><td rowspan="2">工步号</td><td rowspan="2">工序内容</td><td rowspan="2">加工车间</td><td colspan="2" rowspan="2">机床设备名称及编号</td><td colspan="4">工艺装备名称与编号</td><td colspan="2">工时定额（min）</td></tr>
<tr><td>夹具</td><td>刀具</td><td>量具</td><td>辅具</td><td>准备终结</td><td>操作时间</td></tr>
<tr><td>1</td><td></td><td></td><td></td><td></td><td colspan="2"></td><td></td><td></td><td></td><td></td><td></td><td></td></tr>
<tr><td>2</td><td></td><td></td><td></td><td></td><td colspan="2"></td><td></td><td></td><td></td><td></td><td></td><td></td></tr>
<tr><td>3</td><td></td><td></td><td></td><td></td><td colspan="2"></td><td></td><td></td><td></td><td></td><td></td><td></td></tr>
<tr><td>⋮</td><td>⋮</td><td>⋮</td><td>⋮</td><td>⋮</td><td colspan="2">⋮</td><td>⋮</td><td>⋮</td><td>⋮</td><td>⋮</td><td>⋮</td><td>⋮</td></tr>
<tr><td colspan="2">绘制</td><td colspan="2"></td><td>审核</td><td colspan="2"></td><td colspan="2">会签</td><td colspan="2"></td><td>批准</td><td></td></tr>
</table>

（3）工序卡片。工序卡片是根据工艺卡片为每个工序制定的，主要用来指导工人进行生产的一种工艺文件。工序卡片中详细记载了该工序加工所必需的资料，见表 1—22。

（4）工艺守则。采用电机制造厂制定的绕组浸渍、干燥、绝缘规范等项工艺守则。

（5）安全措施

1）进入生产区不允许吸烟。

2）工作时间必须穿工作服，戴安全帽。

3）氧气瓶与乙炔瓶不允许混放。

4）烘房要有专人值班，所有用电器应有防爆装置，并做好浸漆、烘焙记录。

5）提倡一专多能，但起重、焊接、喷漆等工作必须有操作证。

6）电机试验区域必须有安全栏和电铃、红灯警示。

表 1—22　　　　工 序 卡 片

机械加工工序卡						产品型号		零件名称		零件号	
车间	工段	工序名称						工序号			
						材料		机床			
						牌号		代号	名称	型号	编号
						夹具			定额		
						夹具名称	代号	每批件数	准备终结	单件时间	工人级别
工序号	工步内容	走刀次数	往复次数	每分钟进给量	机动时间	辅助时间	工具种类	工具代号	工具名称	工具尺寸	数量

										工艺员		主管工艺员
										定额员		车间主任
更改	页数	日期	签字	页数	日期	签字	页数	日期	签字	技术科长	第　页	共　页

7）带电操作时，必须穿绝缘鞋、戴绝缘手套，衣袖、裤脚需扎紧，现场有监护人员。

8）易燃、易爆区需动明火时，一定要得到安技部门的批准，并做好现场的防护工作。

【注意事项】

制订施工组织措施是电机检修前的必要工作，首先是计划加工过程，安排工种、人员、设备、工艺流程及完成时间等。做到有计划生产与管理，不可杂乱无章，前后颠倒，停工待料，无人负责。尤其小的检修单位，由于缺乏计划安排，有时忘了作检修前的记录就将待修电机拆开，一时来不及修理，停放时间一长，再修理时忘记从何修理及安装。也许有的零件会被丢掉，尤其是小的螺钉等，这是检修工特别忌讳的。

三、编制电机检修工料预算

1. 预算造价的组成及编制依据

（1）直接工程费。直接工程费由直接费、其他直接费、现场经费三大项组成。

1）直接费。直接费是指施工过程中耗费的构成工程实体和有助于工程形成的各项费用总和，包括人工费、材料费、施工机械使用费三个项目，见表1—23。

表1—23　直接工程费

费用项目	费用内容	
人工费：直接从事电气安装工程施工的生产工人开支的各项费用	基本工资	按国家工资制度发放生产工人的基本工资
	工资性质补贴	按规定标准发放的物价补贴，煤、燃气补贴，交通费补贴，住房补贴，流动施工津贴，地区津贴等
	生产工人辅助工资	生产工人年有效施工天数以外非作业天数的工资，包括职工学习、培训期间的工资，调动工作、探亲、休假期间的工资，因气候影响的停工工资，女工哺乳时间的工资，病假在6个月以内的工资及产、婚、丧假期的工资
	职工福利费	按规定标准计算的职工福利费
	生产工人劳动保护费	按规定标准发放的劳动保护用品的购置及修理费、徒工服装补贴、防暑降温费、在有碍身体健康环境中施工的保健费用等
材料费	为完成某一分项工程施工而耗用的构成工程实体的原材料、辅助材料、机构配件、零件、半成品的费用和周转使用材料的摊销（或租借）费用，包括材料原价（或供应价）、供销部门手续费、包装费、运输费、采购及保管费	
施工机械使用费	使用施工机械作业所发生的机械使用费及机械装拆和进出场费用，包括折旧费、大修费、维修费、装拆费及场外运输费、燃料动力费、人工费、运输机械养路费、车船使用税及保险费	

直接费是工程所在地的《单位工程估价表》或《安装工程价目表》预算单价（基价）乘以需要完成的电气安装工程分项工程量之积的总和。其计算方法可用计算式表示为

直接费＝Σ（分项工程量×相应分项工程预算单价）

2）其他直接费。直接费和间接费规定内容以外而施工过程中又必须支出的有关费用称为其他直接费。主要包括：冬季和雨季施工增加费，夜间施工增加费，现场材料二次搬运费，仪器仪表使用费，生产内工具使用费，检验试验费，特殊工种培训费，工程定位复测、场地清理费用，特殊地区施工增加费等。其他直接费用的计算方法是以单位工程预算直接费中的人工费总和乘以其他直接费率计算。其他直接费率按工程所在地区或所属部门的具体规定执行。

3）现场经费。现场经费是指为施工准备、组织施工生产和管理所需支出的费用，由临时设施费和现场管理费用组成。

临时设施费是指为工程施工而构建的建筑物、构筑物及其他临时生活和生产设施的搭建、维修、拆除或摊销费。

现场管理费包括：

①现场管理人员的基本工资、工资性质的补贴、福利费、劳保费等。

②现场管理办公用的文具、纸张、印刷、水电气、通信、书报等办公费用。

③差旅交通费指职工出差费用，探亲路费，劳动力招募费，职工退休、退职一次性路费，工伤人员就医费，工地转移费及现场交通工具的燃油费、养路费及牌照费。

④现场管理及试验部门使用的属于固定资产的仪器设备等的折旧、维护修理或租借费。

⑤现场管理使用的固定资产外的工器具、家具、交通工具、检测试验和消防用具等的购置、维修和摊销费。

⑥保险费是指施工管理费，财产、车辆保险，高空等危险作业工种安全保险等。

⑦工程保修费，即工程交付使用后，在规定保修期内的修理费用。

⑧工程排污费。

⑨其他费用。

（2）间接工程费。间接工程费是指修造、安装企业在施工中所发生的各项经营管理费用，由企业管理费、财务费和其他费用组成。

1）企业管理费。企业管理费是指施工企业生产经营活动所发生的管理费用，见表1—24。

表1—24　　企业管理费

项　目	企业管理费率	备　注
管理人员工资		含基本工资、工资补贴及福利
差旅交通费		
办公费		
固定资产使用费		
工具用具使用费		
工会经费	按职工工资总额2%计提	
职工教育经费	按职工工资总额1.5%计提	
劳动保险费		含职工退休金、价格补贴、医药费、外地施工补助费、6个月以上病假人员工资、职工死亡丧葬补助费、抚恤金
养老保险和待业保险费		
保险费		指财产保险、管理用车辆保险费等
税金		含房产税、车船使用税、印花税、土地使用税等
其他		

2）财务费。财务费是指企业为筹集资金而发生的各项费用，包括短期贷款利息净支出、汇兑净损失、调剂外汇手续费、金融机构手续费等。

3）其他费用。其他费用是指按规定支付工程造价（定额）管理部门的定额编制管理费及劳动定额管理部门的定额测定费，以及按有关部门规定支付的上级管理费。

（3）计划利润。计划利润是指按规定应计入工程造价的利润。按照国家有关部门规定，计划利润率应依据不同投资来源或工程类别实行差别利率。

单元1

（4）税金。税金是指国家税法规定的应计入工程造价内的营业税、城市维护建设税及附加教育费。

（5）编制电气工程预算的依据。编制电气工程预算的依据包括以下内容：

1）施工图样。施工图样是编制电气工程预算计算的主要依据。在编制预算过程中，除了应具备该工程项目的施工图样外，还应备齐该工程项目设计所采用的全部标准图及设计说明书。设计说明书主要阐明施工图样不能或不易表达的内容，如该工程项目设计采用的标准图集编号、设备安装高度、施工方法及材料要求等。因此，设计说明书是施工图样的重要组成部分，它直接影响工程量计算的准确性以及选套定额单价的正确性。

电气施工图是用国家标准规定的图形符号和文字符号表示的，能反映电气设备安装、布置的实际位置的工程图样。图上明确标示出电气设备型号，以及设备与电源之间线路布局和导线规格、施工要求等。电气工程施工图的预算造价及其计算的一般程序见表 1—25。

表 1—25　电气工程施工图预算造价构成及其计算式

代号	费用项目					计算式	性质	造价
一	工程直接费	直接费	项目直接费	按工程量计算	人工费	Σ（工程量×人工费单价）	工程成本	电气工程预算造价
					材料费	Σ（工程量×材料费单价）		
					机械费	Σ（工程量×机械费单价）		
二				按系数计算	脚手架搭拆费	（一）中人工费×规定费率（%）		
					高层建筑增加费	（一）中人工费×不同层次费率（%）		
					安装与生产同时进行增加费	（一）中人工费×10%		
					在有害身体健康环境施工增加费	（一）中人工费×10%		
三		其他直接费			（共 9 项内容）	（一）中人工费×规定费率（%）		
四		现场经费			临时设施费	（一）中人工费×规定费率（%）		
					现场管理费			
五		企业管理费			（共 12 项内容）	（一）中人工费×规定费率（%）		
		财务费用						
		其他费用						
六						（一）＋（二）中人工费×利润率（%）	利润	
七						（一）＋（二）＋（三）＋（四）＋（五）＋（六）	税金	
八						（一）～（七）之和数	总计	

2）地区单位估价表。地区单位估价表是确定每一分项或子项工程预算单价和额定项目最直接的主要依据。由于地区单位估价表中不显示各种安装材料的消耗指标，在计算工程量时还需要查阅定额。因此，使用地区估价表时，还应同时具备《全国统一安装

单元 1

工程预算定额》（第二册）《电气设备安装工程》，以便对照。

3）《〈全国统一安装工程预算定额〉工程量计算规则汇编》。它是与《全国统一安装工程预算定额》配套使用的规则，同时作为编制安装工程施工图预算，确定工程造价，编制招标工程“标底”及招标文件所附工程量清册的依据。

4）《〈全国统一安装工程预算定额表〉解释汇编》。它解释国家原有的定额标准与新的《全国统一安装工程预算定额》的不同点，作为计算工程量和套用定额单价的依据。

5）《建筑安装工程间接费定额》和《材料预算价格》。两者分别作为收取间接费、计算《全国统一安装工程预算定额》中未计价的材料价值的主要依据。两者都是地区性法规，计算时应按工程所在地的标准执行。

6）有关工程造价管理文件。它是计算安装材料调价、定额水平幅度调整、新增某种取费项目应调费率标准的依据。

7）《安装工程概预算手册》。它作为工具书，供编制预算参考。

2. 编制电机检修工料预算的步骤和方法

（1）熟悉资料。主要指熟悉各种编制依据，有助于快速、准确地编制电气工程预算。在编制预算前应着重对以下资料进行熟悉：

1）单位估价表。它是通过将《全国统一安装工程预算定额》中直接费的“三种价（工、料、机）”与编制地区的“三种价”相结合而编制出来的。各地区编制单位估价表的方法虽然相同，但所用的“三种价”及相关因素却不同。因此，在编制预算前要将“三种价”水平以及其他有关问题理解透彻，从而保证预算编制的质量。

2）施工图样。熟悉施工图样，了解设计意图和工程全貌。

3）有关文件。主要指项目所在地制定的有关工程预算编制的规定及预算造价调整的方法和系数。

（2）计算工程量。所谓工程量是指以物理计量单位或自然计量单位表示的各个具体工程子项的数量。它是根据施工图样规定的各个分项或子项工程的尺寸、数量以及设备材料表等具体数据，按照一定的顺序计算出来的各个分项或子项工程的工程数量。计算时必须注意以下几点：计算口径与预算定额相一致。即对不属于电气安装的项目要与相应的定额标准一致，计量单位与预算定额相一致，计算方法与定额规定相一致。各分项工程量完毕后，应将规格、型号、材料相同的工程量根据预算定额的规定和要求进行汇总（格式见表 1—25），为填写该预算表和套用定额单价做好准备。

（3）编制预算书。这里指编制单位工程预算书。预算书的格式见表 1—26。编制步骤如下：

1）抄写工程量。按照预算定额或单位估价表的排列顺序，将《工程量计算表》中各分项工程的名称、计量单位、数量以及定额或估价表的编号等填写到《单位工程预算书》中。

2）套用单价。按照《单位工程预算书》中已填写的编号，抄写各分项工程的预算单价。在抄写预算单价时必须注意区分哪些分项工程的单价可以直接套用，哪些单价应经过换算后才能套用。区分的方法是看定额表下的附注。

3）计算分项工程合价。将“单位工程预算书”中的工程量与其单价相乘而求得。

表 1—26　　　　　　　　　　单位工程预算书

××施工单位	工程名称		单位工程预算书	编制		施工阶段	
				校核		编号	
	项目名称			审查		第　页	共　页

序号	预算定额编号	设备及安装工程名称	数量及单位	质量（kg）		预算价值（元）									
						单位价值					总价值				
							安装工程					安装工程			
								其中					其中		
				单位质量	总质量	设备或材料、	基价	人工费	材料费	机械费	设备或材料	基价	人工费	材料费	机械费

4）计算单位工程直接费。就是把所有分项工程合价相加。

5）计算各项应取费用。其内容与计算方法见表 1—27。

表 1—27　　　　　　　　　　工程量计算表

顺　序	部位提要	项目名称及计算式	计量单位	工程数量

（4）计算单位工程造价。单位工程的预算造价即为直接费、间接费、计划利润、税金四项之和，即可求得电气工程的预算造价。

（5）校审。当一个建设项目的单位工程预算完成上述各项步骤后，即可交项目负责人进行校审。至此一份单位工程预算编制即告完成。

【注意事项】

- 计算工程量要按电机检修内容与操作步骤逐项进行预算。
- 编制电机检修用料时，根据施工图样选取材料及其规格、型号，还需了解当地市场是否有该类物资，如果没有就要了解外地是否有或在当地订做。此时预算就得按新价格计算。
- 选取用料的数量力求估算精确。估算少了不够用，多了用不完，积压资金，尤其是检修电机多是单件检修，没有统一标准，只能按实物估算。
- 需要外协、外聘人员等费用要考虑在内。
- 非标准件、专用工器具及模具等需要本单位配制，其费用要考虑在内。
- 电机检修所需工时，力求估算精确，切勿重复或遗漏。

第四节 电机检修工器具准备

培训目标

→ 能够使用与维护常用的精密仪器
→ 能够进行一般吊装机械的选择、布置与操作
→ 能够进行电焊、气焊普通手工操作
→ 能够制作简单的检修器械

一、电机检修常用精密仪器

1. 电机检修常用精密仪器的误差与精度

（1）测量仪器的误差和精度

1）指示仪表的误差。仪表误差主要包括两个方面：①在规定的使用条件下，由于仪表及其附件结构和工艺上的不完善所产生的误差，称为基本误差。它是仪表本身固有的、无法消除的误差，仪表的精度取决于基本误差的大小。②当仪表脱离规定基本误差的工作条件而使用时所产生的附加误差。它随使用条件不同而变化，可以通过正确的使用而减小或完全消除。按照误差的实际含义，通常用绝对误差、相对误差和引用误差来表述误差大小。

仪表的指示值 x 与被测量的实际值（又称真值）x_0 之间的差值叫做绝对误差，简称真误差，用 Δx 表示，即

$$\Delta x = x - x_0$$

绝对误差与真值之比的百分数称为相对误差，用 γ 表示，即

$$\gamma = \frac{\Delta x}{x_0} \times 100\% \approx \frac{\Delta x}{x} \times 100\%$$

绝对误差与该仪表的量程最大值（满量程值）x_n 之比的百分数定义为引用误差 γ_n 表示，即

$$\gamma_n = \frac{\Delta x}{x_n} \times 100\%$$

2）仪表的准确度等级。仪表的准确度等级一般用仪表基本误差的引用误差的百分数的绝对值表示，见表 1—28。仪表的基本误差越小，其准确度等级就越高，通常把准确度等级在 1.0 级以下的测量仪器叫做精密仪器。

表 1—28　　仪表的准确度等级

仪表的准确度等级	0.1	0.2	0.5	1.0	1.5	2.5	5.0
仪表基本引用误差	±0.1	±0.2	±0.5	±1.0	±1.5	±2.5	±5.0

（2）电机试验仪器仪表的准确度要求。根据有关电机试验标准规定：电气测量仪表的准确度应不低于 0.5 级（兆欧表除外）；三相功率表的准确度应不低于 1.0 级；互感器的准确度应不低于 0.2 级；电量变送器的准确度应不低于 0.5 级（检查试验时应不低

单元 1

于1.0级）。

2. 精密仪器的使用与维护

（1）精密仪器的使用

1）根据试验要求正确选择仪器设备的型号与规格，并向主管部门或个人提出拟用设备清单，由主管部门或个人进行审批。在得到批复后，及时办理设备领用手续。

2）严格按规定条件和程序进行设备的搬运和安装。

3）对安装好的仪器设备对照规定条件进行检查验收，对检查验收的内容做完整记录并签章留存。

4）试验应由专业技术人员负责指挥协调，操作人员应严格按规定要求进行操作，避免对设备造成损坏。

5）对试验中出现的异常应做详细记录，并将情况及时通报有关部门。

6）确认试验结果无误后，按同样的条件和相反的次序进行拆卸和搬运，并及时办理归还手续。

（2）精密仪器的维护

1）建立设备维护保养制度。制度应明确保管人员的职责，设备领用的程序，搬运与使用条件和基本方法，以及使用者的职责和义务。

2）对每台设备建立档案，存放仪器设备的场所应符合卫生、温湿度、安全等要求。

3）对用后的设备要进行必要的维护，并妥善保管，以满足规定的合格率要求。

4）仪器设备的检定。要按照规定的时间周期对仪器进行检定，对使用中出现异常的仪器要在及时进行检修与维护后进行检定，对经过剧烈震动或碰撞后的仪器应重新对其进行检定，并将检定结果记入设备档案。对经检定达不到规定等级并且在维修后仍达不到规定等级的仪器设备应及时淘汰，也可把仪器设备降低准确度级别使用。

【注意事项】

- 要按电机铭牌数据选取仪表的量程，最好用在满量程的2/3处，避免因选用仪表不当而带来误差。
- 电机启动时，电流表及功率表要短路，待电机运转正常后再打开。避免启动电流太大损毁仪表。
- 接好试验线路后，一定要检查接线正确与否，确认无误后再接通电源。若通电后发现有异常，要立即断开电源，检查改正。

二、吊装机械的安全操作事项

1. 起重吊运安全技术基础知识

吊装机械包括轻型起重设备（如千斤顶、葫芦、滑车、绞车等）、桥式起重机、臂架式起重机和升降机（如电梯、货梯等）四大类。吊装机械是一种空间运输工具，其主要作用是完成物体的位移。它不仅能减轻体力劳动的强度，还能极大地提高劳动生产率，因此，得到广泛使用，如电机检修工经常要使用千斤顶、电动或手动葫芦等完成电机的拆卸、搬运和安装。

吊装机械的主要工作特点有：暴露的、活动的部件多，并且常与吊运作业人员有直接接触；吊运的物品往往质量、体积、移动空间都比较大；吊运作业往往需要多人密切配合，并且作业环境复杂，如输电线路、易燃易爆等危险品和各种障碍物等。这些特点决定了使用吊装机械存在很多潜在的危险因素，操作者稍有疏忽就可能造成较为严重的伤亡或设备的损坏。这就要求吊运作业的相关人员，都必须掌握吊装机械的安全操作知识和操作要领。

一项吊运作业通常由指挥、捆扎、驾驶（或操作）三个环节组成。起重吊运安全技术基础包括吊装机械的正确选用和各操作环节的全部要素的安全。

（1）吊装机械的主要参数。吊装机械的参数就是指其性能指标，它是正确选用吊装机械的依据，是安全的根本保证，与安全密切相关的吊装机械参数有：

1）额定起重量 G_N，指吊装机械正常作业时允许吊起的物品和吊具的质量总和。

2）幅度 L，指起重机旋转中心与取物装置的垂直中心线之间的水平距离，如图1—20 所示。

3）起重力矩 M，是幅度与物品重力的乘积，即 $M=GL$。

4）倾覆力矩 M_A，指重力 G 与其倾覆线距离 A 的乘积，即 $M_A=GA$，如图 1—21 所示。

5）运行速度 V，又称工作速度，包括起升（下降）速度 V_n、回转速度 ω 等。

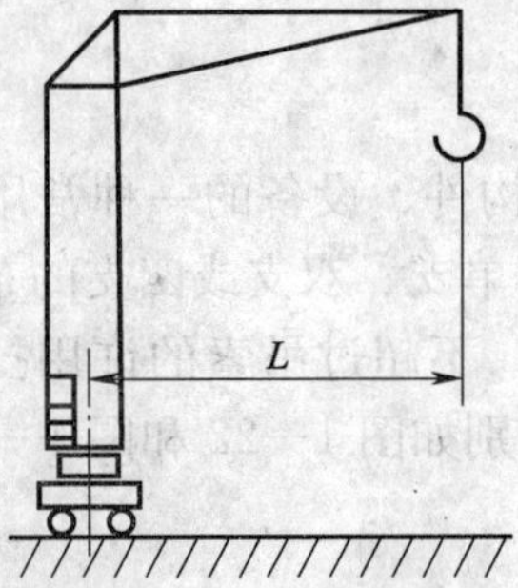

图 1—20　幅度

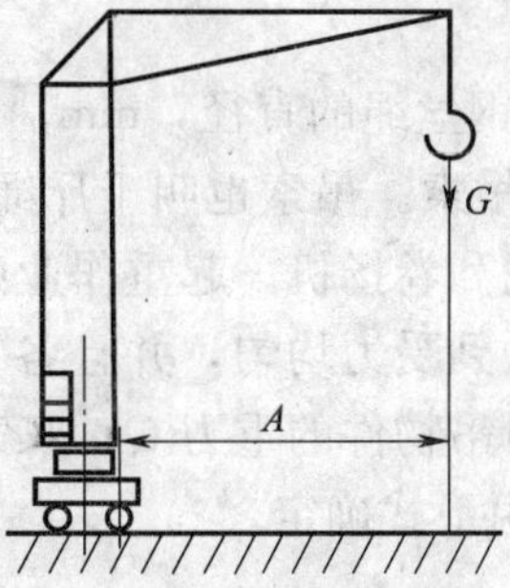

图 1—21　倾覆力矩

（2）索具的安全使用。吊装机械常用的起吊与捆绑索具有麻绳、化学纤维绳、钢丝绳、链条等。索具的安全指标是指其破断拉力 P、安全系数 K 和许用拉力 F，三者关系为 $P=KF$。

1）麻绳。它是起重吊运作业中常用的一种索具，具有轻便、柔软、易捆绑的特点，一般用于捆扎质量较小的物品，也可用作起重绳、揽风绳或平衡绳。麻绳分白棕绳、线麻绳和混合麻绳三种，其中白棕绳的强度较高。新麻绳的安全系数为 3～10，旧麻绳的许用拉力为新麻绳的 40%～60%。表 1—29 列出了白棕绳的安全系数参考值。

表 1—29　白棕绳的安全系数

用途	人力装卸（抬、拉）	绑扎	系挂或穿滑轮组起吊	揽风绳	重要用处或机械操作
安全系数	3	4	5	6	10

单元 1

如缺少麻绳的破断拉力数据时，可用下式估算其许用拉力值

$$F = 5d^2 \quad (\mathrm{N})$$

式中 F——估算的许用拉力；

d——麻绳直径，mm。

2）化学纤维绳。化学纤维绳具有耐酸碱、抗水性好等优点，缺点有耐温性能差、怕割裂、断裂时易发生回抽伤人。化学纤维绳通常用于吊挂表面光洁或表面不允许磨损的机械或设备，分为尼龙绳、涤纶绳、维尼纶绳、丙纶绳四种，其中尼龙绳的强度最大。尼龙绳的破断拉力 P 的估算公式为

$$P = 13.44d^2 \quad (\mathrm{kN})$$

式中 d——尼龙绳的直径，mm。

许用拉力为

$$F = \frac{P}{K} \quad (\mathrm{N})$$

式中 K——安全系数。

3）钢丝绳。钢丝绳普遍用于起重机的起升、变幅和牵引机构，在吊运作业中常被用来捆扎物件和用作索具。钢丝绳的种类很多，使用广泛，其破断拉力 P 和安全系数 K 等指标可从有关手册中查到，其许用拉力 F 应满足 $P \geqslant KF$。查阅不方便时按下式估算

$$F = \frac{1}{2}d^2 \quad (\mathrm{kN})$$

单元 1

式中 d——钢丝绳的直径，mm。

4）起重吊索。吊索也叫千斤绳，是绑扎和起吊构件、设备的一种常用索具，也可用于固定滑轮和卷扬机。起重作业中，吊索一般采用单支、双支或四支的布置形式，要求各支必须做到受力均匀，并且各支受到的拉力 F'，不超过吊索的许用拉力 F。单索的拉力即为所吊物件的重力 Q；双索和四索的受力分别如图 1—22 和图 1—23 所示，每支受力 F'，由下式确定。

$$F' = \frac{Q}{n\sin\alpha}$$

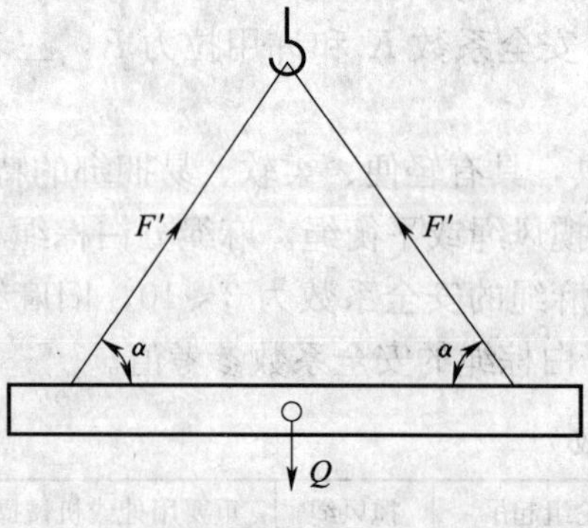

图 1—22 吊索受力示意图

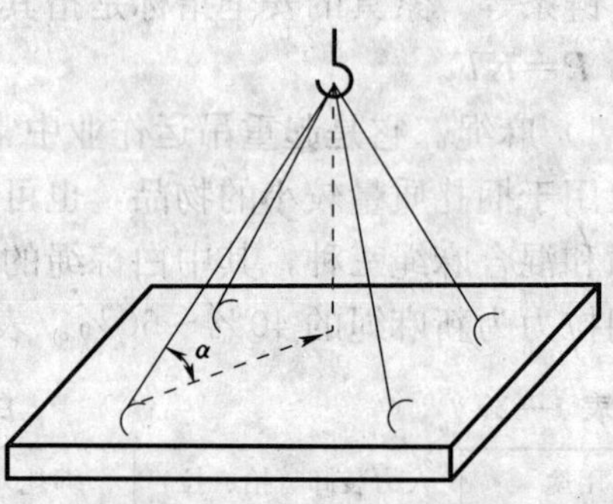

图 1—23 吊物受压力计算简图

双索或四索起吊时，吊物还受到索的压力 F''作用，压力的大小可由下式求得：

$$F''=\frac{Q}{n\tan\alpha}$$

式中　n——吊索的支数；

α——吊索与水平线的夹角，(°)。

上式表明，吊索受力的大小，不仅与起吊物的重量和吊索的支数有关，而且与吊索的角度有关。吊索与水平线的夹角越大，吊索受到的拉力和起吊物受到的压力就越小；反之，夹角越小，吊索和重物受力越大。当吊索与水平线的夹角太小时，重物便有被压坏的可能。因此，起吊重物时，吊索与水平线的夹角应控制在45°以上，最低应不小于30°。

5）链条。链条有焊接链和片式链两种。片式链一般用作吊装机械传递动力的机构。焊接链是常用的一种，主要用在吊装葫芦上或用作索具。焊接链条具有挠性好、耐高温、不易旋转等优点；缺点是弹性小、自重大、链环接触处易磨损，它不宜用在起升高度大，特别是冲击载荷和高速起吊场合。链条的许用拉力由破断拉力和安全系数确定，也可用下式估算

$$F\approx\frac{4}{K}d^2\quad(\mathrm{N})$$

式中　d——链条直径，mm；

F——链条许用拉力，N；

K——安全系数。

（3）吊装工具的安全使用

1）吊钩。吊钩是吊装机械中使用最广泛的一种取物装置，悬挂在吊索的顶端。吊钩上标有吊钩额定起重量，为了起重作业的安全，使用吊钩应做到：实际起重量不得超过额定起重量；要将吊索构件的吊环挂到吊钩的底部，尤其是挂吊环切不可硬挂；使用中经常检查吊钩有无裂纹和刻痕；定期检验，及时更换。

2）滑轮和滑轮组。滑轮和滑轮组是吊装机械必不可少的卷绕装置，通过卷绕来实现物件的升降运动。滑轮按作用可分为定滑轮和动滑轮，定滑轮能改变力的方向，动滑轮可以省力和改变运动速度。两者合起来用就构成滑轮组，滑轮组结合了两者的特点，其省力的倍数称为倍率，用 m 表示，倍率也是滑轮组减速的倍数。滑轮组拉绳受到的拉力为

$$S=\frac{Q}{m\eta}$$

式中　S——绳索的计算拉力，N；

Q——载荷，N；

η——滑轮组的效率。

滑轮有单轮和多轮两种构造，每个轮子由轮缘、绳槽、轮辐、轮毂和加强筋组成。滑轮组中某些单轮的定滑轮用来均衡两支钢丝绳拉力或改变力的方向，称为均衡滑轮或导向滑轮，如图 1—24 所示。由滑轮组、吊钩、吊环、卷筒等部件组成的简易取物装置称为滑车或滑车组。滑车的优点是结构简单、操作方便，缺点是安全隐患比起重机要多。

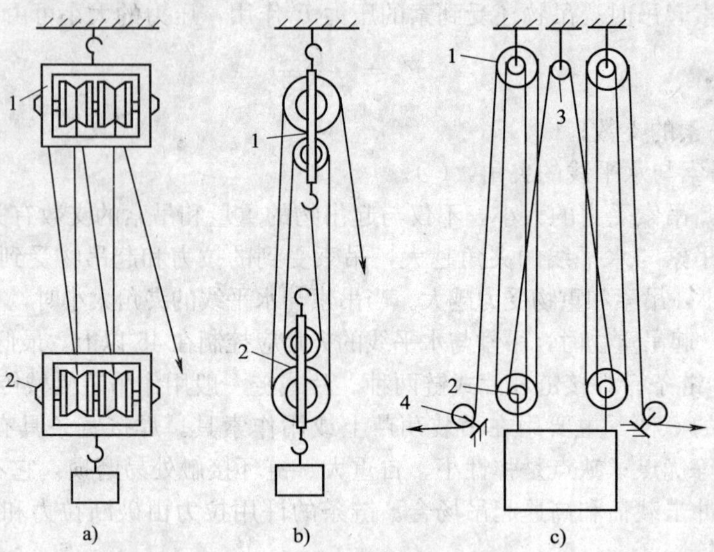

图 1—24　滑轮的用途

a)、b) 单式滑轮组　c) 双联滑轮组

1—定滑轮　2—动滑轮　3—均衡滑轮　4—导向滑轮

【注意事项】

- 滑轮的性能要满足要求，使用前查明绳索、滑轮等部件无损伤。
- 轮轴清洁、润滑充分、转动灵活。
- 绳索与滑轮的直径比例符合规定要求，绳索受力均匀，防止绳索卡轮、磨损。
- 起吊开始用力要缓，待确认滑轮组固定可靠，无卡绳、乱绳等现象后，再开始作业。
- 严禁斜拉歪吊，防止定滑轮的轮缘损坏。

3）专用夹钳。夹钳是一种用于成件物品的取物装置，它挂在吊钩底部，依靠夹紧力完成取物。主要分为三类：第一类是杠杆夹钳，第二类是偏心夹钳，第三类是他动夹钳。

4）卷筒。卷筒是拉绳的承装零件，是一个绕轴转动的圆柱体。卷筒的安全操作应做到：卷筒和绕绳的直径应配合合理；卷筒壁的厚度符合要求；检查卷筒和筒毂有无裂纹，轴和卷筒壁的磨损情况；固定卷绳的压板螺钉是否牢固；轴承润滑和转动是否正常。

2. 吊装作业安全操作事项

（1）准备工作的安全要求

1）加强安全知识学习和安全纪律教育，进行操作技能训练。

2）正确选择并准备好索具、吊具、吊装机械和辅助器材。

3）拟定吊装作业的程序、措施和安全操作事项。

4）准备应急措施和保障条件。

5）设立起重工作场所安全标志。

（2）指挥工作的基本安全要求

1）必须运用起重吊装工作标准规定的指挥语言，发出清晰、准确的指挥信号。指挥人员要站在司机能看清信号的位置，随时指挥司机将负载避开人员或障碍物。

2）指挥人员必须熟悉所指挥的吊装机械、索具的性能、负载量、绑挂情况。要全面观察现场的空间环境和人员情况，不准超载，指出并纠正工作中的违章，确认一切正常后开始指挥。

3）开始起吊负载时，应先用“微动”信号指挥，待负载离开地面 100～200 mm 稳妥后再用正常速度信号指挥。必要时，在负载降落前，也应使用“微动”信号指挥。

4）负载降落时，必须确认降落区域安全，方可发出指挥信号。

5）同时用两台起重机吊运一个负载时，应双手分别指挥各台起重机，以确保同步吊运；当多人绑、挂同一负载时，应先做好呼唤应答，确认绑挂无误后，方可由一人指挥。

6）指挥应配戴鲜明的标志，如臂章、特殊颜色的安全帽和工作服等。当戴手套时，手套的手心和手背要易于识别。

（3）司机与指挥配合的安全要求

1）司机必须熟悉各种指挥信号，听从指挥。

2）指挥发出“预备”信号时要目视司机；司机接到信号后，要做出“明白”的回应，如指挥信号不明，应发出“重复”信号询问，明确指挥意图后，方可开车。司机开车前必须鸣铃示警，必要时吊运中也要鸣铃，通知地面受负载威胁的人员撤离。

3）如无特殊要求，指挥信号应一次性发出；司机在接到下一个信号前，必须按原指挥信号的要求进行准确操作。指挥人员要求起重机微微移动时，可根据需要重复发出信号。

4）指挥人员在发出“工作结束”手势或旗语时要目视司机，同时发出“停止”音响信号，司机接到信号后，要发出“明白”的回答信号后，方可离开岗位。

5）当指挥违反安全规定时，司机有权拒绝执行。在吊运过程中，对任何人发出的“紧急停止”信号，司机都必须服从。

6）因工作需要而自行增补的指挥信号，不得与国家标准相抵触，并要为全体人员熟悉。

（4）挂钩工作的安全要求

1）挂钩工必须熟悉所用吊装机械的安全操作和动作特性，并有捆扎、吊挂知识，熟悉索具、吊具等起重工具的性能要求和维护保养，工作中必须严格按照操作规程执行。

2）起吊前，要对起吊地点和移动道路上的障碍物进行清理，选择恰当的位置及随物护送的路线，招呼逗留人员采取避让，对索具和吊具捆扎进行安全检查。捆扎时，应将附在物件上的活动件固定好或取下，如吊运物上有油污，应将捆缚处的油污擦干净，防止活动物件滑落；挂钩时，必须使各吊索所受的拉力均匀，保证索具、吊钩等工具正常，以防止重心偏移造成倾斜、打滑，还必须把捆扎中留下的绳头绕在吊钩或吊物上。

3）检查挂钩安全并清理现场后，挂钩工必须先退到安全位置，再发出起吊信号。当重物离地 1 m 左右时，应停机检查捆绑情况，确认无误后再继续起吊。吊运中，发现捆扎松动或吊运工具发生异样、怪声等应立即指挥停机检查；禁止用手直接校正已被重物拉紧的绳索。不复杂的吊运任务可由挂钩者负责安全指挥和吊运。

4）卸下吊运物品，要选好垫物、不平衡物件的支撑物，保持物件安放平稳，物品堆放整齐。不得将物体堆放在电气线路和管道上面，或者堵塞道路。

5）对精密仪器设备和化学危险品等特殊物品的吊运工作，除基本安全要求外，还须严格执行相关规定。

6）工作结束后，应对所有工具进行维护，并妥善保管。

三、电焊、气焊手工操作

焊接是通过加热或加压，或两者兼用，并且采用使用或不使用填充材料的方式，使工件达到结合的一种方法。手工操纵焊条，利用电弧进行焊接的方法叫做手工电弧焊，简称手弧焊。气焊是指利用气体火焰作为热源的熔焊方法。焊接操作步骤如下：

（1）准备好防护服、面罩、电焊手套等个人防护用品，将选择好的焊条烘干。

（2）打磨焊接坡口，清理焊件表面，并用地线夹可靠地夹住焊件。

（3）将焊条夹在电焊钳上，接通焊机电源，并根据工艺需要调节焊接电流大小。

（4）定位焊。指为固定焊件的相对位置而进行的焊接操作，定位焊形成的短小而断续的焊缝叫定位焊缝。平板对接时，定位焊缝应在焊件背面的两端头处，并且始焊端的定位焊缝可短些，终焊端应长些；管板对接或管子对接时，定位焊缝一般按圆周方向均匀分布焊接 3 处。定位焊缝的长度控制在 10 mm 左右，并随整条焊缝的长度增大而适当加长。

（5）打底焊。对坡口较大的焊件，焊缝应多次施焊才能保证焊接质量。打底焊时运用焊接的基本操作法进行，它对焊接质量影响最大，必须控制焊接速度，保证焊透、焊牢。

（6）清渣。用扁铲或钢丝刷清除焊缝及焊件表面的飞溅和熔渣。

（7）填充焊。填充层施焊前，先将前一道焊缝的熔渣和飞溅清除干净，将打底焊焊缝接头的焊瘤打磨平整，然后进行填充焊。

【特别提示】

- 要控制焊道两侧的熔合情况，焊条的摆幅加大，在坡口两侧的停留时间可比打底焊稍长些。
- 注意控制好最后一道焊缝的高度和位置。

（8）盖面焊。焊接方法与填充焊相同，但其摆幅更大些。要注意摆动幅度一致，运条速度均匀，并注意施焊时在坡口两侧稍作停留，以使焊缝两侧边缘熔合良好。

【注意事项】

- 焊接电流的选择。焊接电流是焊接操作中唯一需要调节的量，它受焊条直径、焊接位置、电弧长度、焊接电压、运条速度等影响。焊接电流过大，焊接时的飞溅和烟雾大，而且容易产生咬边、焊瘤、烧穿等缺陷；焊接电流过小，则引弧困难，容易产生电弧不稳、焊缝窄而高、夹渣、未焊透等缺陷。焊条直径越粗，焊接电流应该越大；横焊、立焊、仰焊的焊接电流应比平焊时小 10%～20%；打底焊使用较小的焊接电流，填充焊通常选用较大的焊接电流，盖面焊的电流略小于填充焊。
- 特殊环境的焊接安全事项。露天作业时，应安装简易屏蔽板，以免弧光伤害附近工作人员或行人的眼睛；焊接时应注意风向，防止铁水及熔渣伤人。夏季在露天焊接时，必须有防风雨棚或临时凉棚。露天气焊时，夏季应防止氧气瓶和乙炔瓶直接受烈日曝晒，以免发生爆炸；冬季如遇瓶阀或减压器冻结时，应用热水解冻，严禁用火烤。雨雪天或雾天，不准在露天电焊；在潮湿地带电焊时，焊工应站在铺有绝缘物的地方，并穿好绝缘鞋。

四、定子绕组接线测试器的制作

异步电动机定子绕组接线、端部整形和端部绑扎后，在没有验证接线是否正确前，切不可贸然通电试运行，因为线圈的极、相、组接线如果有误，特别是大容量电动机，一旦接线出现差错，通电后可能烧毁绕组。现可自己动手制作一个定子绕组接线测试器，如图 1—25 所示。通过调压器给定子绕组施加 20%～30%的额定电压（此时应逐步

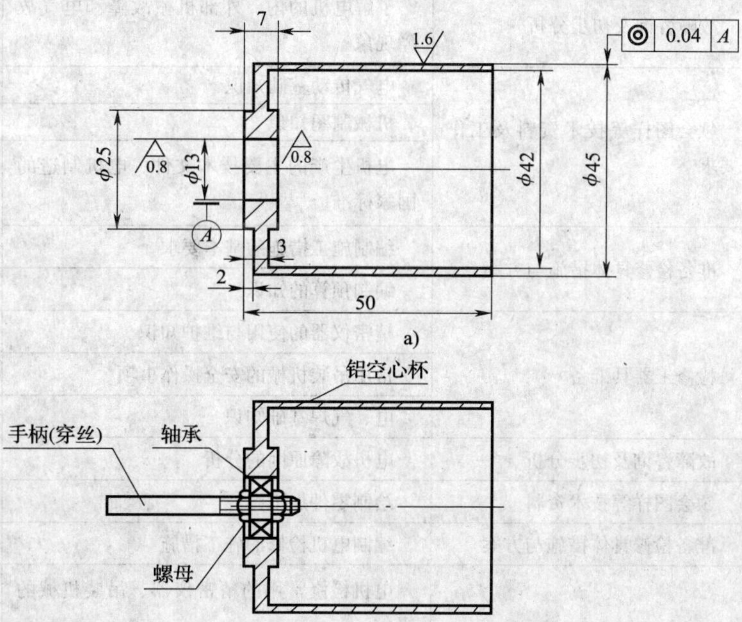

图 1—25　定子绕组接线测试器

a）铝空心杯　b）定子绕组接线测试器装配

升压，保持定子电流低于额定电流，以免烧毁定子绕组），手持绕组接线测试器的手柄，将它作为假转子放入定子内腔中，若绕组接线正确，它将在定子内腔中转动，若极、相、组或者线圈首尾接线有误，它将不转动。若单相电机主、副绕组在电机内部有连接公共点，此时可用它测出电机旋转方向。如果旋转方向错误，可更换主、副绕组任意一个绕组的出线头的首、尾位置，即可将旋转方向改过来。

制作步骤如下：

（1）先画出铝空心杯零件加工图。如图 1—25a 所示。

（2）准备铝棒、车床、刀具、量具，购置小轴承及穿丝。

（3）按图车制铝空心杯。

（4）组装。

【注意事项】

- 铝空心杯外圆与轴承室要同心，同轴度要小于 0.04 mm。
- 杯轴承室与轴承要过盈配合，但不能太紧，用手推入即可。
- 铝空心杯要轻，轴承转动要灵活。

单元考核要点

考核类别	考核范围	考核点	重要程度
理论知识	故障咨询及初步分析	了解电机的内、外部机械故障和电气故障现象	★★★
	领会图样等技术资料及工作要求	电气传动基础知识	★
		机械制图知识	★★
		电机生产的主要技术文件、电机制造的国家标准	★★
	准备检修具体措施与方案	编制施工措施的基本要求	★★
		编制预算的知识	★
	检修工器具准备	精密仪器的使用与维护知识	★
		常用吊装机械的安全操作事项	★★
		电、气焊基础知识	★
操作技能	故障咨询及初步分析	电机故障原因的分析	★★★
	领会图样等技术资料	绘制零件加工图	★★
	准备检修具体措施与方案	编制电机检修的施工措施	★★
	检修工器具与辅材准备	电机检修常用的精密仪器、吊装机械的操作	★★
		电、气焊手工操作	★
		定子绕组接线测试器的制作	★

单元测试题

一、单项选择题（下列每题的选项中，只有1个是正确的，请将其代号填在横线空白处）

1. 电机机械故障检查方法常采用________法、检验法、试探法、试验法、排除法。

A. 手摸　　B. 耳听　　C. 鼻闻　　D. 观察

2. 当具有①三相电源电压不平衡，②定子绕组中有部分线圈短路，③部分线圈匝数有错误，④部分线圈之间接线有错误，其中之一的现象时，三相异步电动机会出现________故障现象。

A. 转速过高　　B. 三相电流不平衡

C. 一合闸就烧断熔断器　　D. 不转

3. 按轴和孔的基本偏差不同，配合又可分为基孔制和基轴制。电机转轴的轴径采用________制配合。

A. 基孔　　B. 基轴

4. 防爆型电机定、转子铁心具有________特征。

A. 与普通异步电动机相同的　　B. 锥度

C. 磁分路　　D. 气隙小

5. 根据电机试验标准规定：电气测量仪表的准确度不低于________级（兆欧表除外）。

A. 3　　B. 2　　C. 1.5　　D. 0.5

6. 电机振动产生的因素是________。

A. 机械和电磁　　B. 外施压力

C. 电源　　D. 电机的功率大小

7. 手感判断机壳温度时，当一个手指触摸机壳仅能坚持3 s左右，可以判定机壳温度为________。

A. 50℃　　B. 70℃　　C. 85℃　　D. 100℃

8. 机械加工图中下列的________符号表示圆跳度。

A. ∠　　B. ↗　　C. ⌰　　D. //

9. 表面粗糙度符号中的▽表示________。

A. 表面可用任何方法获得　　B. 表面用去除材料的方法获得

C. 表面用不去除材料的方法获得　　D. 表面用超级加工方法获得

10. 轻型起重设备不包括________。

A. 千斤顶　　B. 滑车

C. 绞车　　D. 货梯

二、判断题（下列判断正确的请打"√"，错误的打"×"）

1. 三相异步电动机额定电压为220 V/380 V时，△联结的电机接入380 V电源

时，电动机空载电流大但对称。（ ）

2. 直流电动机励磁电压过低时，电动机不能启动或超速转动，有噪声和火花。（ ）

3. 阅读零件加工图时，其尺寸可以用尺子从图样上直接量出。（ ）

4. 吊装机械的额定起重量是指吊起物品的总质量。（ ）

5. 露天气焊时，遇到瓶阀或减压器冻结时，应用火烤解冻。（ ）

6. 内部电气故障的后果是造成电机的工作电流和磁场异常，产生发热、振动、噪声、火花等故障现象。（ ）

7. 电机机械噪声主要是由摩擦力变化引起，噪声的强度与摩擦力成正比，噪声的频率与摩擦力变化的频率，很难确定。（ ）

8. 尺寸配合分三种情况：间隙配合、过渡配合、过盈配合。（ ）

9. 在形位公差中，圆柱度的符号是 ○。（ ）

10. 按电机铭牌数据选取仪表的量程，最好用在满量程的 1/2 处，避免因选用仪表不当带来的误差。（ ）

三、简答题

回答直流电动机下列故障产生的原因分析：

故障类型	故障原因
电动机不能启动	
电动机转速不正常	
电枢冒烟	
磁场线圈过热	
电机振动	

四、技能题

编制检修 Y－280M－4 三相异步电动机定子绕组拆卸工艺过程卡。

1. 操作准备

序号	名称	型号与规格	单位	数量	备注
1	三相异步电动机	Y－280M－4	台	1	定子绕组已烧毁
2	空白工艺过程卡		页	足量	
3	铅笔、橡皮			足量	
4	活扳手、铁锤、光丝钳、一字旋具		套	1	
5	吊车、索具		台	1	

2. 操作要求

（1）拆卸电机前后端盖。

（2）编制绕组拆卸工艺过程卡。

3. 操作时限

操作时限为 30 min。

4. 配分及评分标准

序号	作业项目	考核内容	配分	评分标准
1	编制前的准备工作	吊运电机，安放在空场上 拆卸电机前后端盖 检查绕组烧毁情况与记录	10	吊运不正确扣2分 操作方法不正确扣2分 检查不正确扣2分 记录有遗漏扣2分 记录有错误扣2分
2	编制拆线工艺过程卡	编写拆绕组步骤与方法	35	编写拆绕组前做记录与做记号不正确与遗漏扣5分 编写拆出转子方法不正确扣5分 编写定子加热步骤方法不正确扣5分 编写定子吊装与固定在拆卸台上不正确扣5分 编写剪断绕组端部不正确扣5分 编写拆线机操作不正确扣5分 编写文明生产(清理现场等)不全面扣5分
3	检查	检查编写内容有无错误	5	有错误而未查出扣5分

单元测试题答案

一、单项选择题

1. D　2. B　3. A　4. A　5. D　6. A　7. B　8. B　9. B　10. D

二、判断题

1. √　2. √　3. ×　4. ×　5. ×　6. √　7. √　8. √　9. ×　10. ×

三、简答题

故障类型	原因分析
电动机不能启动	1. 熔断器熔断 2. 电源线断线或接触不良 3. 负载过重 4. 启动器接线接触不良或接错 5. 电刷接触不良 6. 励磁回路断路 7. 电枢开路或短路
电动机转速不正常	1. 串励磁场绕组接反 2. 电刷位置不在正常位置 3. 电枢或磁场绕组短路 4. 串励电动机轻载或空载运行 5. 磁场线圈断路或接线接触不良 6. 励磁回路电阻过大 7. 励磁绕组电阻过小

续表

故障类型	原因分析
电枢冒烟	1. 电机长期过载 2. 换向片间云母击穿或有金属切屑落入其中 3. 电枢线圈短路 4. 定子和转子铁心擦伤 5. 电机直接启动或正反转过于频繁 6. 电机端电压过低
磁场线圈过热	1. 电机端电压长期超过额定值 2. 并励磁场绕组电阻太小，电流过大或有部分短路 3. 电机长期过载，串联绕组的电流太大
电机振动	1. 电机固定不牢固 2. 电枢不平衡 3. 轴头弯曲 4. 机组与电机轴线不重合

四、技能题（略）

第2单元

电机检修

电机的工作特性可以用曲线来表示。从电机的工作特性曲线不仅可以了解电机的基本性能，而且可以知道电机在什么负载情况下工作效率最高，并据此确定负载的应用范围。

在修理电机前进行试验，不仅可以查找电机故障，而且可以为修理提供数据；而修理中的试验，其目的则在于检查零部件的质量；修理后的试验，其目的在于检查修理质量是否符合要求。

大型电机的拆卸比中小型电机复杂得多，需要有吊装设备，即使是有经验的工人也需要注意防止发生人身和设备事故。

电机零件加工的检验是保证电机检修质量的基础，本单元介绍了几种旋转体跳动误差的检测方法，读者学习后可以举一反三，对其他各种加工件进行测量。

在修理电机的过程中，有时需要对电机的电压或频率进行改变，这类问题的计算公式可以通过电机设计的基本公式进行推导。

大型、高压电机的特点与修理方法是本单元的重点，新材料、新工艺、新技术和新设备在电机检修中的使用，本单元介绍较为详细与实用。

第一节 故障查找

培训目标

- → 能够进行大型电机的性能试验
- → 能够根据大型电机的拆卸要领制订拆卸方法
- → 能够进行大型电机绕组故障的检查和分析
- → 能够进行铁心故障的检查和维修
- → 能够判断大型电机的机械故障

一、电机的工作特性

1. 异步电动机的工作特性

异步电动机的工作特性是指在额定电压、额定频率下，异步电动机的转差率 s、效率 η、功率因数 $\cos\phi_1$、定子电流 I_1 和输出转矩 T_2 与输出功率 P_2 的关系曲线，即 s、η、$\cos\phi_1$、I_1、$T_2=f(P_2)$。

（1）转差率特性 $s=f(P_2)$。转差率与转子铜耗和电磁功率的关系为 $s=p_{Cu2}/P_{em}$，空载运行时，由于制动转矩很小，转子电流很小，$p_{Cu2}\approx0$。随着负载的增加，转子电流 I_2 增加，p_{Cu2} 增加，此时电磁功率 P_{em} 也增加，但 p_{Cu2} 的增加比 P_{em} 的增加快，因此，随着负载的增加转差率也增大，$s=f(P_2)$ 是一条向上翘的曲线，如图 2—1 所示。为了保证电动机有较高的效率，负载时的转子铜耗不大，因此负载时的转差率也很小，对常用的异步电动机，额定负载时的转差率 $s_N=0.01\sim0.05$。

单元 2

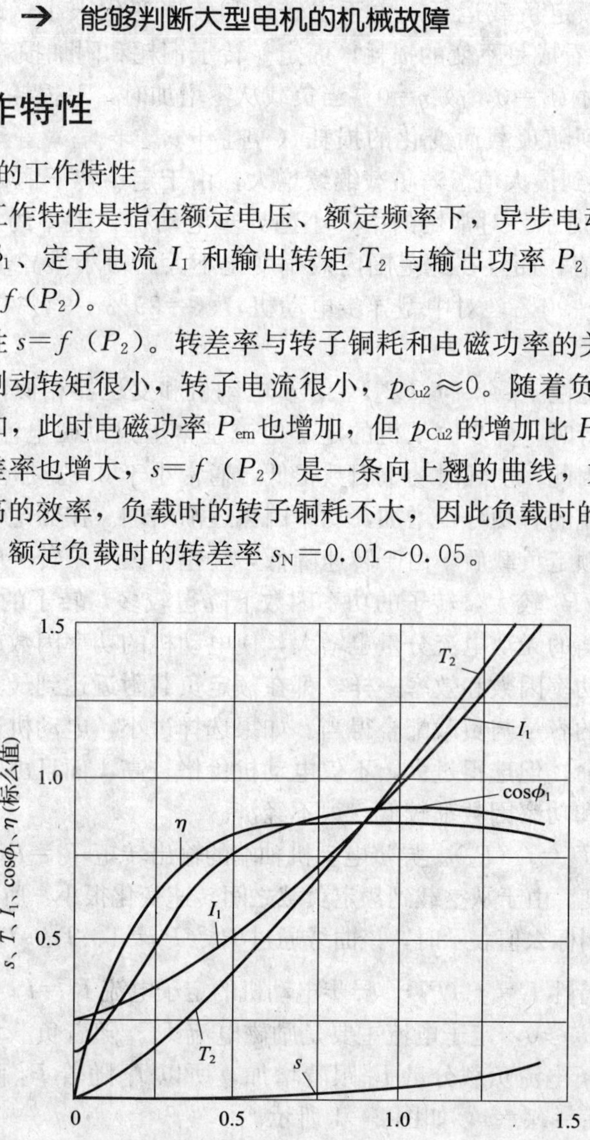

图 2—1 异步电动机的工作特性

从转差率 s 可确定电动机的转速 $n=(1-s)n_1$，对常用的异步电动机，额定负载时的转速 $n_N=(1-s_N)n_1=(0.99\sim0.95)n_1$，与同步转速十分接近。由此可见，异步电动机的转速特性 $n=f(P_2)$ 是一根对横轴稍微下降的曲线（图中未画）。

（2）效率特性 $\eta=f(P_2)$。电动机的效率为

$$\eta=\frac{P_2}{P_1}=1-\frac{\sum p}{P_1}$$

式中 $\sum p$——电动机的总损耗，在异步电动机中

$$\sum p=p_{Cu1}+p_{Cu2}+p_{Fe}+p_{mec}+p_{ad}$$

从空载运行到额定负载运行，由于主磁通和转速变化很小，铁耗 p_{Fe} 和机械损耗 p_{mec} 变化很小，可以看成是不变的损耗，而定、转子铜耗和附加损耗是随负载的变化而变化的损耗。空载时 $P_2=0$，故 $\eta=0$。当负载从零增加时，总损耗 $\sum p$ 增加较慢，效率曲线上升很快，直到随负载而变化的损耗（$p_{Cu1}+p_{Cu2}+p_{ad}$）等于不变损耗（$p_{Fe}+p_{mec}$）时，效率就达到最大值。若负载继续增大，由于定、转子铜耗增加很快，效率反而下降，如图 2—1 所示。对常用的中、小型异步电动机，效率约在 3/4～4/4 额定负载范围内达到最大值，而且在此范围内效率变化不大。对小型异步电动机，额定负载的效率，$\eta_N=74\%\sim90\%$；对中型异步电动机，$\eta_N=89\%\sim94\%$，容量越大，则效率越高。

（3）功率因数特性 $\cos\phi_1=f(P_2)$。异步电动机和变压器相似，从电网吸取滞后电流来励磁。空载运行时，异步电动机的定子电流基本上是励磁电流 I_m，其主要分量是无功的磁化电流，因此，空载时功率因数很低，通常小于 0.2。加上负载以后，随着负载的增加，定子电流的有功分量增加，功率因数逐渐增加。在额定负载附近，功率因数达到最大值。超过额定负载后，由于转速降低，转差率较大，转子电流与电动势间的相位角 $\phi_2=\tan^{-1}sX_{2\sigma}/R_2$ 较大，转子的功率因数下降得较多，转子的无功电流分量增大，引起定子中与其平衡的无功电流分量也增大，使电动机的功率因数趋于下降。

单元 2

异步电动机的功率因数和效率一样，都在额定负载附近达到最大值，因此，选用电动机时应使电动机的容量与负载配合得当。如果选择过小，电动机运行时要过载，以至温升过高而影响寿命；但选得过大，不仅电动机价格较高，而且由于电动机长期在低负载下运行，其效率和功率因数都较低，很不经济。

（4）转矩特性 $T_2=f(P_2)$。异步电动机轴端的输出转矩 $T_2=P_2/\omega$，其中 $\omega=2\pi n/60$ 为转子的机械角速度。由于从空载到额定负载之间转速变化很小，所以 $T_2=f(P_2)$ 曲线近似为一直线，当用标么值表示时，该曲线通过 $P_2=P_N=1$、$T_2=T_N=1$ 的一点。

（5）定子电流特性 $I_1=f(P_2)$。异步电动机的定子电流 $\dot{I}_1=\dot{I}_m+\dot{I}_{1L}=\dot{I}_m+(-\dot{I}'_2)$。空载时，转子电流 $I'_2\approx0$，定子电流主要是励磁电流 I_m。随着负载增大，转子电流 I'_2 增大，与它平衡的定子电流负载分量 I_{1L} 跟着增加，所以 I_1 随着 P_2 而增大。当用标么值时，$P_2=P_N=1$，$I_1=I_N=1$，如图 2—1 所示。

2. 直流电动机的工作特性

作为异步动生产机械的直流电动机，运行时的转速 n、转矩 T_{em}、效率 η 与负载 P_2 大小的关系曲线，是直流电动机的工作特性。工作特性因励磁方式不同而有很大差异，

可通过计算法或试验法求得。

(1) 并励电动机的工作特性。并励电动机的工作特性均在 $U=U_N=$ 常值、$I_f=I_{fN}=$ 常值下求取。试验按图 2—2 所示进行。在开始试验前，先使电动机在端电压 U_N 下带负载运行，调节励磁电流，使电动机输出功率为额定值 P_N、转速为 n_N，此时的励磁电流称为额定励磁电流 I_{fN}。

1) 速率特性。速率特性是指 $U=U_N=$ 常值、$I_f=I_{fN}=$ 常值时 $n=f(P_2)$ 的关系曲线，如图 2—3 所示，可由试验测取。

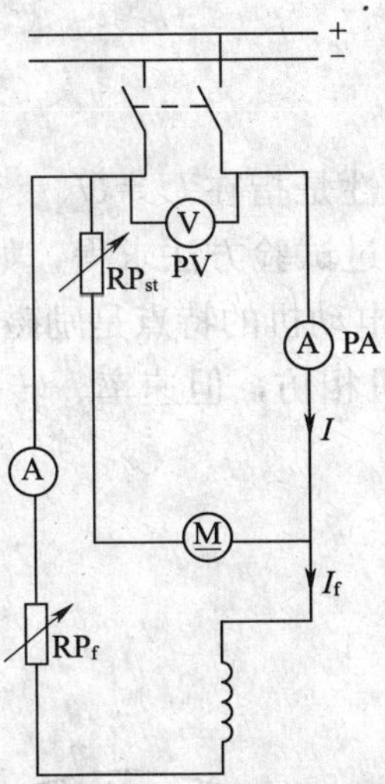

图 2—2 并励电动机接线图

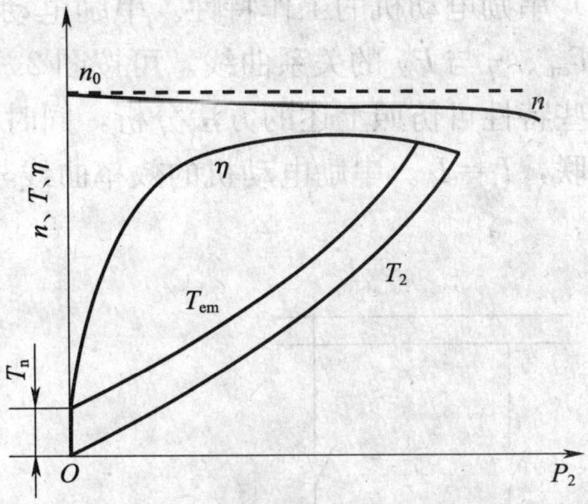

图 2—3 并励电动机工作特性

直流电动机的速率公式如下：

$$n=\frac{U-I_aR_a}{C_E\phi} \tag{2—1}$$

当 U 和 I_f 均为常值时，影响转速有两个因素：电枢回路电阻压降 I_aR_a，负载增加时 I_a 增加，转速下降；电枢反应影响，通常电枢反应起去磁作用，这时负载增加时 I_a 增加，而 ϕ 减小转速上升。

这两种因素互相抵消，使并励电动机转速变化很小。为保证电动机的稳定运行，常使它具有略为下降的速率特性。

电动机空载转速 n_0 与额定转速 n_N 之差，用额定转速的百分比表示，称为电动机的转速调整率。

$$\Delta n=\frac{n_0-n_N}{n_N}\times 100\%$$

对于并励电动机，通常 $\Delta n=3\%\sim4\%$，基本上是一种恒速电动机。

并励电动机运行时，励磁绕组绝对不能断路。在重负载下励磁绕组开断，导致 $T_{em}=C_T\phi I_a$ 减小，电动机停转，反电动势为零，电枢电流很大，电机过热以至烧毁；在轻载下励磁绕组开断，将导致电动机“飞速”，损坏转动部件，甚至造成人身事故。

2) 转矩特性。转矩特性是指 $U=U_N=$ 常值、$I_f=I_{fN}=$ 常值时 $T_{em}=f(P_2)$ 的关

系曲线。

$$T_{em}=T_0+T_2=T_0+\frac{P_2}{\omega} \tag{2—2}$$

式中 $T_2=P_2/\omega=P_2/(2\pi n/60)$ 是一条通过坐标原点的直线。但因 P_2 增加时 n 略微下降，因而这条直线略为向上弯曲，如图 2—3 所示。于是 $T_{em}=f(P_2)$ 曲线在 $P_2=0$时，将交于纵坐标的 T_0 处，T_0 是空载转矩。

3）效率特性。效率特性是指 $U=U_N$＝常值、$I_f=I_{fN}$＝常值时 $\eta=f(P_2)$ 的关系曲线。由下式求出：

$$\eta=\frac{P_2}{P_1}=\frac{P_1-\sum p}{P_1}$$

（2）串励电动机的工作特性。串励电动机的工作特性是指在 $U=U_N$＝常值下求取的 n、T_{em}、η 与 P_2 的关系曲线。可按图 2—4 的接线通过试验方法求得，如图 2—5 所示。这些特性可仿照上述的方法分析，同时注意到串励电动机的特点是励磁绕组与电枢绕组串联，$I_f=I_a$。串励电动机的效率曲线与并励电动机相仿，但速率、转矩特性则相差较大。

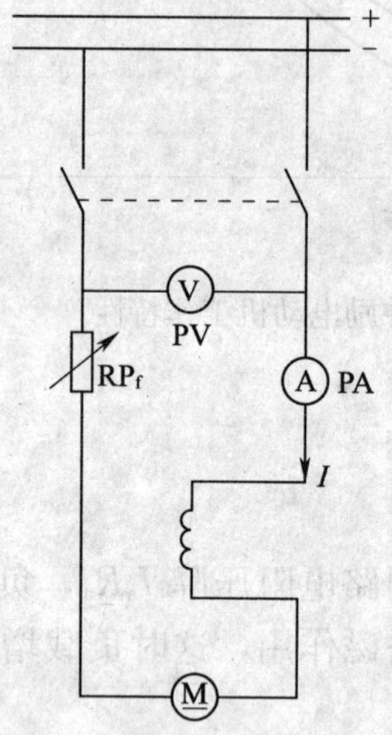

图 2—4　串励电动机的接线图

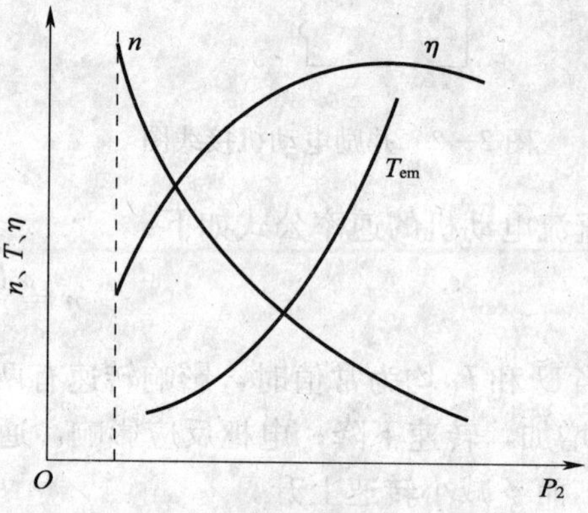

图 2—5　串励电动机的工作特性

1）速率特性。当负载增加时，转速下降得很快，是串励电动机的一个特点。因为输出功率 P_2 增加时，输入功率 P_1 也增加，在端电压 $U=U_N$＝常值的条件下，$I_f=I_a$ 增加，一方面电枢回路总电阻压降变大，另一方面磁通 ϕ 增加，由式（2—1）可见，这两种作用都将使转速降低。

串励电动机不允许空载运行。串励电动机空载或轻载时，$I_a=I_f$ 很小，ϕ 也很小，由式（2—1）可见，转速将非常高而引起危险，俗称“飞速”。从物理过程上看，由于 ϕ 很小，电枢必须以非常高的转速才能产生足够的反电动势来与电网电压 U 相平衡。为防止意外，通常规定：串励电动机与生产机械连接时，不允许采用传动带等容易发生滑脱的传动机构，而应使用齿轮或直轴连接器传动。

由于串励电动机不允许空载运行，转速调整率定义为

$$\Delta n=\frac{n_{1/4}-n_{\mathrm{N}}}{n_{\mathrm{N}}}\times 100\%$$

式中　$n_{1/4}$——电动机负载 $P_2=P_{\mathrm{N}}/4$ 时的转速。

2）转矩特性。由于串励电动机的转速 n 随 P_2 的增加而迅速下降，由式（2—2）所示，电磁转矩 T_{em}将随 P_2 增加而很快上升，如图 2—5 所示。

在串励电动机中，由于 $I_{\mathrm{f}}=I_{\mathrm{a}}$，当 P_2 增加，随之 P_1、I_{a} 增加。如果磁路未饱和，磁通 $\phi\propto I_{\mathrm{a}}$，$T_{\mathrm{em}}=C_{\mathrm{T}}\phi I_{\mathrm{a}}\propto I_{\mathrm{a}}^2$；如果磁路高度饱和，则 ϕ 基本不变，而 $T_{\mathrm{em}}\propto I_{\mathrm{a}}$。因此，在一般情况下，转矩按大于电流一次方的比例而增加是串励电动机的又一个特点，它对启动和过载能力有重要意义。

串励电动机具有较大的启动转矩；在过载时，转速 n 会自动下降，使电动机输出功率 $P_2=T_2\omega$ 变化不大，从而保护电动机不致因负载过重而损坏；当负载减轻时转速又会自动上升。这些特点，对于某些生产机械（如电力车）特别有利。

空载时会产生“飞速”是串励电动机的不足之处，要保持串励电动机的优点，而又不会发生“飞速”现象，应采用复励电动机。

（3）复励电动机的工作特性。复励电动机的接线如图 2—6 所示，其速率特性如图 2—7 所示。由于既有并励绕组，又有串励绕组，因此，它的工作特性介于并励和串励电动机两者之间。为避免运行时产生不稳定现象，复励电动机通常接成积复励。

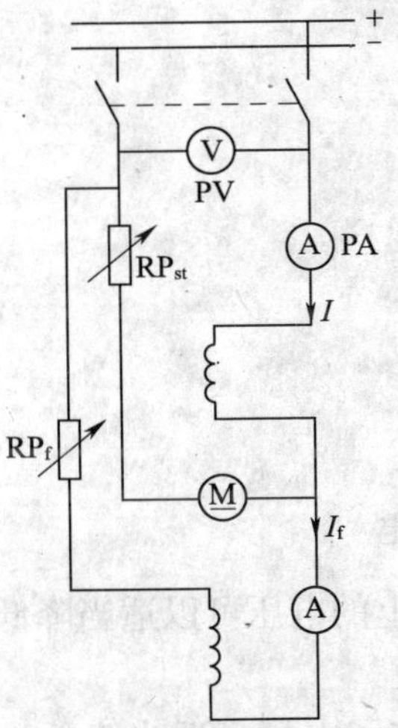

图 2—6　复励电动机的接线图

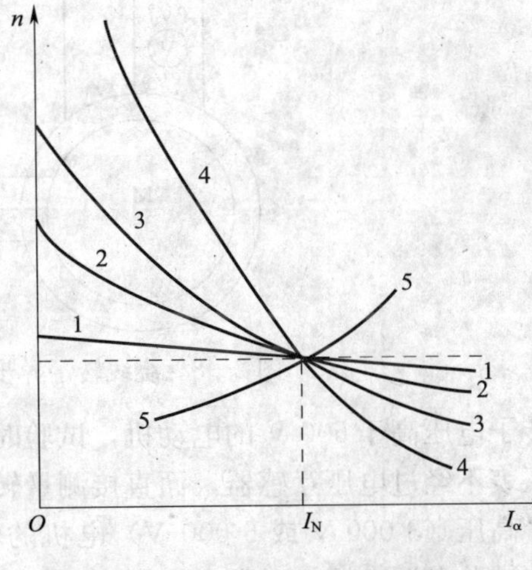

图 2—7　直流电动机的速率特性

1—并励电动机　2—并励为主的复励电动机

3—串励为主的复励电动机　4—串励电动机　5—差复励电动机

复励电动机中的并励绕组起主要作用时，它的工作特性接近于并励电动机。但与后者比较有这样的特点，即当电枢反应的去磁作用较强时，仍能获得下降的速率特性，从而保证了电动机的稳定运行，这种复励电动机的串励绕组称为“稳定绕组”；复励电动机中的串励绕组起主要作用时，它的工作特性接近于串励电动机，但空载时不会出现

"飞速"的危险。

二、常用电机的电气性能试验

在电机的修理过程中，电机试验可分为三类：修理前的试验、修理中的试验和修理后的试验。

修理前的试验，主要是为了检查电机故障，并为修理提供必要数据。修理中的试验，目的在于检查零部件的质量。修理后的试验，旨在检查修理质量是否符合要求。

1. 异步电动机的电气性能试验

（1）绕线转子绕组开路电压的测定

1）试验方法。绕线转子应静止并开路（有举刷装置的电刷应放在与集电环接触的位置），转子电压可通过试验台引线接到集电环连接螺钉上。试验时，最好适当降低定子外施电压（可用堵转试验电压），用转换开关分别测量定、转子三相电压，检查是否平衡，有无匝间短路或转子开路自启动等异常现象。如一切正常，定子外施额定电压，同时分别测量定子及转子三相线电压。接线方法如图 2—8 所示。

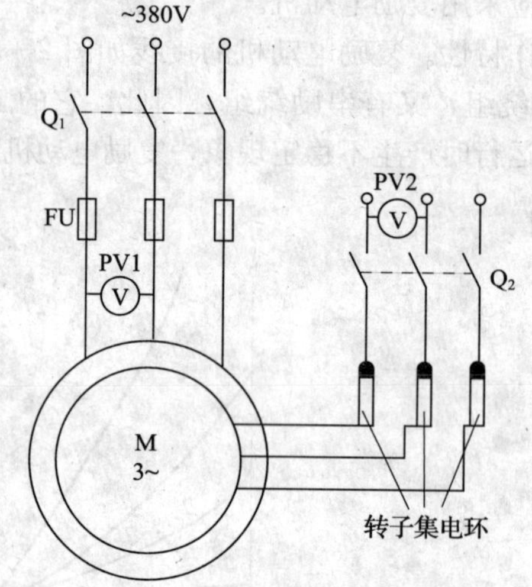

图 2—8 绕线转子异步电动机电压比测定

对转子电压高于 600 V 的电动机，试验时施于定子绕组上的电压可以适当降低，以便使电压表不经过电压互感器，而直接测量转子电压。

测量高压（3 000 V 或 6 000 V）电机的转子电压时，定子电压可适当降低，最好采用堵转试验电源电压。对额定电压 3 000 V 电机，可采用 600～800 V 电源；对额定电压 6 000 V 电机，可采用 1 300～1 400 V 电源做试验，以避免转子接线错误而发生的短路、转子直接启动，或并头套间有焊接锡末而发生跳弧等现象。

2）故障判别及处理方法。当定子三相电压对称时，转子三相开路电压最大值（或最小值）与平均值之差，不得超出平均值的±2%。试验电压比在标准电压比的±3%以内，即为合格。试验时，若绕线转子绕组开路时自启动，如不是转子铁磁性零部件中存在的涡流所引起，需检查转子绕组是否有短接现象，有无不同相的电刷引线短接、相邻并头套直接短接、焊接时锡未造成短接及接线错误等。

(2) 堵转试验

1) 试验方法。堵转试验是在电动机冷态下进行，试验前可按表 2—1 的规定，在定子绕组上施以三相电压，测定堵转时的短路电流（在额定电流值附近）和功率损耗。按图 2—9 所示接线。

先通电试电动机的转向，然后切断电源停机，用制动棒将转子短路且堵住（注意转向），接通电源调节调压器 T。当所施定子电压调到表 2—1 所需数值（考虑线路压降），接着合上开关 Q_2，当短路电流等于或接近额定电流时，立即同时读取三相电压（如三相电压平衡，可读取一相）、三相电流和短路输入功率（功率测量采用低功率因数瓦特表），然后迅速切断电源，做好记录，再根据型式堵转试验上的曲线判别是否合格。

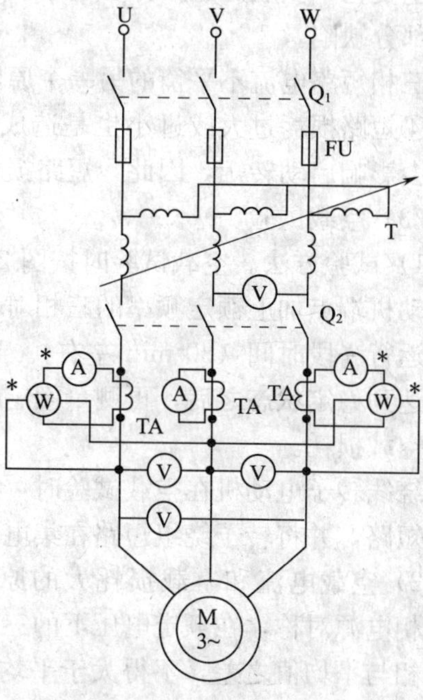

图 2—9　三相笼形异步电动机堵转试验接线图

表 2—1　　笼形异步电动机的堵转试验电压　　V

额定电压	220	380	660	3 000	6 000
堵转电压	50～60	80～100	150～170	600～800	1 300～1 400

功率倍数应该等于电压互感器倍数乘以电流互感器倍数，再乘以功率表本身倍数（包括电压、电流），乘上低功率因数表上功率因数（一般为 0.2）。堵转试验中，电机损耗全部变成热量，在没有通风冷却的情况下，绕组温度会迅速升高，因而操作时力求迅速，每次通电持续时间尽量不超过 10 s。

绕线转子异步电动机一般不做堵转试验。

2) 故障判别。在额定电压下的最初启动电流不得超过容许范围，否则，必须进行型式试验来分析原因，排除故障。

①短路电流过小是由于转子电阻、电抗增大所造成的。笼形异步电动机转子铜条焊接不良、铸铝转子铁心装配不齐、槽口犬牙交叉不成直线、转子铁心槽口没有车削开，也会使转子电抗增大，造成短路电流偏小。

如果短路电流偏小，且短路损耗也小，一般是由于转子电抗增大，应从造成转子电抗增大方面查找故障；如果短路电流偏小，而短路损耗正常，一般是由于转子电阻增大，应从造成转子电阻增大方面查找故障。

②短路电流过大一般是由于转子电抗减小所造成的。定子绕组端部短、匝数少或节距短，定、转子铁心未对齐或叠压不够紧，气隙过大等，都会使电抗减小，短路电流偏大。

③当三相短路电流不平衡时，如果三相短路电流不平衡是随定、转子相对位置不同

而发生变化，一般是笼形异步电动机转子铜条与端环焊接不良，或铁心、槽内、端环及槽口部分缺陷。

三相短路电流不平衡的另一个原因是定子绕组三相不对称。

④短路损耗过大或过小也是造成故障的原因，短路损耗过大会影响电机效率；过小，会影响启动转矩，因此，短路损耗也不能超过一定范围。

(3) 空载试验

1) 试验方法。空载试验时按图 2—10 所示接线，在电动机端点加上额定频率的三相对称电压，使电动机先运行一段时间（30 min 左右）。当电动机的机械损耗达到稳定状态之后，再测量额定电压时的空载电流及空载损耗。

绕线转子电动机在空载试验时，应将启动电阻器全部短路，并将转子绕组短路在集电环上。

2) 空载电流和空载损耗大的原因及解决措施。当三相电源对称，在额定电压下的三相空载电流，任何一相与平均值之差，不得大于平均值的 5%；空载电流和空载损耗大小与型式试验的比较，不得超过 10%，否则，需重做型式试验进行验证。一般有下列几种情况：

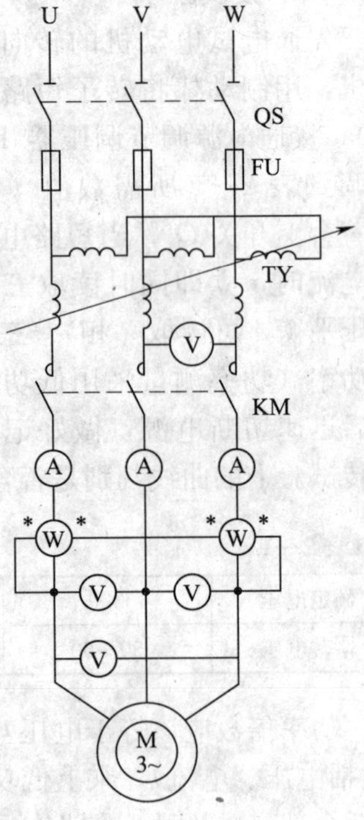

图 2—10　三相笼形异步电动机空载试验接线图

单元 2

①空载电流和空载损耗增大，而绕组直流电阻正常，一般是定子、转子铁心压装质量差，净铁心长度不足。

②空载电流过大而空载损耗正常，如果检查试验空载电流与空载损耗之比，大于同规格型式试验所对应空载电流之比，表明空载电流偏大是由气隙过大或磁路饱和引起的；反之，则表明电机铁耗和风磨耗偏大。

③空载电流不平衡且空载损耗大，这表明绕组各并联支路的匝数不等，或有少数线圈匝间短路。

(4) 匝间冲击耐电压试验

1) 试验准备

①检查仪器外壳是否可靠接地。

②试品铁心应妥善接地，或对地良好绝缘（此时铁心带电）。试验时，试品接地与否会改变其阻抗。

③检查波形重合。将仪器两组测量线分别接至同一电机的两个绕组上，两振荡波形应完全重合。

2) 试验过程

①ϕ（相）接法适用于检测每相两端均有引出线端子的绕组。任选一相绕组（例如 U 相）作为参照品，另一相绕组（例如 V 相）作为被试品，在 U 相和 V 相上交替地施

加规定的峰值和波前时间的冲击波，如图 2—11 所示。比较两衰减振荡波形之间的异同。再依次转换，重复试验一次。每次试验之后，非被试绕组应进行放电。

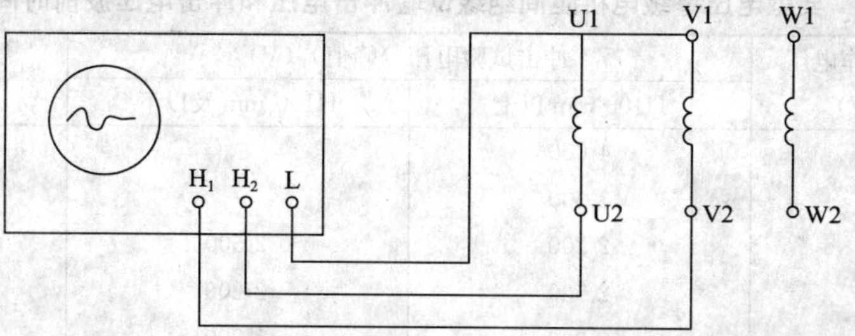

图 2—11　ϕ 接法接线图

H_1，H_2—高电位端子　L—低电位端子

②Y 联结适用于检测星形联结电机绕组。对已接成 Y 的电机绕组，任选一个（两相串联）绕组（例如 UW）作为参照品，另一个（两相串联）绕组（例如 VW）作为被试品，在 UW 和 VW 上交替地施加规定峰值和波前时间的冲击波，如图 2—12 所示。比较两衰减振荡波形之间的异同，再依次转换，重复试验一次。

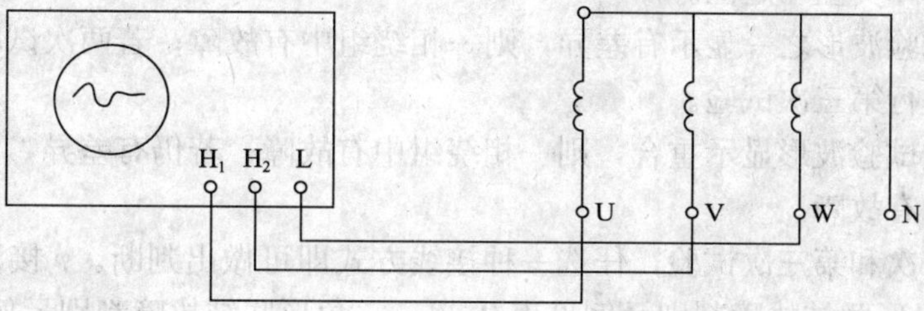

图 2—12　星形联结接线图

H_1，H_2—高电位端子　L—低电位端子

③△联结适用于检测三角形联结电机绕组。对已接成△的电机绕组，任选一个（两相绕组串联与第三相绕组并联）绕组（例如 UW）作为参照品；另一个（两相绕组串联与第三相绕组并联）绕组（例如 VW）作为被试品，在 UW 和 VW 上交替地施加规定峰值和波前时间的冲击波，如图 2—13 所示，比较两衰减振荡波形之间的异同。再依次转换，重复试验一次。

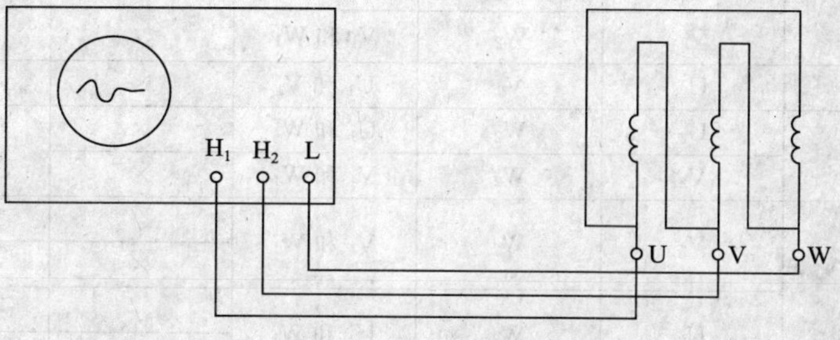

图 2—13　三角形联结接线图

H_1，H_2—高电位端子　L—低电位端子

单元 2

3）冲击电压参数和冲击电压波前时间。典型电压等级电机匝间绝缘试验冲击电压和冲击电压波前时间，见表 2—2。

表 2—2　　典型电压等级电机匝间绝缘试验冲击电压和冲击电压波前时间

电机绕组额定工作电压（有效值）（V）	冲击试验电压（峰值）（V）		冲击电压波前时间（μs）
	H100 mm 以上	H100 mm 及以下	
1 140	4 600	—	0.5
660	3 300	—	
500	2 800	2 500	
380	2 500	2 200	
220	2 000	1 800	

4）故障判别。以试验波形作为主要判别依据。

①若两次试验时显示的衰减振荡波形均基本重合无显著差异（简称重合），则为正常无故障波形，即被试绕组匝间绝缘无故障。

②若出现不符合正常波形的情况，则绕组匝间绝缘有故障。

显示故障波形时常伴有放电声，甚至可见到放电火花和嗅到臭氧（O_3），这些信号可协助判别故障类型和定位。

若两次试验波形之一显示有差异，则一相绕组中有故障；若两次试验波形显示均有差异，则需进行第三次试验。

若第三次试验波形显示重合，则一相绕组中有故障；若仍有差异，则表示两相及两相以上绕组中有故障。

对于第二次和第三次试验，任选一种接线方式即可做出判断。ϕ 接法故障判别示例见表 2—3。星形联结故障判别示例见表 2—4。三角形联结故障判别示例见表 2—5。

表 2—3　　ϕ 接法故障判别示例

序号	试验次别	仪器端子接线			波形显示	故障判别
		H_1	H_2	L		
1	1	U_2	V_2	U_1 和 V_1	√	W 相故障
	2	U_2	W_2	U_1 和 W_1	×	
		V_2	W_2	V_1 和 W_1	×	
2	1	U_2	V_2	U_1 和 V_1	×	
	2	U_2	W_2	U_1 和 W_1	√	V 相故障
		V_2	W_2	V_1 和 W_1	√	U 相故障
3	1	U_2	V_2	U_1 和 V_1	×	
	2	U_2	W_2	U_1 和 W_1	×	做第三次试验
		V_2	W_2	V_1 和 W_1	×	
	3	V_2	W_2	V_1 和 W_1	√	U 相故障
					×	两相及以上故障
		U_2	W_2	U_1 和 W_1	√	V 相故障
					×	两相及以上故障

注：√表示波形重合；×表示波形差异。

单元 2

表 2—4　　**星形联结故障判别示例**

序号	试验次别	仪器端子接线			波形显示	故障判别
		H_1	H_2	L		
1	1	U	V	W	√	W 相故障
	2	V	W	U	×	
		U	W	V	×	
2	1	U	V	W	×	U 相故障
	2	V	W	U	√	
		U	W	V	√	V 相故障
3	1	U	V	W	×	做第三次试验
	2	V	W	U	×	
		U	W	V	×	
	3	U	W	V	√	V 相故障
					×	两相及以上故障
		V	W	U	√	U 相故障
					×	两相及以上故障

注：√表示波形重合；×表示波形差异。

表 2—5　　**三角形联结故障判别示例**

序号	试验次别	仪器端子接线			波形显示	故障判别
		H_1	H_2	L		
1	1	U	V	W	√	U 相故障
	2	U	W	V	×	
		V	W	U	×	
2	1	U	V	W	×	W 相故障
	2	U	W	V	√	
		V	W	U	×	做第三次试验
	3	U	W	V	√	W 相故障
					×	两相及以上故障
3	1	U	V	W	×	做第三次试验
	2	U	W	V	×	
		V	W	U	√	V 相故障
	3	V	W	U	×	两相及以上故障
					√	V 相故障

注：1. √表示波形重合；×表示波形差异。

2. U 相指 U－V 端子间的绕组，V 相指 V－W 端子间的绕组，W 相指 W－U 端子间的绕组。

2. 直流电动机的电气性能试验

（1）空载特性的测定

1）试验方法

①空载发电机法。试验时，电机以空载发电机方式运转，励磁绕组他励，保持额定转速不变，逐步增加电机的励磁电流，直到电枢电压接近额定值的130%时为止。然后逐步减小励磁电流到零，读取9～10点，在电枢电压的额定值左右应多读取几点，在每一点上同时读取电枢电压和励磁电流的数值。

如电机的磁路比较饱和，电枢电压不能调节到上述数值时，则应调节到能够达到的最大电压时为止，但需注意不得使励磁绕组过热。

试验过程中，励磁电流只允许向同一方向调节。如需反向调节时，应先将励磁电流回复到零（上升分支）或增加到最大值（下降分支）然后再调节到所需数值。

②空载电动机法。试验时，励磁绕组他励，并由其他可变电压的直流电源供给电枢，做空载电动机运转。加在电枢上的电压从额定电压的25%左右到120%左右调节，保持额定转速不变，同时读取电枢电压和励磁电流的数值。试验过程中，励磁电流只允许向一个方向调节。在低电压时，电动机运行很不稳定，应注意不要使电机超速。

2）空载特性的故障判别。电机的空载特性超差，均需调整气隙。

①空载特性偏高时，需增加气隙，使磁阻增大。

②空载特性偏低时，与上述情况相反。

③气隙调整范围按下式计算：

$$\delta_2 = 2\delta_1 \times \text{偏差值}\ \%$$

式中　δ_2——需调整的气隙，mm；

　　δ_1——原主极气隙，mm。

（2）额定负载试验

1）试验方法。直流电机加负载的方法，一般采用负载电阻法和回馈法，如受到设备限制，也可采用短路法。

①负载电阻法。对于发电机，是将发电机输出的电能直接消耗在负载电阻上；对于电动机，是将电动机输出的机械能通过一台同轴连接的发电机，把输出功率消耗在负载电阻上。

②回馈法。这种方法是利用两台或数台功率相当的直流电动机，用联轴器直接耦合起来，在互为负载的情况下进行试验。一般有串联回馈法、并联回馈法和串联并联回馈法。

2）试验步骤。直流发电机的额定负载试验，是当发电机运行在额定电流、额定电压及额定转速下确定励磁电流。

直流电动机的额定负载试验，是在铭牌电流、额定电压、额定励磁电流或额定励磁电压下校核转速。

变速电动机的额定负载试验，应分别在最低额定转速及最高额定转速下进行。试验时，应测定电枢电压、电枢电流、励磁电流或转速。

①串联回馈法。其接线如图 2—14 所示，操作步骤如下：

第 1 步，启动发电机组，调节升压机 GU 的端电压。

第 2 步，调节被试电机 M 的励磁，逐步增至额定值；合上负载开关 S，使电机 M 转动而拖动直流发电机 G。

第 3 步，校验发电机 G 的极性，使发电机与电动机两端电压的极性相同，如图 2—14 中标注方向，再增加发电机的励磁，使发电机转矩与电动机转矩相反，负载电流开始增大（电流表指示）。

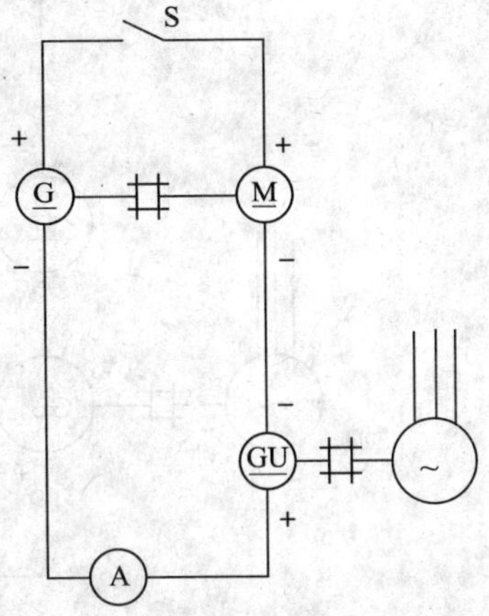

图 2—14　串联回馈法

第 4 步，调节 GU 机的励磁，可控制电动机端电压，励磁增加，电压升高；调节发电机的励磁，可控制电动机负载电流，励磁增加，负载增大；调节电动机的励磁，可控制本机转速，励磁增加，转速下降。

②并联回馈法。其接线如图 2—15 所示，操作步骤如下：

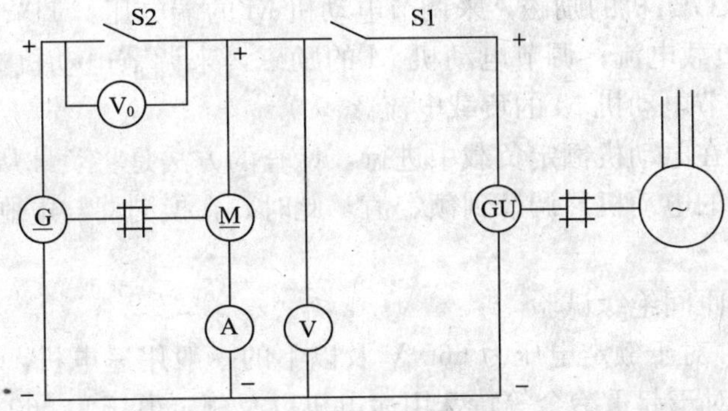

图 2—15　并联回馈法

第 1 步，启动发电机组，使升压机 GU（直流发电机）发电。

第 2 步，调节被试电动机 M 的励磁，逐步增至额定值，合上负载开关 S1，使电动机转动而驱动直流发电机 G。

第 3 步，校验发电机的极性，调节发电机的励磁，使发电机与电动机两端电压相等，极性相同（并车电压表 V_0指针为零）。

第 4 步，合上并车开关 S2。

第 5 步，调节 GU 机、发电机、电动机的励磁，使被试电机的电压、电流、转速等达到额定值。

③串并联回馈法。其接线如图 2—16 所示，操作步骤如下：

第 1 步，分别启动两套发电机组，使升压机 GU_1和 GU_2发电。

第 2 步，增加被试电动机 M 的励磁达到额定值。

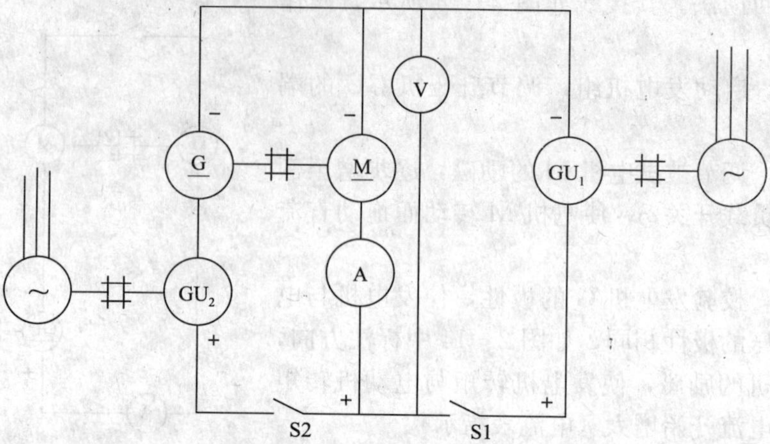

图 2—16　串并联回馈法

第 3 步，合上负载开关 S2，稍增加 GU_2机的励磁（基本上达到额定值），电动机开始朝某一个方向旋转。

第 4 步，增加发电机励磁，使电动机转速逐渐减慢到零，此时负载电流增加。

第 5 步，合上负载开关 S1，增加 GU_1机励磁，使电动机按第一次方向旋转。

第 6 步，调节 GU_1机的励磁，来调节电动机 M 的端电压，调节 GU_2机的励磁，来调节电动机 M 的负载电流；调节电动机 M 的励磁，来调节电动机 M 的转速；调节发电机的励磁，来调节电动机 M 的负载电流。

④换向检查。在电动机额定负载中进行，检查的方法是将负载从空载或 1/4 额定负载（对不允许空载的电动机）调节到额定值。此时，在换向器与电刷上的火花等级应等于或小于 1/2 级。

（3）电枢绕组匝间绝缘试验

1）试验限值。对于额定电压为 660 V 及以下的一般用途电机，片间冲击电压峰值应不低于 350 V。对于起重冶金等特殊用途电机以及额定电压为 660 V 以上的电机，片间冲击电压峰值应不低于 500 V。冲击次数应不少于 5 次。

2）试验方法。一般在总装之前的电枢绕组上进行。

允许在电枢绕组下线打箍后浸漆之前进行。将电容器放电产生的冲击电压直接施加在换向器片间，试验时，电枢轴应接地。

匝间短路的判别可采用波形比较法。以被试绕组波形与正常波形比较，波形一致者为合格。也可采用其他有效的判别方法。试验方法应根据绕组类型选择。

①跨距法。选取跨距内的换向片数目应根据绕组类型和试验设备具体确定，使片间冲击电压峰值符合规定，一般推荐 5～7 片。施加于试样上的试验电压应低于对地绝缘出厂工频试验电压有效值的 1.6 倍。

为了使每一片间都接受一个相同条件的电压试验，推荐逐片进行试验（可根据均压线的连接方式减少试验次数）。

②片间法。依次对换向器上一对相邻换向片进行试验，试验时，若未试线圈中产生高的异步电压，则应在被试换向片两侧的换向片上设置接地装置，并良好接地。

三、高压交流电机定子绕组的结构特点

1. 绕组的结构形式

额定电压U_N在 3 000 V 及以上的交流电机的定子槽形为开口槽，绕组结构一般采用整嵌绕组（常被称为成型绕组），如图 2—17 所示。整嵌绕组可分为叠绕组和波绕组两种形式，并且其线圈通常用多股玻璃丝包或漆包扁线制成。

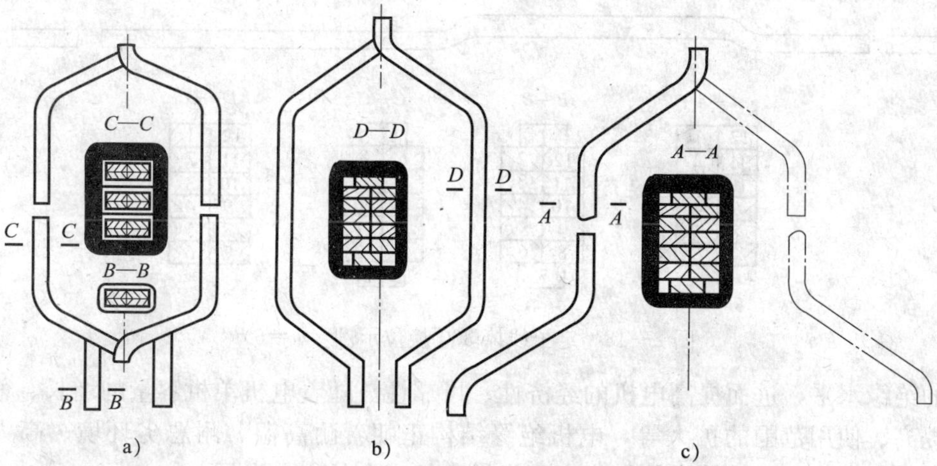

图 2—17　整嵌绕组的线圈结构

a）框式叠绕组　b）篮式叠绕组　c）条式波绕组

叠绕组又分成多匝框式叠绕组和单匝篮式叠绕组等。框式叠绕组的结构与低压交流电机相似，它广泛应用于大中型交流电机。篮式叠绕组和波绕组都是由两根条形线棒组成的，嵌线后端部用并头套连接。一般用于大型汽轮发电机和水轮发电机。

随着大型交流电机负荷的增加，多股并绕的线圈导体中股线间的循环电流损耗大大增加。为了降低循环电流损耗，需要对股线进行换位。考虑到弯制工艺要求，对于实心股线组成的线棒，换位节距不宜小于股线宽度的 5 倍，否则不易弯制；对水内冷线棒则不应小于股线宽度的 7 倍左右，以防止弯制时空心股线发生凹瘪。槽部股线换位节距 t 由铁心长度 l 和线圈沿槽深方向的股线数 m 决定。大型电机广泛采用线棒在槽部进行 360°换位，如图 2—18 所示，其股线换位节矩为

$$t=\frac{2}{4\,m}$$

2. 绝缘结构

电机绝缘结构是指用不同的绝缘材料、不同的组合方式和不同的制造工艺制成的电机绝缘部分。在绝大多数情况下，绝缘结构是为了防止电流向不希望的方向流动和对不同电位的导体起隔离作用，以及为了机械固定和支撑的目的。大型电机运行时，绝缘要受到热、电和多种机械力的作用以及各种环境因素的影响，致使电机的绝缘部分常常成为最薄弱的环节。实际运行经验表明，在电机出现的事故中，多数是由于绝缘引起的。这就要求在电机制造或检修时，通过科学地选用绝缘材料以及采用合理的工艺，来提高

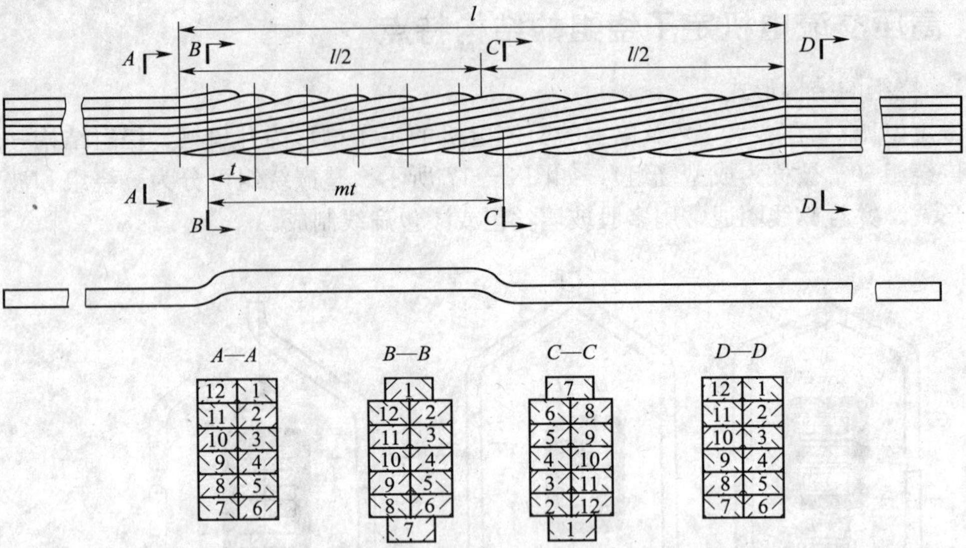

图 2—18　定子线棒 360°换位示例（$m=6$）

电机的绝缘水平，进而提高电机的经济性、可靠性。随着电机单机容量的增长、额定电压的提高、使用范围的扩大等，电机绝缘结构正朝着耐高温、耐恶劣环境、高力学强度、减薄厚度、高经济技术指标、高可靠性和长寿命的方向发展。

（1）电机绝缘结构的基本性能

1）耐热性能。绕组绝缘的寿命随温度升高而呈指数规律下降，在同一台电机中，由于绝缘所处的位置不同，其温度相差很大。因此，在额定工况下，各种耐热等级的绝缘结构的最热点温度，不得超过表 2—6 规定的限值。

表 2—6　**电机绝缘结构及温度限值**

耐热等级	A	E	B	F	H	C
最热点温度（℃）	105	120	130	155	180	>180

2）耐电性能。它包括：

①介电强度。单位绝缘厚度的击穿电压称为介电强度 E_b。它与外电场分布的均匀性，作用次数和时间，绝缘结构的均匀性和密实程度，电极的几何形状、尺寸以及绝缘本身的厚度有关。

对 6～10 kV 的高压电机，定子线圈主绝缘的瞬时介电强度要求大于 32 kV/mm，并且长期在机械、电、热的作用下，其主绝缘将逐年下降，为此在制造新线圈时要求具有足够的储备系数 K_1（E_b与相电压的比值），对于 6～10 kV 的高压电动机其值应大于 10。

②耐电晕性。这是高压电机绝缘的重要性能指标之一。高压电机定子绕组绝缘在高电场作用下，绝缘内、外表面受电晕侵蚀，其介电强度随时间增长而下降。为了提高绕组的耐电晕性，除应选用耐电晕性好的材料外，还应完善绝缘结构和工艺，以消除绝缘内空隙的表面放电。

③多层电介质组合结构的介电强度。高压电机绝缘通常都由多层介电强度和介电常数不同的材料组合而成，如环氧玻璃云母粉带就由三种不同绝缘材料组合而成。

3）绝缘电阻和吸收比

①绝缘电阻。它是评定绝缘结构工艺处理和绝缘状态的指标之一。按照国家标准规定：电机在工作温度或热试验后，绕组相间或绕组对机壳的热态绝缘电阻应不低于由式（2—3）计算出来的数值；绕组的冷态绝缘电阻主要与绝缘表面洁净程度和受潮情况有关，对于干燥洁净的电机，环境温度在－25～100℃实际测量所得的绝缘电阻 R_t 应按式（2—4）换算到室温 25℃时的值。

$$R_\theta = \frac{U_N}{1\,000 + \frac{P_N}{100}} \quad (\text{M}\Omega) \tag{2—3}$$

$$R_{25} = R_t \times 10^{\alpha(t-25)} \quad (\text{M}\Omega) \tag{2—4}$$

式中 U_N——电机额定电压，V；

P_N——电机额定功率，直流电机和交流电动机取 kW，交流发电机取 kVA；

α——温度系数，取 0.03℃$^{-1}$；

t——测量时的环境温度。

水内冷绕组的绝缘电阻受绝缘引水管的影响。当汇水管 K 对地绝缘电阻不低于 30 MΩ时，可用屏蔽方法测量，如图 2—19 所示。若汇水管对地未绝缘，则必须在通水之前或拆开引水管后测量。在室温下测得的绝缘电阻值应不低于 300 MΩ。

②吸收比。绝缘电阻在直流电压作用下，将流过由充电、吸收和电导三个分量组成的电流。前两者随时间的增加而减小，其中充电电流减小得更快，而吸收电流的衰减速度与电机的绝缘结构有关。当干燥、清洁、耐电性能良好时，吸收电流衰减减慢，需几十秒到数分钟才能达到稳定，因此，测得的绝缘电阻随测量时间的增大而增大；当绝缘受潮、污损时，电导电流很大，吸收现象不明显，绝缘电阻不随测量时间的增加而增大。

单元 2

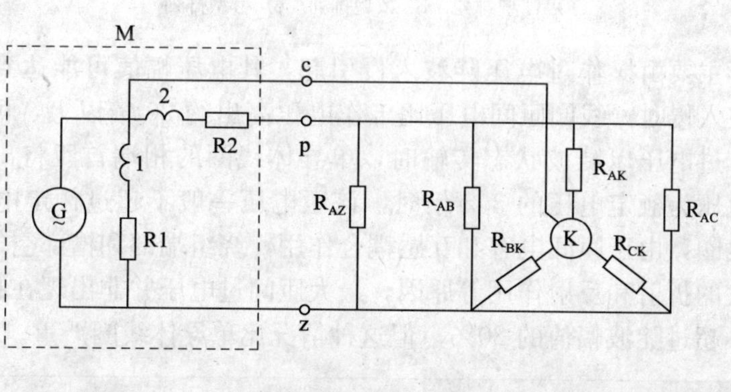

图 2—19 水内冷绕组绝缘电阻测量示意图（U 相）

M—兆欧表 1、2、G—兆欧表的电压线圈、电流线圈、发电机

R1、R2—兆欧表电压、电流线圈的电阻 R_{AZ}—U 相绕组对机壳绝缘电阻

R_{AB}、R_{AC}—U 相绕组对 V 相、W 相的绝缘电阻

R_{AK}、R_{BK}、R_{CK}—汇水管对 U、V、W 三相绕组的绝缘电阻

4）介质损耗角正切及其增量。绕组绝缘结构在外施电压作用下将会产生电导损耗和极化损耗。

5）力学性能。在电机运行、制造或检修过程中，绕组要承受电磁力、热应力和机械应力等。在各种力的作用下，若绕组产生不允许的变形，就会导致其绝缘损伤。为了保证绕组绝缘可靠，要求其具有较高的力学强度和韧性，同时绕组端部和槽部也要牢固固定，以防止变形和因频繁振动而磨损。

绕组除了应满足热、电、力学性能外，当在特殊环境如化工、石油、辐射等条件下使用时，还应满足特殊的技术要求。

（2）匝间绝缘。匝间绝缘结构形式主要与匝间的工作电压和操作过电压有关。现场经验表明，多匝框式定子绕组的大多数故障都是从匝间绝缘损坏开始的，最终导致对地绝缘击穿。

多匝线圈的匝间工作电压与其在槽中的排列方式有关。参见图 2—20 所示的双排多匝线圈，U 型排列的第 1 匝和第 10 匝相邻，其匝间电压为单排的 10 倍、Z 型排列的 5 倍、弓型排列的 4 倍。可见，弓型排列的工作电压最低，但其绕线不方便。若在 U 型和 Z 型两种排列结构增加排间绝缘，则匝间工作电压与单排相同。

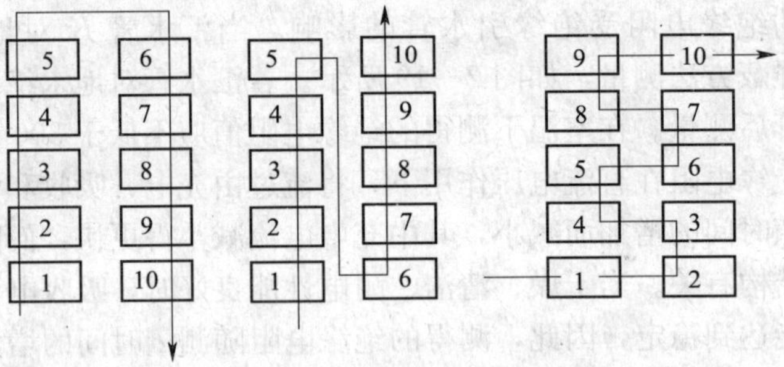

图 2—20　双排多匝排列方式

a）U 型排列　b）Z 型排列　c）弓型排列

匝间过电压主要由操作过电压陡波入侵引起，其电压幅值可能达到额定电压的数倍。当冲击陡波入侵时，线圈匝间电压比工作电压高出约 20 倍以上，可能引起匝间绝缘击穿。在操作过电压以陡波状态传输时，单导体线圈的相端首匝将出现最大的过电压，如当陡波电压为额定电压的 3.5 倍时，该匝电压一般不超过额定电压的 30%。对多导体并绕的线圈，由于匝间电容和互感耦合作用，绕组端部和槽部空气与铁心间以及引线分叉处对波的折射和反射作用等原因，最大匝间过电压并非出现在相端首匝上，并且过电压幅值不超过陡波幅值的 20%，但这种情况比单导体线圈严重。

【特别提示】

设计时，除了应计算出匝间电压的大小外，还应根据计算出的匝间过电压幅值来选取匝间绝缘结构。

框式线圈的绝缘结构见表 2—7，按照 IEC34—15 和 JB/T 10098—2000 规定：匝间绝缘必须采用高压中频振荡波电压进行试验，试验耐压值见表 2—8。

表 2—7　　框式线圈匝间绝缘结构

U_N（V）	匝间绝缘材料与结构	双边厚度（mm）	试验电压（V）
500	漆包单玻璃丝包	0.2～0.3	见表 2—8 规定
>500～1 000	漆包双玻璃丝包	0.4～0.5	
>1 000～1 500	薄膜半叠包 1 层，双玻璃丝包	0.6	
>1 500～2 000	三合一带半叠包 1 层，双玻璃丝包	0.9～1.0	
>2 000～2 500	三合一带半叠包 2 层，双玻璃丝包	1.5	
>2 500～3 000	薄膜半叠包 1 层，三合一带半叠包 2 层	1.7	
>3 000	薄膜半叠包 1 层，三合一带半叠包 3 层	2.0	

表 2—8　　成型线圈绝缘耐压试验值　　kV

部位	电压类型	电压值
匝间绝缘	雷电冲击电压	$4U_N+5$
	陡峭波前冲击电压	$0.65\times(4U_N+5)$
对地绝缘	工频电压	$2\times(2U_N+1)$
	陡峭波前冲击电压	$4U_N+5$

注：U_N——电机的额定电压，kV。

（3）对地绝缘。根据槽部和端部是否采用同一结构，高压电机定子绕组对地绝缘（又称主绝缘）分为连续式和复合式两种。连续式按材料和处理工艺又分多胶液压或模压成形和少胶 VPI 无溶剂胶后模压成形体系。这两种体系世界上都在发展，我国开发的 B 级 TOA 和改进的 F 级 MTOA 体系已成功应用了 40 年。复合式结构端部的搭接缝使铁心的爬电距离随额定电压的升高而延长，目前很少采用。对地绝缘的厚度与外加电压等级有关，电压越高绝缘厚度越大，可查阅手册。表 2—9 为高压电机的绝缘结构实例。

3. 绕组固定结构

（1）槽部固定结构。大型电机在额定负载下，绕组槽部轴向单位长度承受的电磁力可达 100 N/cm，在电机突然短路时可达到 10 000 N/cm 甚至更大，所以线圈在槽内要固定牢靠，以防止绕组振动和变形造成绝缘损坏，图 2—21 所示为线圈槽部固定结构的一个例子。

表 2—9　　高压电机的绝缘结构实例

剖面图	项号	名称	材料	槽部尺寸		端部尺寸	
				高度	宽度	高度	宽度
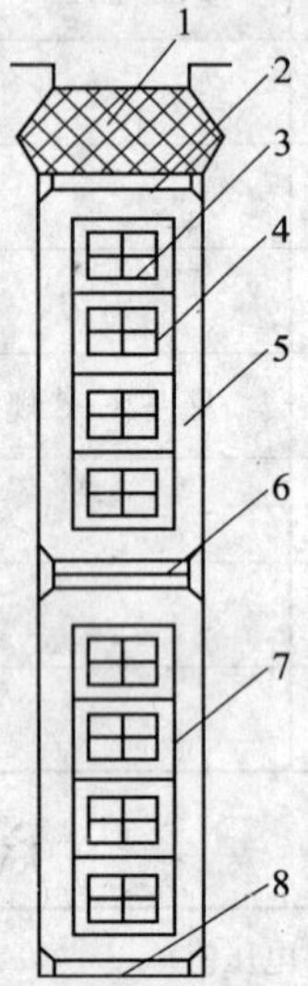框式线棒 槽部剖面图	1	槽楔	玻璃布板或压塑料	按电磁设计书			
	2	楔下垫条	半导体玻璃布板	>0.5			
	3	电磁线	单或双玻璃丝包扁线	ma	nb	ma	nb
	4	匝间绝缘	见表 2—7				
		松胀量		0.03 m	0.2		
	5	对地绝缘	B、F 级环氧粉云母带				
		线圈公差		+0.3 −0.5	+0.2 −0.3	<1.3	<1.3
	6	层间垫条	半导体玻璃布板	1～2			
	7	防晕层	半导体漆或带	双面 0.25			
	8	槽底垫条	半导体玻璃布板	0.5	0.3		
		叠片公差					
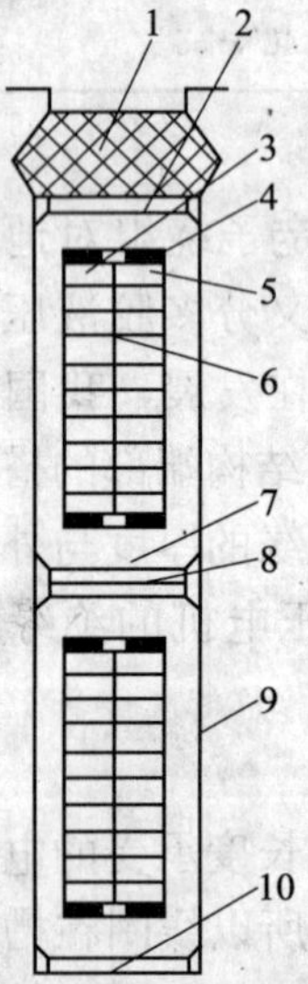换位线棒 槽部剖面图	1	槽楔	玻璃布板或压塑料	按电磁设计书			
	2	楔下垫条	半导体玻璃布板	>1			
	3	电磁线	双玻璃丝包扁线	(m+1) a	nb	ma	nb
	4	换位凹坑填充	半导体腻子或多胶坯布板				
	5	换位绝缘	柔软片云母或 NHN	0.25×2			
	6	排间绝缘	玻璃粉云母多胶坯布板		0.5		
		松胀量		0.03 m	0.2	0.03 m	0.2
	7	对地绝缘	B、F 级环氧粉云母带	厚度与电压有关			
		线圈公差		+0.4 −0.2	+0.2 −0.3	1.0	1.0
	8	层间垫条	半导体玻璃布板	5			
	9	防晕层	半导体漆或带	双面 0.25			
		嵌线间隙			0.3		
	10	槽底垫条	半导体玻璃布板	1.0～2.0			
		叠片公差			0.4～0.5		

注：m—沿高度方向股线数；n—沿宽度方向股线排数；a，b—绝缘后导线截面高度、宽度。

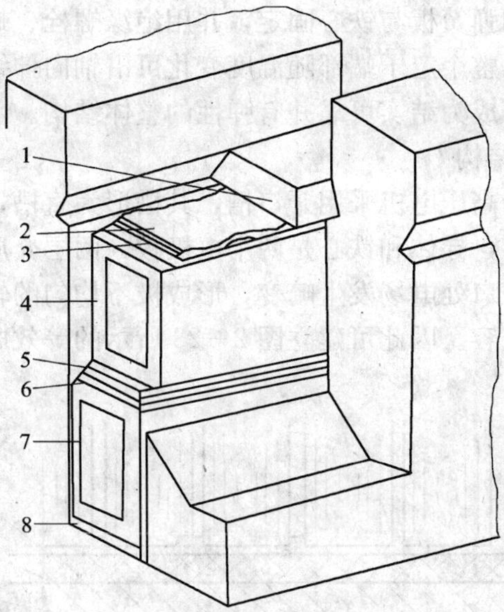

图 2—21　绕组槽部固定结构

1—槽楔　2—波纹板　3—垫条　4—上层线棒　5—半导体适形材料
6—半导体层间绝缘　7—下层线棒　8—半导体适形材料

（2）端部固定结构。在槽口拐弯处，由于线圈受热膨胀产生的热弯曲变形和热应力会损坏绝缘。图 2—22 是大型高压电机定子绕组端部固定的常见结构之一，它采用整体式玻璃钢锥环或大型玻璃钢端箍固定，锥环与绕组端部的热膨胀系数相近，可避免受热

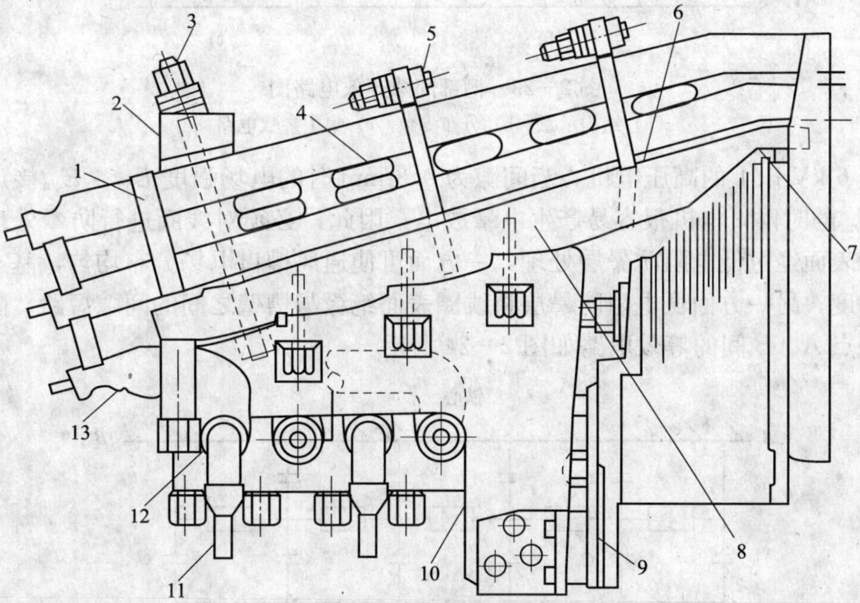

图 2—22　绕组端部固定结构

1—鼻端间隙垫块绑扎　2—支撑环　3—径向绝缘螺栓　4—适形水龙带　5—径向绑扎　6—适形垫片
7—滑移层　8—整体式玻璃钢锥环　9—弹簧板　10—端部支架　11—弹性主引线连接　12—并联环　13—相引线

带来的损害。端部支架和弹簧板与铁心固定，并用绝缘螺栓、螺母将锥环固牢，锥环与铁心接触处垫有滑移层；整个定子端部随温度变化可沿轴向伸缩；绕组端部还有 3 道可调绑环做径向压紧，因而成为结实可靠并有弹性的整体结构。

4. 防电晕和电腐蚀结构

（1）槽部电晕。由于高压电机采用开口槽，其槽形为直槽，因此，绕组在槽部相当于双层介质的平板电容器，导体和铁心是两个电极板，两层介质分别是绝缘和嵌线间隙（空气）。同时在电机的槽口处电场发生畸变，形成极不均匀的轴向电场，气隙与通风槽两侧铁心形成一个轴向电容。因此可建立图 2—23 所示的等效电路。

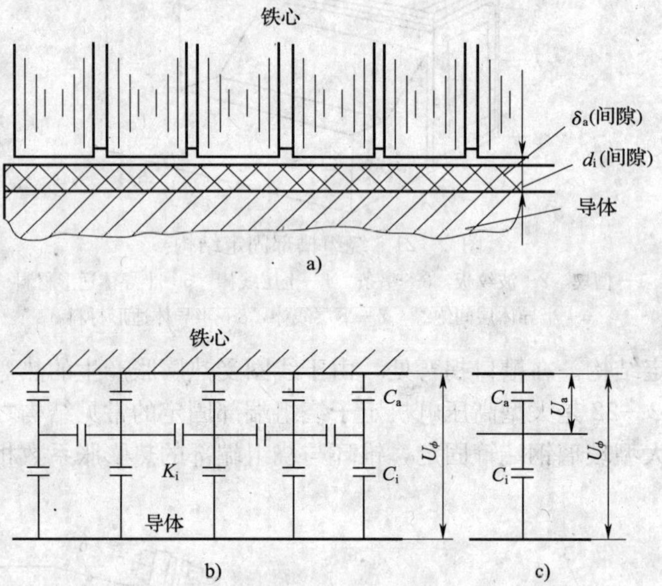

图 2—23　槽部间隙等效电路图

a）结构示意　b）分布参数　c）集中参数电路

对于 6 kV 以上的高压电机，当间隙为 0.3 mm 时的电场强度 E_{nm}、E_{am} 接近电离电场强度 E_{mr} 的时候，电机很容易产生电晕放电，因此，必须对线圈进行防晕处理。槽部线圈绝缘表面经过低电阻防晕层处理，一方面可使通风槽口电场分布均匀，基本消除轴向电位梯度；另一方面低电阻防晕层将线圈表面绝缘与槽壁之间的间隙短路。防晕层与铁心接触点 A、B 间的等效电路如图 2—24 所示。

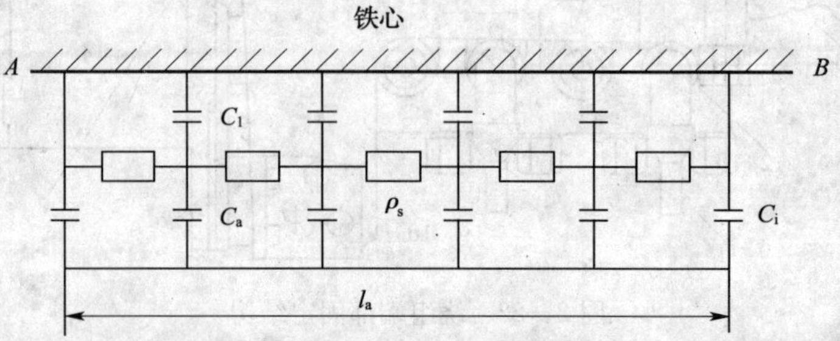

图 2—24　槽部防晕层 A、B 两接点等效电路

（2）槽部电腐蚀。绕组未经防晕处理时，槽内间隙中的电磁能量会随电晕的出现而释放，一般不会产生电火花放电。经过防晕处理的热固性绝缘线圈如与槽壁接触不良，间隙电容可能储存电能。在电磁力作用下引起的振动可使接触不稳定，两者若即若离，这会引起槽内放电，产生电火花，将腐蚀槽内绝缘。这种现象称为电腐蚀，其本质是一种电容放电现象。

除了选择合适的表面防晕层材料的电阻率外，消除电腐蚀主要应把间隙用半导体垫条塞紧，以缩短相邻接触点的跨距。一般当槽内间隙 δ_a 在 0.03～0.3 mm 以内，跨距 $l_a \leqslant 100$ mm 时，不需加垫；当间隙超过 0.3 mm 时，则需要用垫条。

（3）端部电晕。定子绕组端部等效电路如图 2—25 所示。可见，线圈端部靠铁心越近，其绝缘表面的泄漏电流就越大。

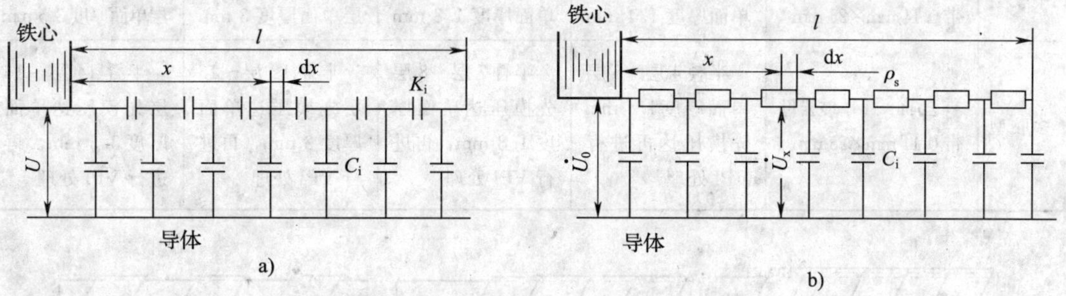

图 2—25　绕组端部电晕及其防止

a）无防晕处理的等效电路　b）表面防晕处理后的等效电路

按照高压电机规定的绝缘厚度，6 kV 及以上电机定子绕组的端部在出口处的一段长度上会产生电晕放电。

在绕组端部绝缘表面敷设一层半导体材料（外屏）或在绝缘内埋设分段的半导体材料，使槽口处电场均匀分布，便可抑制绕组端部电晕的产生。

【特别提示】

表面处理过程中，当端部半导体材料的电阻率过低时，防晕层末端将会出现电晕；若增加防晕层长度，又会引起始端过热。因此，通常采用电阻率分级递增进行处理，广泛采用的是碳化硅材料，其电阻率随电场强度自动调整，可得到接近直线防晕层电压分布曲线，即使在高单位梯度范围内也不会出现电晕。

5. 无溶剂漆整浸电机绝缘结构

这通常指框式高压线圈采用环氧玻璃粉云母带连续绝缘，白坯下线后整体浸无溶剂漆热烘固化。其优点在于：嵌线时所有适形材料、涤玻绳、固定材料等为白坯材料；绑扎固定后进行真空压力浸渍（VPI），使整个绕组槽部和端部牢靠结实，能防止振动变形和避免线圈磨损；嵌线后槽内间隙小，处理后挂漆量饱满，提高了对地绝缘和绕组表面与槽壁之间的导热性，能有效降低温升。

由于电机的防晕结构与绕组一起整浸，因此，通常使用已固化的柔软半导体带或碳纤维带或碳化硅带。其低阻层材料为 0.1 mm×25 mm 的 QFD —1 半导体带，长度由铁心及两端外伸长度确定；搭接层长度为 10～25 mm，高阻层为 0.13 mm×25 mm 的 QFD —2半导体带，半叠一层，长度 35～70 mm。整浸线圈绝缘结构见表 2—10。绕组绝缘带的包绕方式如图 2—26 所示。

表 2—10　　整浸线圈绝缘结构

类型	材料	电压等级（kV）			
		3.0	6.0	10.0	13.8
少胶型	云 440—1 单玻云母带 0.14 mm×25 mm	半叠 4 层～5 层单面厚度 1.4 mm	半叠 6 层～7 层单面厚度 1.8 mm	半叠 11 层～12 层单面厚度 3 mm	半叠 12 层～14 层单面厚度3.5 mm
中胶型	云 440—1 单玻云母带 0.14 mm×25 mm	半叠 4 层～5 层单面厚度 1.4 mm	半叠 6 层～7 层单面厚度 1.8 mm	半叠 11 层～12 层单面厚度 3 mm	半叠 12 层～14 层单面厚度 3.5 mm
多胶型	云 440—1 单玻云母带 0.14 mm×25 mm	半叠 4 层～5 层单面厚度1.4 mm 先模压达再进行 VPI 处理	半叠 7 层～8 层先模压达单面厚度 1.8 mm，再进行 VPI 处理	半叠 12 层～13 层先模压达单面厚度 3 mm，再进行 VPI 处理	半叠 14 层～16 层先模压达单面厚度 3.5 mm，再进行 VPI 处理

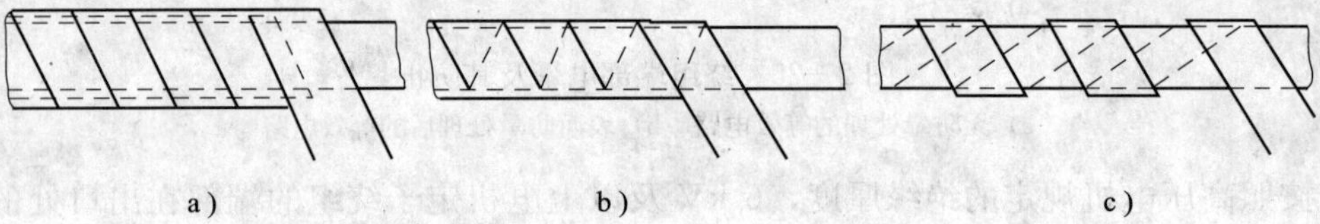

图 2—26　绕组绝缘带包绕方式
a）叠包　b）平包　c）疏包（花包）

单元 2

四、大型电机的拆卸步骤

1. 检测气隙

（1）在电机圆周的上下左右测量四点气隙长度。

（2）对大型同步电机，还要在定子上固定某一点，然后转动转子测量每个磁极中心对该点的气隙长度。

（3）在调整气隙时，上端气隙应比下端气隙大 0.05 mm 左右。目的是防止电机转动后，由于转子被油膜抬起而造成气隙不均匀。

（4）测量和调整都应在电机的两端分别进行，并做好记录。

2. 拆卸端盖

（1）在电机两端将轴包垫好，用千斤顶顶在要拆的一端的轴头或者用吨位合适的起重设备吊好，以防止拆卸时转子一端下沉而损伤轴承。

（2）用起吊设备将端盖吊好，然后再开始拆卸，以防止端盖跌坏并砸伤转轴。

3. 抽转子

（1）准备工作。大型电机拆卸的关键是抽出转子。在作业前应进行必要的测量，以确定吊装方案，并正确准备起重机以及必要的辅助工具和器械。为了保证人身和电机安全，准备就绪以后，还必须做以下工作：

1）检查起重机、天车是否完好，起重机吨位应大于起吊质量。

2）检查卷扬机构及钢丝绳有无缺陷。

3）进行试吊，在确认无任何问题后，方可正式吊装。

（2）抽转子的步骤。抽转子的方法之一如图 2—27 所示，它适用于定子内孔高于底板平面和定、转子可同时排放在两轴承之间的长底板电机。其步骤为：

1）将电机放在底板上，将定子移出转子，如图 2—27a 所示。

2）吊起转子，如图 2—27b 所示。

3）拆除前座式轴承，抽出转轴，如图 2—27c 所示。

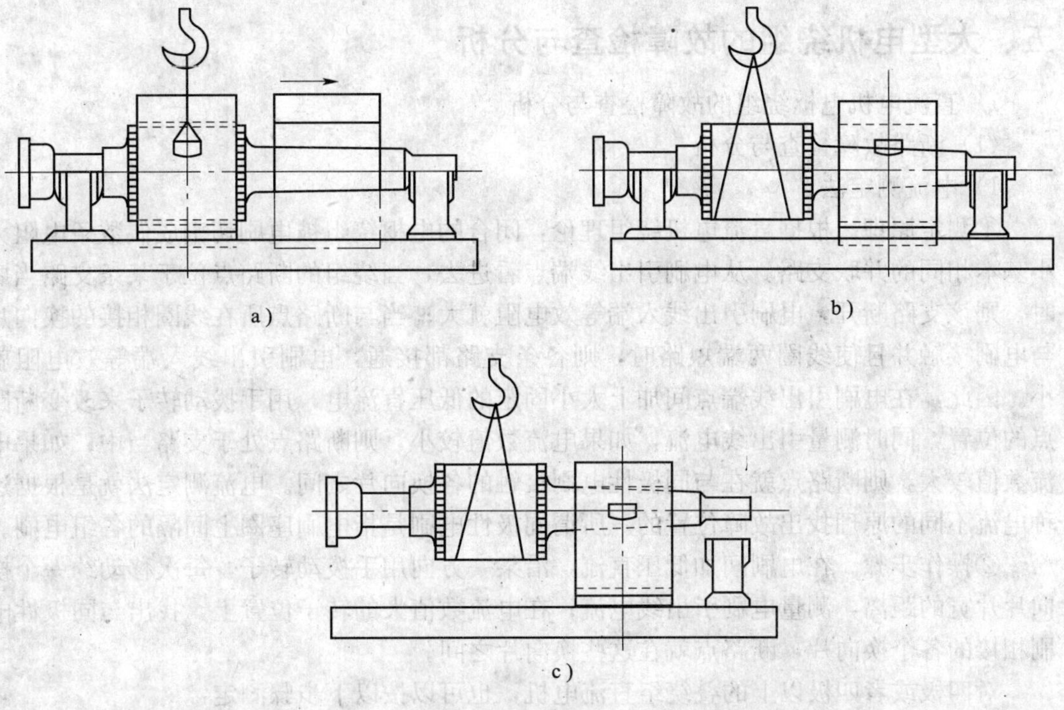

图 2—27 长底板机座大型电机抽出转子方法示意图

a）定子逐步移出转子 b）吊起转子 c）拆掉前座式轴承，将转子抽出

【特别提示】

- 当转轴的一端不能伸到定子外时，必须加接轴。加接的假轴强度应能满足起吊重力要求。
- 严禁将钢丝绳放在轴颈等重要配合面上起吊。如必须在轴颈起吊，应将其裹上软垫再加垫木板进行保护。
- 为了防止定、转子相互碰伤，吊装时必须缓慢移动，以保持转子平稳。如果气隙大，应在定子内腔下半部垫入纸板或环氧布板。

4. 拆装滑动轴承

在装、拆前后要测量轴颈与轴瓦、轴瓦与轴承盖之间的间隙，以及轴颈与下瓦的侧向间隙值和转轴的轴向窜量值。在装配前各测量值应调整到符合规定值要求。

【注意事项】

- 在拆卸时，应对绕组采取必要的保护措施，防止损坏绕组绝缘和防晕层，从而加重电机故障。
- 由于大型电机的体积和质量大，在电机拆卸时必须制订详细的施工方案。在方案中应特别订立安全制度，以避免在拆卸过程中对人身和电机本身造成伤害。

五、大型电机绕组的故障检查与分析

1. 直流电机电枢绕组的故障检查与分析

（1）断路故障检查与分析

1）电流测定法

①测定原理。根据直流电机绕组理论，闭合的电枢绕组被电刷切割成偶数条电阻大小基本相同的并联支路。从电刷引出线端点看进去，当绕组的断路点位于某条支路当中时，则该支路断开，电刷引出线入端等效电阻就大；当与断路点所在线圈相接的换向片与电刷接触并且使线圈两端短路时，则各条支路都接通，电刷引出线入端等效电阻就小。因此，在电刷引出线端点间加上大小固定的低压直流电，用手拨动转子来改变断路点的位置，同时测量引出线电流，如果电流数值较小，则断路点处于支路当中；如果电流数值较大，则断路点就在与同极性电刷接触的各换向片之间。电流测定法就是根据这种电流不同的原理找出故障位置的。所谓同极性电刷是指电刷座圈上间隔的各组电刷。

②操作步骤。在电刷间加低压直流，沿某一方向用手拨动转子，每次移动约一个换向片片宽的距离，测量电刷引出线电流；在电流数值大的转子位置上，找出与同极性电刷相接的各个换向片，断路点就在这些换向片之间。

对四极或者四极以上的叠绕组直流电机，也可以按以下步骤测定：

第 1 步，在电刷间加低压直流，测量同极性的各电刷引出线电流。电流较小的电刷两侧支路中有断路点。

第 2 步，沿某一方向用手拨动转子移动一个换向片片宽的距离，再通电测量电流。若各电刷引出线电流相等，则断路线圈在被原电流小的电刷短路的换向片之间；若原电流小的电刷引出线电流仍然小，则用同样的方法在一个极距内继续转动转子，直到各电刷引出线电流相等，此时断路线圈同样位于被原电流小的电刷短路的两个换向片之间。

2）电阻测定法　如图 2—28 所示，电枢绕组的各线圈相当于阻值相同的电阻元件，形成等效的电阻串联回路。图中，16 个电阻表示绕组由 16 个线圈组成；两电阻连接线的中心点表示换向片；以黑点表示固定换向片并假定其编号为 1，其他换向片的编号沿测量方向（顺时针方向）顺序递增。

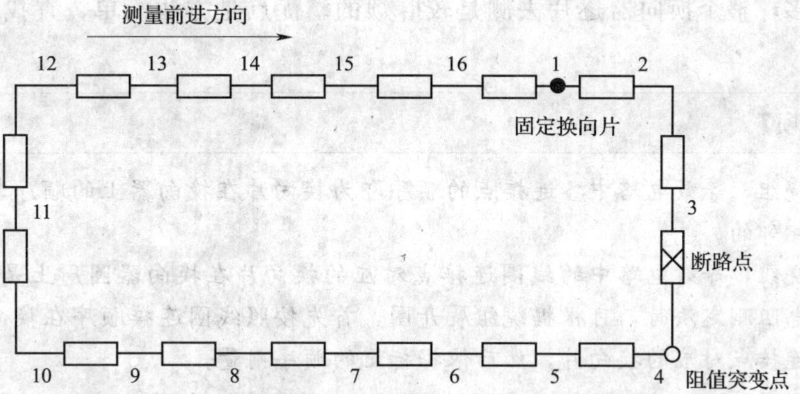

图 2—28　断路故障的电阻法测定原理

当绕组存在断路点时，固定换向片与其他各换向片之间的电阻值 R_j 为

$$R_j=\begin{cases} jR & \text{(断点以前)} \\ (n-j)R & \text{(断点以后)} \end{cases} \tag{2—5}$$

当绕组没有断路点时，固定点与测量点之间的电阻 R_j 为

$$R_j=\frac{j\ (n-j)}{n}R \tag{2—6}$$

式中　R——一个线圈的电阻；

j——沿测量方向上各换向片与固定换向片之间相隔的换向片数；

n——总换向片数，数值上它等于绕组的总线圈数。

可见，在无断点的情况下，测量开始时电阻值递增，前进半周后测量值开始递减。当回路存在断路点时，相继测量出的电阻在断点前后会发生突变，则断路点位于电阻突变前后的两个相邻换向片之间，如图 2—28 所示中换向片 3 与换向片 4 之间。这就是电阻测定法的原理。

第一种电阻测定法的操作步骤如下：

第 1 步，抬起所有电刷，选择一个换向片作为固定点并做标记。

第 2 步，用电桥沿某一方向顺序测量其他换向片与固定换向片之间的电阻。如果测量电阻逐步减小，则断路线圈位于第一次测量两个相邻换向片之间。例如，图 2—28 中固定点为 1，从 2 点开始按顺时针方向测量的情况。如果电阻值逐步增大，则当顺序的两个测量值相差远超过第一次测量到的片间电阻值时，则断路线圈在这两个相邻换向片之间。注意：当这种电阻变化差别不明显时，这表明在换向器圆周上，断路点对应的换向片大约位于固定换向片对面。解决的办法是先选择离开原来假定的换向片约 1/4 换向器周长的固定换向片，然后重新进行测量。如果换向器片数很多，为了节约测量时间，可将新、旧固定点之间的距离进一步扩大到接近 1/2 换向器周长。

第二种电阻测定法不采用固定一个换向片去测其他换向片间的电阻，而是两个试笔一块按某个方向移动，依次测量相邻两个换向片间的电阻。如果测量的电阻值突变大于其他电阻值，则该两换向片连接的元件有断路点。此法的缺点是比较麻烦。当换向片数量多，整个换向器逐片去测是较麻烦的。优点是方法简单，查找断路点较明显。

【注意事项】

- 对叠绕组，等效电路中各连接点的顺序即为换向片在换向器上的顺序，电阻突变点是相邻的。
- 对波绕组，等效电路中的线圈连接点对应的换向片在换向器圆周上是不相邻的，运用电阻测定法时，可根据绕组展开图，首先按照线圈连接顺序在换向器上标记出各连接点对应的换向片，然后依据标记的顺序测量。

（2）接地故障检查与分析

1）试灯法。用 220 V 交流试灯接在换向片与转轴间，若灯泡亮表示该换向片连接的电枢元件有接地；若不太亮，则该处无接地。注意串联在电路中的试灯功率要小，以防接地点烧坏。

2）测量换向片和轴间电压法

①将其他电刷抬起，只保留一对相邻的电刷与换向器接触；

②在这两个电刷间加低压直流电源，测量各换向片和轴间的电压，如电压为零或极小，则该换向片及连接的线圈存在接地；

③转动转子，测量判断前面加电源的换向片接地。

（3）接线错误检查与分析

1）电压测定与磁针探测法

个别元件换向器节距接错。在电刷间加低压直流，用毫伏表测量各换向片间的电压。同时用磁针探测该两换向片间的元件极性。按电压表现不同与磁针偏转不同，接线错误可分为不同情况。

如果换向片之间的电压大小与大多数换向片间相同、而磁针极性相反（反偏），则该处元件接反，如图 2—29b 中在换向片 3、4 之间毫伏表的读数相同，而磁针反转。

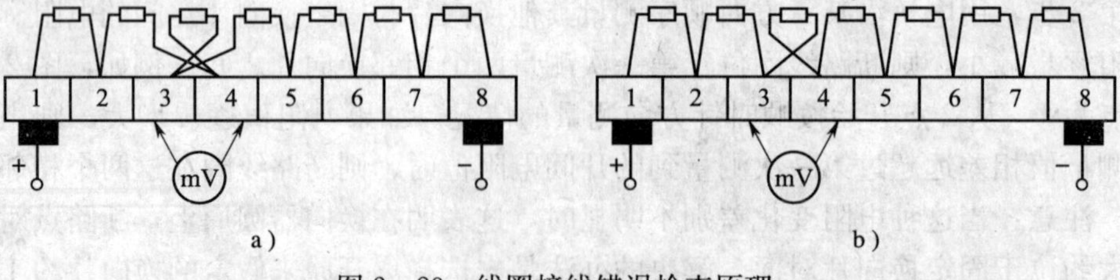

图 2—29　线圈接线错误检查原理

a）接反和接错同时存在　b）接反

如果相邻换向片间的电压成倍增大，则接错的线圈不止一处。在如图 2—29a 中，3、4 因接反出现磁针反转，2、3 之间以及 4、5 之间的电压表读数加倍，其他各处电压正常。

2）换向器节距全部接错。试验方法同上。这时用电表测得的换向片间电压读数无规律地变化，这表明一个极距内各线圈在换向器上的节距全部接错。部分换向片间无电压，而有的换向片间电压可能成倍增大，同时伴有磁针的反偏。

（4）匝间短路检查与分析

1）电压测定法

①在电枢上加低压直流电源同时监视电枢电流。

②用毫伏表测量相邻换向片间的电压，若电压为零，则该处片间短路，即换向片之间短路或换向片间的线圈短路。

2）电阻测定法。用电桥测量各相邻换向片间的电阻，如果各电阻相等，则无匝间短路；如果换向片间的电阻为零，则有短路；如果电阻值不等且不为零，则线圈有匝间短路，此时需要继续检查才能找出具体短路线圈。

2. 直流电机励磁绕组的故障检查与分析

（1）断路故障检查与分析

1）万用表法。用万用表检查绕组通断，若通则没有断路点，不通则有断路点。

对隐极式励磁绕组可以直接检查出线圈有无断路点，但不能找出断路线圈所在的位置。

对凸极式电机的励磁绕组，当各磁极上的励磁线圈串联时，如果发现有断路点，应解开各线圈接头分别进行检查，可找出断路点所在的线圈。当各磁极上的励磁绕组线圈相互并联时，如果用其他方法证明或运行已经表明（如电机急剧振动等）存在断路故障时，可用与串联同样的方法检查出故障线圈。由于是集中绕组，必须拆开修理，所以它不需要查出具体线匝的位置。

2）磁针检查法。对凸极式电机，解开各磁极励磁线圈的接头，分别通上低压直流，将小磁针紧贴励磁线圈并移动，如果磁针不变化，则该线圈断路，对隐极式电机此法无用。

（2）接线错误检查与分析。凸极式电机励磁绕组的接线错误主要表现在相邻主磁极上的线圈端头接反。可用磁针法进行检查，步骤为：

1）解开各磁极励磁线圈的接头，加上低压直流。

2）将磁针分别放在通电的主磁极下，观察磁针偏转情况。如果在相邻主磁极下磁针偏转方向相反（垂直于极面），则表示通电时线圈两端头对应的电压正、负极性正确。因此，并联接线时应将它们对应的接起来；串联时按照正、负极性连接。如果磁针偏转方向相同，则接线错误。

隐极式电机一般不会发生接线错误。如果出现某些线圈之间接错，则可用磁针法检查。具体方法为：在绕组上加低压直流，将磁针紧贴铁心表面沿圆周方向移动。如果在两个大齿之间的各槽上，磁针不改变方向，则无接线错误；如果磁针改变方向，则表示改变方向处的线圈接错。

（3）匝间短路检查与分析。隐极式电机励磁绕组的匝间短路可用短路故障侦察器检查。凸极式电机励磁绕组的匝间短路检查方法比较复杂。简单的处理方法是用电桥测量电阻，电阻小的线圈存在匝间短路。

六、大型电机铁心的故障检查与分析

1. 铁心松动

(1) 原因

1) 电机厂制造电机时，由于铁心压装不当，紧固力不够，未形成一个坚实的整体，经过多年运行后逐渐松动。

2) 在吊装过程中，由于调运方法不对使电机局部受力过大，使定子定位筋开焊、铆接的压指挤偏。

3) 运行中由于启动方式不正确，电机气隙调整不当，电机运行过程中受过电压作用，产生较大的震荡，使铁心松动。

(2) 处理方法。首先要抽出转子，检查铁心松动程度，分析松动属于何种类型。然后根据检测结果采取对应的措施。其具体修理步骤如下：

1) 检测铁心齿部铁心片间松动量的大小。用有厚度的刀片插入齿部测试，记录刀片厚度。

2) 用适当厚度的环氧玻璃布板，加工成一定形状的片形楔子，两面刷上绝缘漆，从铁心松动处塞入叠片之间，将铁心撑紧，再打入槽楔，借槽楔将塞入的楔片固牢，防止脱落。

3) 对定位筋焊得不牢不正、压板压指过短的，应重新焊牢定位筋，更换压板压指。

4) 因铁心松动引起绕组及绝缘损伤的，按修复规程修理。

5) 对严重松动的铁心，不能用上述 2) 的方法修理紧固的，则应更换部分铁心扇形叠片。

2. 端部铁心齿折断

(1) 原因

1) 铁心叠装时压得过紧，齿部无支撑部分过长，齿部受力过大，在运行中出现故障而使齿折断。

2) 铁心松动引起铁心振动大。

3) 压指加工过短过窄，使齿部压力不足。

4) 铁心过热使齿部强度下降导致折断。

(2) 修理方法

1) 将断齿槽内的绕组起出，对绕组进行全面检测和耐压试验。

2) 在断齿的地方将冲片分开，视具体折断程度进行修补。方法是在冲片间插入绝缘板，再做一个与齿形状相同的假齿镶在断齿部位。

3) 修补后做铁损试验，确认无过热现象，视为补齿合格。

3. 铁心片间短路

(1) 原因

1) 铁心松动故障未及时修理，划伤绕组绝缘，绕组短路引起铁心过热。

2) 铁心叠装过程中混入金属屑末在叠片上，压装后挤坏叠片绝缘。

3) 电机运行中落入金属物件，磨损划伤齿部，使得齿顶部叠片短路。

4）铁心过热使叠片绝缘老化和脱落。

5）更换定子绕组大修时，起出旧绕组、嵌入新绕组阶段，使铁心受损，或者将金属屑末落入齿槽之间造成铁心片间受损。

（2）修理方法

1）方法一。用锋利的薄刀片，铲除短路齿顶处冲片上的残余老化的漆膜或氧化膜，用干净的压缩空气吹净片间漆膜或氧化膜，刷上硅钢片漆，加以挤压和局部烘干。

2）方法二。采用酸洗法。该法用于铁心两端部短路片数较多的情况。操作步骤为：

①将短路片两侧的通风沟和铁心周围用胶布或其他耐酸柔软材料保护好。

②配制浓度为30％～35％的硝酸溶液，倒入耐酸器皿，再把器皿放入瓷质碗中。

③用干净的刷子蘸酸液涂在短路的齿顶部。注意每次蘸酸量要小，不使酸液从刷子滴下；每刷一次将刷子在酸液中洗一下，以便将刷子上的酸与硅钢片发生反应生成的硝酸铁洗干净。多重复几次，直到将铁心齿部漆膜和锈迹洗干净，使刷洗的齿部露出清晰的片间纹路为止，再用棉花球擦净铁心表面。

④把用酒精润湿的棉花球拧干，擦铁心表面，重复数次。

⑤去掉塞在通风沟处的保护胶布，将其周围用酒精棉花球擦数次。

⑥用酒精润湿的试纸贴在清洗过的铁心表面，如果试纸未变成红色，则表示酸液刷洗的齿部铁心不呈酸性，酸洗处理合格。

⑦用另一把刷子蘸硅钢片漆或者绝缘胶刷在酸洗过的铁心齿部处，使原来短路的叠片重新恢复绝缘层。

七、大型电机机械故障处理

1. 换向器支架断裂事故及处理

（1）事故发生原因及现象。图2—10所示为一台直流轧钢电动机电枢装配示意图，其轧钢电动机正常运行时，换向器支架仅承受换向器质量和加、减速时产生的惯性力矩。当轧机轴系存在扭振，由于扭振频率较低，一般为15～80 Hz，在这样频率下，往往容易和换向器支架的固有频率合拍共振，而发生疲劳破坏事故。

根据目前换向器支架发生断裂的情况来看，造成扭转共振的原因主要是换向器支架设计过于单薄，仅靠6条悬臂的筋把换向器支承起来，其扭转刚度和强度均很差，支架扭转振动频率也很低，易共振而导致疲劳破坏。

换向器支架扭振系统，可以简化成一个质量的惯量—弹性系统来处理，如图2—31所示。即把电枢辐板作为扭振系统的一个固定端，换向器支架为一个连接辐板与换向器的弹簧，而换向器为弹簧自由端的一个集中惯量。

事故发生时，往往最先发现电机换向火花逐渐变大，或者发现换向器摆度突然加大，检查结果是换向器支架严重开裂。更严重的是，换向器支架完全断裂，换向器仅靠升高片悬挂在电枢上。

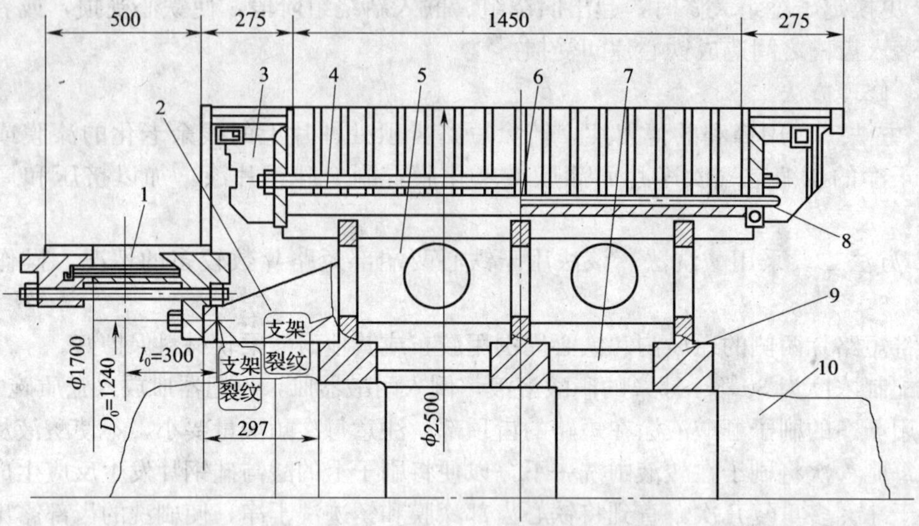

图 2—30　4 560 kW 电枢装配示意图

1—换向器　2—换向器支架　3—电枢压板　4—拉紧螺杆　5—大立筋
6—支架辐板　7—小立筋　8—撑紧键　9—支架毂　10—转轴

（2）处理方法。根据现场经验，有两种换向器支架断裂处理方案：

1）加强原支架结构方案（见图 2—32a）。先补焊换向器支架，并在原来换向器支架上再加焊一个钢套筒，增加支架的刚度和强度（同时也改变了支架固有振动频率），并保持原来的配合尺寸不变。

2）改变换向器的支承形式（见图 2—32b）。割掉（或车去）原来换向器支架，而在轴上另热套一个法兰来代替原来的换向器支架。轴上热套法兰方案的一般步骤如下：

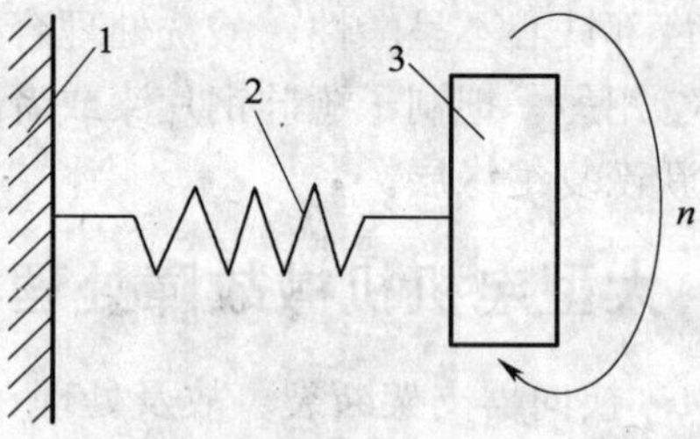

图 2—31　换向器扭振简化系统

1—电枢辐板　2—换向器支架的弹性系统
3—换向器的集中惯量

①在检修前，应先进行各种检查，并做好测量记录。如换向器摆度、换向器片间电阻、电枢绝缘电阻值等。

②吊出需检修电枢，置于铺有橡皮板的枕木上。

③打开换向器端绑扎钢丝，用酒精喷灯或烙铁等加热方式烫开换向器升高片并头套，并解开升高片绑绳和拆下升高片间隔垫块。

④换向器表面用木板条、橡皮条等保护起来，用钢丝绳仔细勒住换向器，并用吊车轻轻吊起。

⑤卸开换向器的固定螺钉和定位销钉，将换向器由轴上吊下，置于预先准备好的托架上。

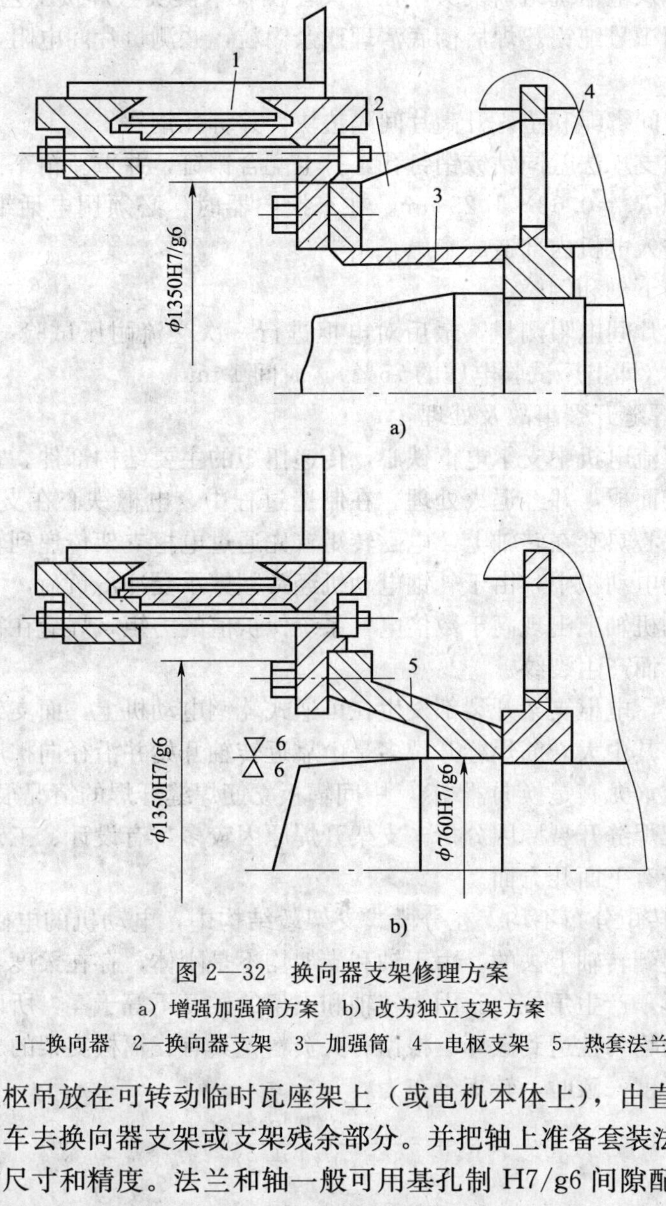

图 2—32 换向器支架修理方案

a）增强加强筒方案 b）改为独立支架方案

1—换向器 2—换向器支架 3—加强筒 4—电枢支架 5—热套法兰

⑥将检修电枢吊放在可转动临时瓦座架上（或电机本体上），由直流电机通过减速装置拖动电枢，车去换向器支架或支架残余部分。并把轴上准备套装法兰的部位，加工到配合所要求的尺寸和精度。法兰和轴一般可用基孔制 H7/g6 间隙配合，法兰内径和轴表面都要求达到 R_a＝1.25～2.5 μm 的表面粗糙度。

⑦在原换向器支架位置，准备换向器支承法兰，材质应不低于 35 号锻钢，并要求退火处理。在法兰上按换向器套筒上螺钉和销钉孔位置预先钻铰螺纹孔和销钉孔，车好与轴和换向器的配合止口。将法兰加热到 250℃左右，可用纯锡焊条来试温（熔点 232℃）。在加热到规定温度后，用预先准备好的样棍检查法兰内孔是否达到热套所需尺寸，尺寸符合要求后，在轴表面涂上润滑油，并将法兰迅速套在轴上。

⑧在电枢绕组焊接处和升高片并头套重新清理和挂锡，并用 220 V 交流试灯进行换向器片间检查，用 2.5 kV 进行交流耐压试验，时间 1 min。检查完后将换向器套在其支架上，拧紧固定螺钉。

⑨将并头套套入电枢绕组引线头，在并头套楔入木楔块（焊接工艺需要），焊接并头套，焊锡最好用1号纯锡。焊后彻底清理残余锡粒，并测量片间电阻，误差不能超过平均值±5%。

⑩绑扎升高片间绑绳和垫好升高片间隔垫块，并绑扎钢丝。

⑪将换向器与支承法兰同钻铰销钉孔，打上配合销钉，并重新精车换向器表面，要求表面粗糙度达到 $R_a=0.63\sim1.25\ \mu m$。在车换向器时，必须用电话纸将升高片糊起来，以防止铜屑进入电机内部造成隐患。

⑫换向器重新下刻和倒棱。

⑬再进行一次片间电阻测量，最后对电枢进行一次交流耐压试验，试验电压 $0.75(2U_N+1\,000)$ V（即出厂试验电压的75%），时间1 min。

2. 电枢支架焊缝开裂事故及处理

电枢支架是直流电机中支承电枢铁心，传递扭矩的主要结构部件。它是由很多钢板和几个支架毂焊接而成，并经退火处理。在制造过程中，电枢铁心在支架上叠完片后，加热支架毂，带铁心热套在转轴上，电磁转矩首先通过电枢支架传递到转轴上。

在可逆式轧钢电动机中，由于轧钢电动机经常频繁承受冲击负荷，尤其当轧机扭振比较严重时，电动机轴上出现高于数倍电气系统保护值的力矩，焊缝在很高交变应力作用下，易疲劳破坏而产生裂纹。

根据现场调查，电枢支架开裂都发生在可逆式轧钢电动机上，而支架结构形式多为分段式支架毂的，其中大立筋焊缝开裂多是由靠近转轴开始并沿径向扩展，一般又多是发生在两侧辐板上（尤其是换向器端），中间辐板立筋焊缝开焊的情况很少。

单元 2

（1）电枢支架焊缝开裂原因分析。支架开焊原因较多，有设计、工艺和运行的各种原因，经初步分析有下面几方面。

1）辐板间的转矩分布不均。在分段式支架毂结构中，电动机的电磁力矩是通过各辐板和支架毂传递到转轴上去的。由于轴和支架均不是刚体，存在柔度，在传递力矩时就会发生扭转变形，产生角位移。因为转轴和支架的柔度不等于零，所以在几个辐板和支架毂上传递转矩均匀性遭到破坏。根据有关资料，具有三辐板支架的力矩分布，当三辐板和各轴段的柔度一致时，转矩分布为

$$M_1=\frac{1+3\beta+\beta^2}{(3+\beta)(1+\beta)}M_0$$

$$M_2=\frac{1}{3+\beta}M_0$$

$$M_3=\frac{1}{(3+\beta)(1+\beta)}M_0$$

式中 M_0——电磁转矩；

β——三辐板的柔度；

M_1——传动端辐板传递力矩；

M_2——中间辐板传递力矩；

M_3——换向器端辐板传递力矩。

从上面公式可见，当三个辐板的柔度 $\beta=0$ 时，则：

$$M_1 = M_2 = M_3 = \frac{1}{3}M_0$$

而当 $\beta=1$ 时，则：

$$M_1 = \frac{5}{8}M_0$$

$$M_2 = \frac{2}{8}M_0$$

$$M_3 = \frac{1}{8}M_0$$

此时传递力矩严重不均匀。

由于几个辐板传递转矩实际是不均匀，容易造成辐板和鸽尾筋板焊缝开裂和裂纹扩散。

2）可逆电动机在运行中产生的各种交变应力。电枢支架各辐板间设有加强筋，分大立筋（联结两辐板的筋板）和小立筋（联结两支架毂的筋板），如图 2—30 所示。

在电动机运行时，由于转轴存在挠度，使大小立筋焊缝受到反复拉伸和压缩应力。同时可逆电机正反转，承受负载力矩时，由于两相邻辐板产生反复相对扭转变形，因此也会在大小立筋焊缝中产生反复交变应力。当负载冲击很激烈时，焊缝就会出现较高的交变应力，使焊缝因疲劳而破坏。

3）换向器惯性力矩的影响。现场立筋焊缝开裂，多数情况下都是在换向器端先发生。这是由于有些电枢支架在换向器端辐板上焊有换向器支架，以 456 MW 直流电动机为例，其上支承有直径为 1.6 m 或 1.7 m 重约 29.7 kN 的换向器，在电机启动、制动和逆转时，就产生惯性力矩。这惯性力矩使换向器端辐板变形，而在立筋焊缝中产生暗加交变应力，使换向器端辐板焊缝很快疲劳和出现裂纹。

4）工艺原因存在预应力。支架是在电枢铁心叠片完后，热套到轴上去的。在套轴时电枢支架的支架毂需加热到 250℃左右，这时电枢支架在轴向和径向都产生膨胀，套在轴上后，支架毂冷却而依靠过盈立即与轴相对固定，此时支架上的大、小立筋尚未冷却，但位置已经被固定，因此，当整个支架冷却后，在大、小立筋焊缝中就存在了由工艺原因产生的预应力——拉伸应力，因而在叠加交变应力后，更易产生焊缝裂纹。

5）轧机轴系的扭振。当轧机存在扭振时，在电动机轴上就会出现高于电动机额定力矩数倍的交变转矩，致使电枢支架焊缝应力增大，疲劳寿命缩短。

（2）电枢支架鸽尾筋焊缝开裂事故的处理

1）事故的发生和发展。该电动机型号为 MⅡ7500—60，其电枢支架结构形式如图 2—33 所示。三辐板间焊有加强筋板——大立筋，支架间焊有圆筒，固定电枢冲片的鸽尾筋直接焊于辐板上。由于工艺上的原因，这些焊缝是叠片后再焊接的，未经退火处理。

运行 3 年后，发现支架毂之间圆筒有裂纹，在鸽尾筋与辐板间焊缝也有 12 处裂纹（共 12 条鸽尾筋，72 处焊缝）。运行五年后，裂纹扩展到 30 处，而且裂纹延长，焊缝也加宽了，最宽处为 0.5 mm。到第六年检查时，裂纹扩展到 45 处，占总数的 62.5%，最宽缝隙达 1 mm。裂纹部位和形式见图 2—34。

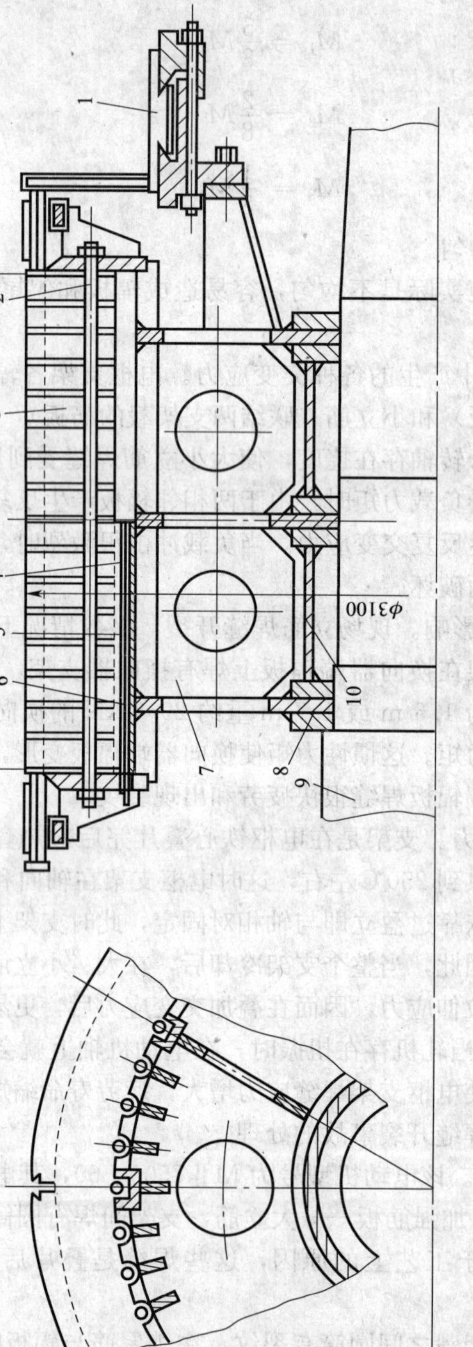

图 2—33 MⅡ 7500－60 电枢结构图

1—换向器 2—拉紧螺杆 3—电枢铁心 4—撑紧键 5—鸽尾筋 6—辐板 7—立筋 8—支架毂 9—转轴 10—支架毂连接筒

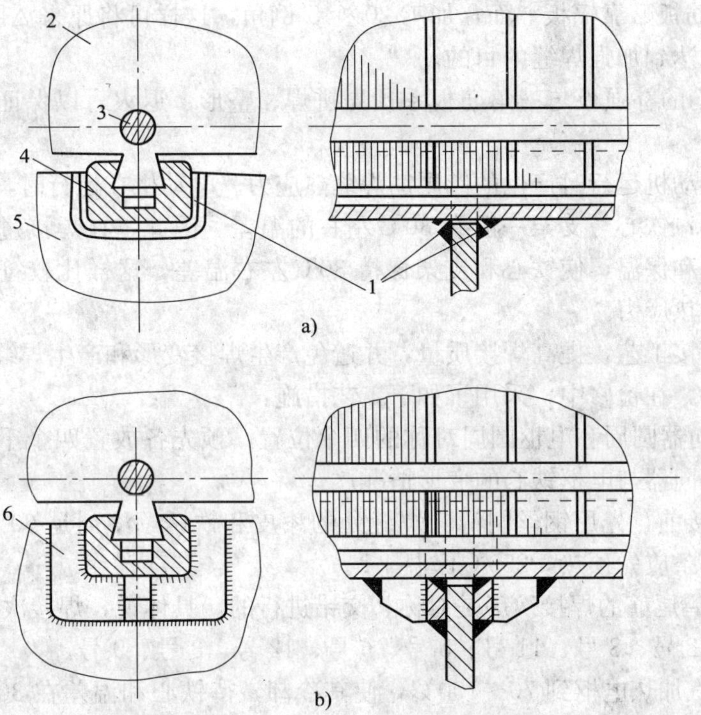

图 2—34　MⅡ7500—60 型电动机支架焊缝开裂部位和处理后情况

a）焊缝开裂情况　b）补焊后结构

1—焊缝开裂处　2—电枢冲片　3—拉紧螺杆　4—鸽尾筋　5—辐板　6—加强筋板

对焊缝检查，发现原焊缝尺寸不均，而且焊缝高度没有达到设计要求，设计为 Δ16 mm，而实际仅为 Δ10 mm。焊缝表面很粗糙，造成应力集中现象。另外，发现12根鸽尾筋撑紧键撑紧量不均，造成受力不均匀。设计时焊缝应力也很高，对焊缝进行验算，应力达 176.6 MPa。

焊缝裂纹的发生和发展都是从传动端开始的，可以这样解释，传动端辐板受力大，焊缝应力也大，传动端的冲击和振动也会比较大。

2）检修方案及工艺措施。根据事故发生和发展情况，对该电动机进行一次检修，目的是要通过检修，克服电动机原来设计和制造中的缺陷，使各鸽尾筋焊缝受力均匀，焊缝应力降低，防止焊接变形，并保证处理后的电动机能安全运行。

①检修前做好各种测量，如换向器、电枢铁心摆度、换向器片间电阻、电枢绕组电阻。为保护电枢绝缘，电枢内部处理前先糊缝堵孔，在均压线和电枢端部加保护层。

②对全部鸽尾筋撑紧键进行检查，发现振动的重新打紧并点焊固定，使各鸽尾筋受力均匀，以保证焊接后鸽尾筋所有焊缝受力均匀。

③在鸽尾筋与辐板之间加焊 72 个加强筋，如图 2—34b 所示。其作用是增加焊缝长度，以降低焊缝应力，使焊缝从原来应力 176.6 MPa 降低到 106 MPa。为达到上述目的，采用下列工艺措施：

a. 加强筋板需以鸽尾筋实际尺寸仔细研配，使两者间隙在 0.4 mm 以下，以保证配合质量。

b. 加强筋板贴靠辐板一面，加工 20×45°倒角，这样可将原来 Δ16 mm 焊缝盖住，而不必铲去，达到加强焊缝的目的。

c. 加强筋的补强板与三角筋板系预先拼焊、整形、退火，以保证焊接质量和装配间隙均匀。

④减少电动机运行时产生的鸽尾筋焊缝热应力。电动机在运行时，由于电枢绕组和铁心损耗发热，铁心与支架一般有 30℃左右的温差。因此，在焊接过程中，需对电枢铁心进行加热和保温，使铁心和支架保持 30℃左右温差，这样比较符合电动机实际运行情况，降低热应力。

⑤注意焊接工艺，提高焊接质量，并避免产生焊接变形和产生焊缝内应力。这是检修方案的关键，在检修中，采用了如下工艺措施：

a. 在换向器圆周和电枢圆周对称的四个位置，预先各放置四个千分表，以观察在焊接过程中换向器与电枢铁心的变形情况。

b. 在焊接前，先用钢丝刷清除焊缝处的漆皮和铁锈，溶剂是 60％丙酮、30％苯、10％石蜡。焊条应先预热，250℃保温 1 h。

c. 12 条鸽尾筋的焊接次序是对称、交错进行的，具体说，焊接次序为 1 号、7 号、4 号、10 号、2 号、8 号、11 号、5 号、6 号、12 号、3 号、9 号。

d. 用蒸汽加热电枢到 70～100℃，使其冷却，待铁心和温差在 30℃左右开始进行焊接。焊接方式是分层进行的，12 条筋先均焊一遍，用小锤击去焊皮，再焊第二遍、第三遍……，焊接次序同上。在焊接过程中，应随时监视换向器与铁心变形情况。每焊完一层进行焊接质量检查，合格后再焊上面一层。并且每焊一层，都以 ϕ3 圆头风动锤锤击焊缝，以消除焊缝应力。全部焊完后，加热铁心，100℃保温 4 h。

该电动机在经过上述处理后，换向器和电枢铁心变形很小。处理后十余年，运行一直正常，从未再发生焊缝开裂问题。

（3）电枢支架辐板立筋焊缝开裂的处理。电枢支架辐板立筋焊缝开裂，已经在一些大型可逆式轧钢电动机上发生过。处理方法一般有两种：

1）进行补焊。补焊时首先需铲去原来焊缝，电枢铁心必须加热和保温，具体工艺措施可见鸽尾筋焊缝开裂处理方法。这种处理方法施工工作量较大，一般用来处理一条焊缝全部或大部分开裂的情况。由于补焊大都只是局部几条焊缝，加上有时工艺措施不够严格，所以往往发现补焊后焊缝重新开裂的情况，有待于进一步改进补焊工艺。

2）钻孔止裂。钻孔止裂用来处理刚发现的裂缝和较短的裂缝。其方法是在裂缝的末端用钻头钻一个直径 ϕ6 mm 到 ϕ10 mm 的孔，以消除应力集中，防止裂缝的延伸和扩展。

这个方法比较简单，在实际使用中可起到一定效果。采用这个方法应注意两点，一是钻孔中心要对准裂缝末尾，二是钻孔深度要超过裂缝，也就是一定要把裂缝钻透，才能真正起到止裂的效果。

3. 升高片断裂事故及处理方法

（1）升高片的断裂现象。升高片是连接电枢绕组和换向器片的元件，它的根部插入换向片上铣的圆弧槽中，用锡焊或银焊焊住，其顶部并头套套在电枢绕组引线头上。在电动机运行中，升高片受到离心力和惯性力的作用。考虑到转轴挠度和升高片自身热膨胀，在升高片上部一般有一圆弧段或弯折段，起伸缩缓冲作用。

为防止升高片在急剧加减速、逆转时晃动和相碰造成短路，在升高片间通常垫有间隔垫块或绑以绑绳（见图 2—35）。

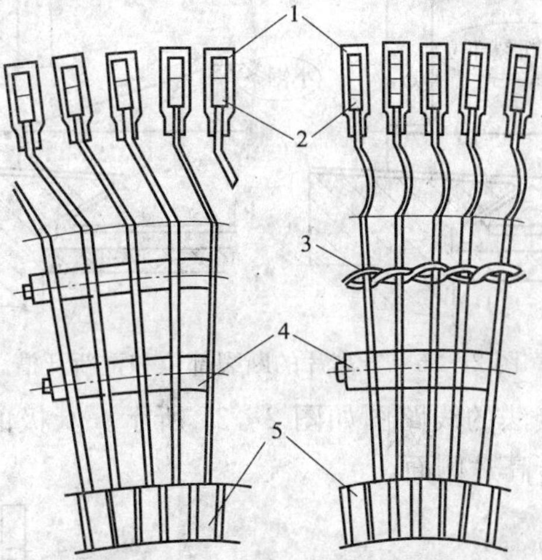

图 2—35　升高片常见结构图

1—并头套　2—电枢绕组　3—绑绳　4—间隔垫块　5—换向片

升高片断裂的发生往往和扭振有关，特别是当轧钢机咬钢打滑时，轧钢机的空载震颤，以及升高片的急剧振动。升高片断裂情况，往往是数量很多而且不断发展，其发展速度是以指数规律增加的。根据国内外电机实际运行的经验，同一规格电机在不同运行场合，有的升高片根本没有断裂现象，而有的则大量断裂，甚至同一套轧钢机中运行的上辊和下辊电动机，也出现截然不同的情况。

扭振和机械冲击是升高片断裂的主要原因。当扭振频率和升高片固有振动频率相重或成简单整数倍时，就会导致升高片的共振，导致其疲劳断裂。

（2）升高片断裂事故的处理和预防措施。升高片断裂通常发生在根部，一般处理起来比较困难。根据现场经验一般做如下处理：

1）在断裂片数较少时，可以采用局部补焊。将已断的升高片，在离根部50～60 mm处剪断，用小锯条在升高片断裂部位开槽，拉出一个宽约 2 mm、深约 7～12 mm 斜口槽并搪锡。然后把与升高片规格相同的铜片插入槽内，并用焊锡焊住，如图 2—36 所示。铜片上部应与升高片搭接 30～40 mm，也用焊锡焊住。焊后需测量片间电阻，当各片片间电阻一致时，说明焊接良好。

2）在升高片大量断裂，并经过多次补焊情况下，应考虑更新组装换向器方案。这时需将换向器从电枢上拆下并解体，重新更换断裂升高片或改变升高片结构与截面，并按制造厂的工艺规则和工艺参数重新组装换向器。

3）为了提高焊接质量，有的钢厂采用在换向器上通大电流，加热熔化银焊片补焊升高片的检修法。银焊的优点是熔点高，焊缝力学强度高，接触电阻低。但在焊接过程中，应注意不要使换向片因局部温度过高而退火或使片间云母老化，还要防止换向片因热膨胀变形而产生凸片。

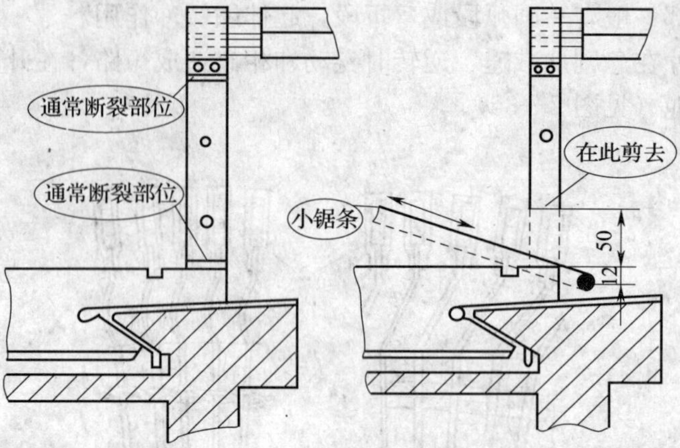

图 2—36　升高片的断裂部位和重新开槽

大电流电极加热焊接法的线路图如图 2—37 所示。炭极的位置，一个放在换向片上，一个贴在要焊接的升高片侧面。

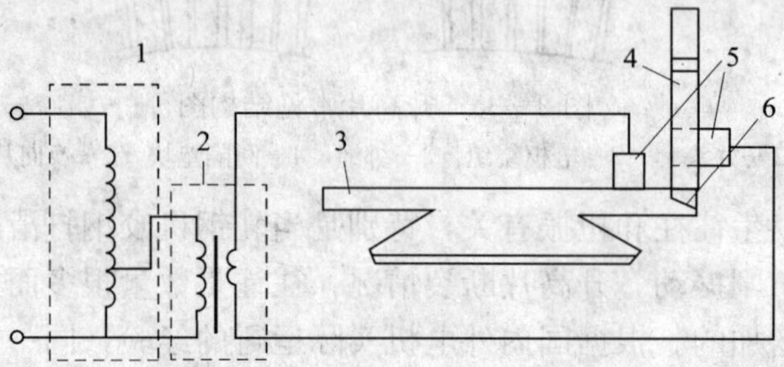

图 2—37　银焊升高片接线图

1—异步调压器　2—大电流变压器　3—换向片　4—升高片　5—炭极　6—银焊片

焊料是采用 45 号银焊片，硼砂为焊剂。焊接电流开始时为 1 300 A，以后稳定在 1 450～1 500 A，30 s 焊接处开始出现蓝绿色火焰。2 min 后，银焊片熔化，待到银焊片完全熔化流入换向片槽内时切断电流，焊接完成。

【特别提示】

- 由于焊接时炭极与升高片、换向片间流过大电流，在移动炭极或脱离接触时，都会产生电弧烧坏升高片、换向片。因此，必须在炭极接触好以后，才能接通电源。焊完后，必须切断电源，然后再移动炭极，以避免产生电弧。
- 为防止焊接区的局部温度过高而造成换向器退火、变形和片间云母受损，需采用冷却措施，在焊接处附近，敷以泡湿的石棉泥。在附近的换向片上，铺以浸湿的石棉纸板。

4）升高片断裂事故的根本解决方法，是改变升高片固有振动频率，减弱升高片的振动。大致有如下措施：存在扭振问题和升高片大量断裂的轧钢电机上，首先应该准确测量出轴系扭振频率和升高片固有振动频率。当升高片的频率是扭振频率的简单倍数时，应该改变升高片及其截面形状和固定方式，使升高片频率尽量远离轴系扭振频率，以避免升高片产生共振。

第二节 加工制作

培训目标

- 掌握相关金工知识
- 能够进行圈式定子绕组绕线模的制作
- 能够进行圈式线圈的垫块选择与计算
- 能够进行大型电机的槽楔选材

一、电机检修涉及的金工知识

下面从轴类零件车削工艺分析介绍电机检修涉及的金工知识。

1. 轴类零件的结构特点及功用

轴是各种机器中最常用的一种典型零件，虽然不同的轴类零件结构形状各异，但由于它们主要用于支撑齿轮、带轮等传动零件，并传递运动和转矩，所以其结构上一般总少不了圆柱面、圆锥面、阶台、端面、轴肩、螺纹、螺纹退刀槽、砂轮越程槽和键槽等表面。外圆用于安装轴承、齿轮和带轮等；轴肩用于轴上零件和轴本身的轴向定位；螺纹用于安装各种锁紧螺母和调整螺母；螺纹退刀槽供加工螺纹时退刀用；砂轮越程槽则是为了能同时正确地磨出外圆和端面；键槽用来安装键，以传递转矩和运动。

图 2—38 所示为传动轴，是轴类零件中用得最多、结构最为典型的一种阶台轴，现以其为例分析轴类零件的车削工艺。

2. 轴类零件的技术要求

（1）尺寸精度。轴颈是轴类零件的主要表面，它直接影响轴的回转精度和工作状态，轴颈的直径精度根据其使用要求通常为 IT6～IT9，特别精密的轴颈可达 IT5。

（2）几何形状精度。轴颈的几何形状精度一般限制在直径公差范围内。对几何形状精度要求较高时，可在零件图样上另行规定其允许公差。

（3）位置精度。主要是指装配传动件的配合轴颈相对于装配轴承的支撑轴颈的同轴度，通常用配合轴颈对支撑轴颈的径向圆跳动来表示。根据使用要求，规定高精度轴为 0.001～0.005 mm，而一般精度轴为 0.01～0.03 mm。此外还有内外圆柱面的同轴度和轴向定位端面与轴线的垂直度要求等。

（4）表面粗糙度。零件的不同工作部位的表面，有不同的表面粗糙度值要求，例如普通机床主轴支撑轴颈的表面粗糙度值为 R_a（0.16～0.63）μm，配合轴颈的表面粗糙度为 R_a（0.63～2.5）μm。随着机器运转速度的增大和精密程度的提高，轴类零件表面粗糙度值也将减小。

由图 2—38 及其装配图 2—39 可知，传动轴的轴颈 M、N 是安装轴承的支撑轴颈，也是该传动轴装入箱体的装配基准。轴中间的外圆 P 装有蜗轮，运动可以由蜗杆通过此蜗轮输入传动轴，并由蜗轮减速后，通过装在轴左端外圆 Q 上的齿轮将运动输送出去。其中轴颈 M、N 和外圆 P、Q 尺寸精度高，公差等级均为 IT6，表面粗糙度值为

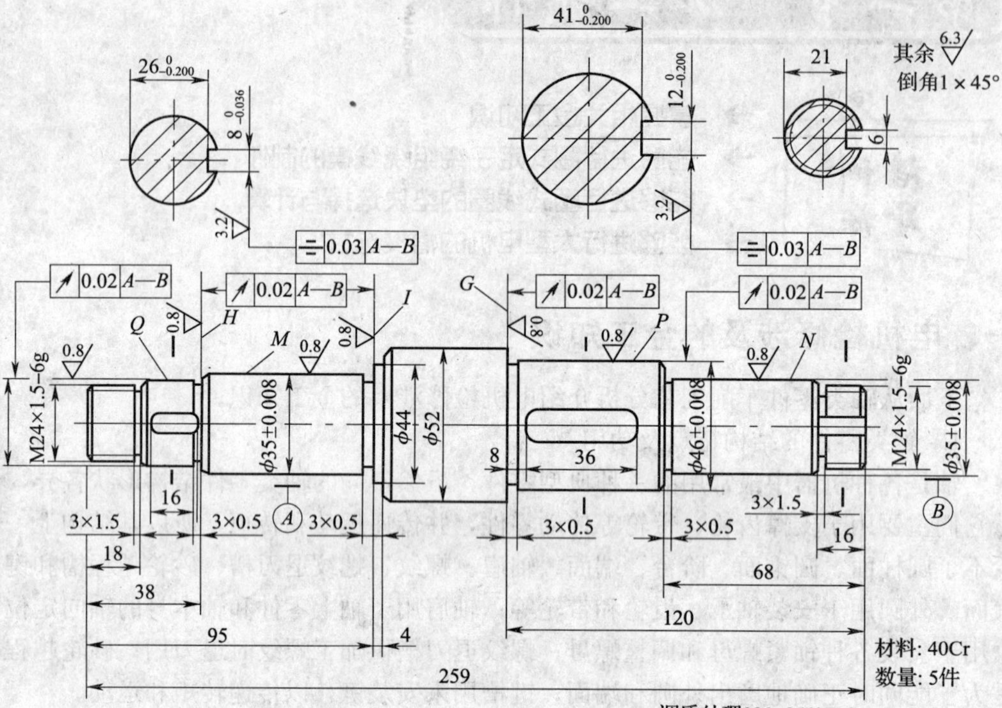

图 2—38　传动轴

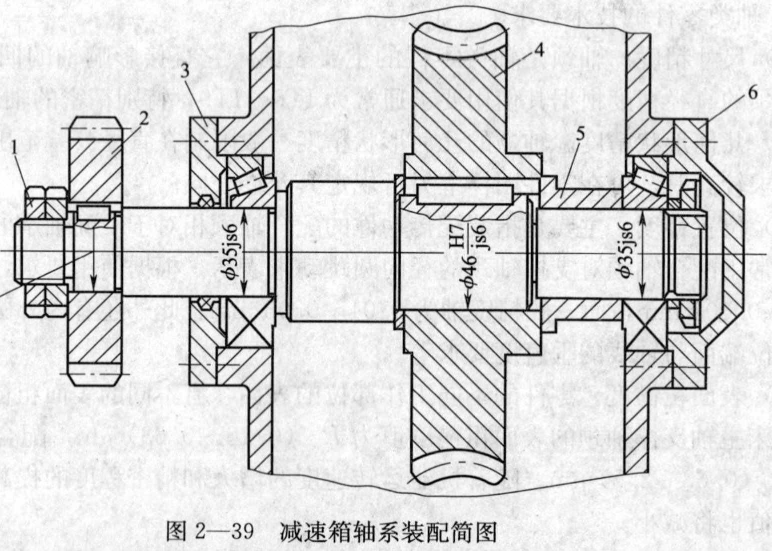

图 2—39　减速箱轴系装配简图

1—锁紧螺母　2—齿轮　3、6—端盖　4—蜗轮　5—轴套

$R_a0.8\ \mu m$。轴肩 G、H、I 的表面对公共轴线 $A—B$ 的端面圆跳动为 0.02 mm，表面粗糙度值为 $R_a0.8\ \mu m$。此外，为提高该轴的综合力学性能安排了调质处理，生产件数为 5 件。

3. 工艺分析

(1) 主要表面的加工方法。从零件图样上可知，该轴大部分为回转表面，故前阶段加工应以车削为主。而表面 M、N、P、Q 尺寸精度要求很高，表面粗糙度 R_a 值小，所以车削后，还需要进行磨削。这些表面的加工顺序为：粗车→调质→半精车→磨削。

(2) 选择定位基面。由于该轴的几个主要配合表面和阶台面，对基准轴线 $A—B$ 均有径向圆跳动和端面圆跳动的要求，所以应在轴的两端加工 B 型中心孔作为精定位基准面，且应在粗车之前加工好。

(3) 选择毛坯类型。轴类零件的毛坯通常选用圆钢或锻件。对于直径相差甚小、传递转矩不大的一般阶台轴，其毛坯多采用圆钢，而对于传递较大转矩的重要轴，无论其轴径相差多少、形状简单与否，均应选用锻件作毛坯，以满足其力学性能要求。

图 2—38 所示为传动轴，各轴径相差不大，批量又小（只 5 件），故选用圆钢坯料，材料为 40Cr。

(4) 拟定工艺路线。拟定该轴工艺路线时，在考虑主要表面加工的同时，还要考虑次要表面的加工和热处理要求。要求不高的外圆表面（如 ϕ52 mm 外圆表面）在半精车时就可以加工到规定尺寸，退刀槽、砂轮越程槽、倒角和螺纹，应在半精车时加工，键槽在半精车后再行划线、铣削，调质处理安排在粗车之后。调质后，一定要修研中心孔，以消除热处理变形和中心孔表面的氧化层。在磨削之前，一般还应修研一次中心孔，以提高定位精度。

二、圈式定子绕组绕线模的制作

下面介绍圈式定子绕组的计算。

1. 计算需要的数据

(1) 电机型式

(2) 机座号

(3) 定子额定电压 U_1

(4) 功率（kW）

(5) 电机极对数 p

(6) 绕组相数 m_1

(7) 定子内径 D_{i1}

(8) 铁心长度 l

(9) 定子槽数 Z_1

(10) 线圈节距 y_1

(11) 每槽导体数 N_1

(12) 定子槽形尺寸

(13) 线圈匝数 W_1

(14) 绝缘规范

(15) 线圈各部分尺寸

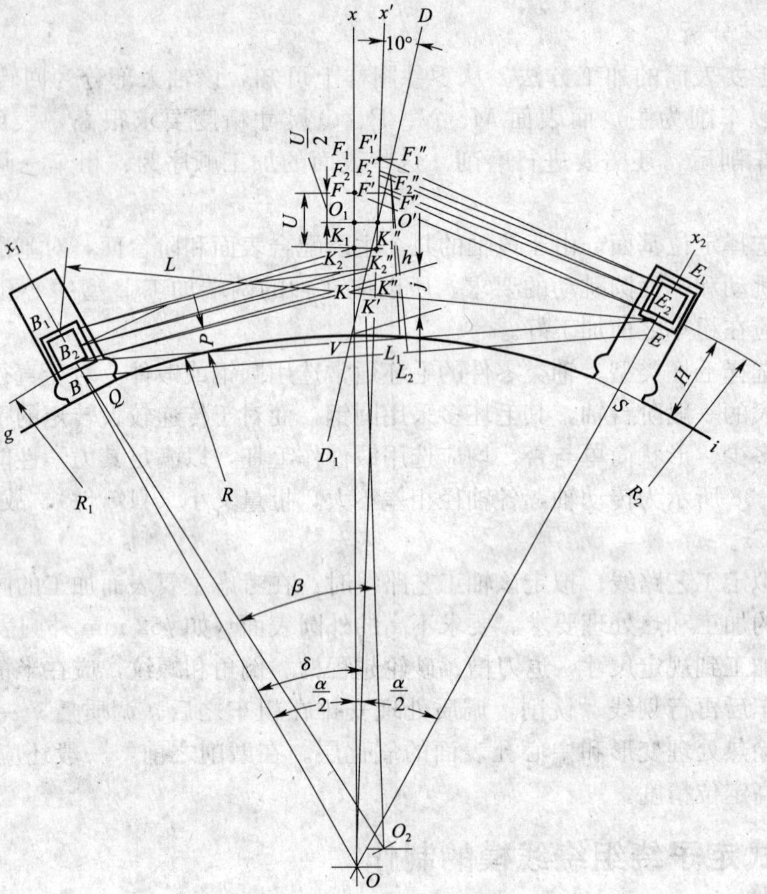

图 2—40　定子线圈图解计算法

2. 计算程序

(1) 决定导线排列方式。根据槽形尺寸、导线规格以及电磁设计要求进行计算。

(2) 槽形尺寸核算。线圈槽内直线部分尺寸如下：

1) 线圈宽度 $B=b\times$并列排数＋匝间绝缘厚度＋线圈对地绝缘双边厚度。

式中　b——绝缘导线宽度。

槽形宽度　　　　　　　　$b_1 = B +$ 宽度间隙

2) 线圈高度 $A=a\times$沿高度股线数＋匝间绝缘厚度＋线圈对地绝缘双边厚度

式中　a——绝缘导线高度

槽深应不小于（$2A$＋线圈及槽深公差＋槽口到槽楔底部距离＋垫条总厚度＋装配间隙）。

(3) 线圈尺寸计算。待修电机起出绕组后，能测绘出 D_{i1}、l、Z_1、h 及槽宽 b_1 等几何尺寸。节距 y_1 和极距 τ 通过计算得到。

根据上面计算或测量出的数据，采用图解和计算相结合的方法，求出定子线圈各部分的几何尺寸，再进行电磁核算。如图 2—40 所示，图解法计算线圈尺寸的步骤为：

1) 线圈两边在定子圆周上的跨度角 α 为

$$\alpha/2 = (y_1/Z_1) \times 180°$$

2）线圈端部两相邻线圈的斜间隙为 x_i。设绝缘后端部宽度为 b'，令 $b'=B'+x_i$，b'、x_i、B'等如图 2—41 的端部计算尺寸所示。对高压电动机，x_i 的近似估算值范围是：3 kV 时为 4～5 mm，6 kV 时为 5～6 mm，且端部高度不超过 50 mm。

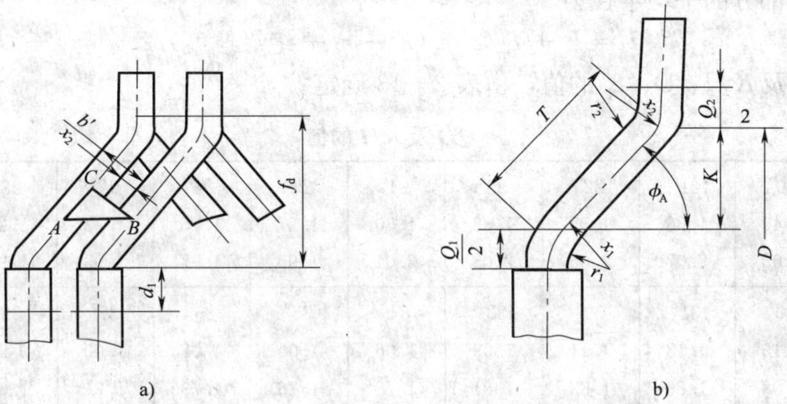

图 2—41　线圈端部尺寸计算图

a）求 b、B'及 x_i等尺寸用　b）求 T、ϕ_A、r_1、r_2尺寸用

3）上层边斜边部分的张角度 ϕ_A 为

$$\sin\phi_A = \frac{Z_1 b'}{2\pi R_1}$$

式中 $R_1=(D_1/2)+G$。G=槽口到槽楔的距离＋槽楔到上层线圈间的垫条及槽绝缘厚度＋上层线圈到槽楔的线圈绝缘厚度。

4）计算和确定 H、j 及 U 等数据。

①$H=G+$直线部分绝缘后线圈高度＋层间垫条厚度

②j 为线圈鼻端到定子内圆最短距离。其数值以方便端部抬高 6～8 mm 为原则。按表 2—11 确定。

表 2—11　　线圈鼻端到定子内圆最短距离 j

机座号	极数	j（mm）	机座号	极数	j（mm）
11～16	2、4	18～25	17～19	4、6	25～28
	6、8	13～18		8、10	15～20
	10 以上	10～12		12 以上	10～15

③U 为拉形时的拉轴直径。对 3～10 kV，电机 $U=30$ mm。

④r_1、r_2 的确定。通常取 $r_1=25$ mm，$r_2=U/2$。

⑤直线部分伸出铁心的长度 d_1，其尺寸由表 2—12 确定。

表 2—12　　直线部分伸出铁心的长度 d_1　　mm

机座号	云母带绝缘			卷烘式绝缘		
	3 kV	6 kV	10 kV	3 kV	6 kV	10 kV
11～16	30	40	45	40	60	60
17～19	40	50	50～55	50	65	65

5）求 D。D 为斜边全长及其弯曲部分的一半有效伸出长之和。

$$D = BK''\tan\phi_A$$

6）弯曲部分有效伸出长之半及展长。

①弯曲部分的平均半径为

$$I = I_1 + I_2/2 = (r_1 + r_2 + \text{绝缘厚度})/2$$

②Q/I 及 K/I、Q、K 的值，由表 2—13 确定。

表 2—13　　Q/I 及 K/I 的值

ϕ_A	20°	21°	22°	23°	24°	25°	26°	27°	28°	29°
Q/I	1.40	1.38	1.35	1.33	1.30	1.27	1.25	1.23	1.20	1.18
K/I	2.08	2.07	2.05	2.03	2.01	1.99	1.97	1.95	1.93	1.90
ϕ_A	30°	31°	32°	33°	34°	35°	36°	37°	38°	39°
Q/I	1.15	1.13	1.11	1.09	1.06	1.04	1.02	1.00	0.98	0.95
K/I	2.08	1.86	1.83	1.81	1.78	1.76	1.73	1.71	1.68	1.65
ϕ_A	40°	41°	42°	43°	44°	45°	46°	47°	48°	49°
Q/I	0.93	0.91	0.89	0.87	0.85	0.83	0.81	0.79	0.77	0.75
K/I	1.62	1.60	1.57	1.54	1.51	1.48	1.45	1.42	1.39	1.36
ϕ_A	50°	51°	52°	53°	54°	55°	56°	57°	58°	59°
Q/I	0.73	0.71	0.69	0.67	0.65	0.63	0.61	0.59	0.57	0.55
K/I	1.33	1.30	1.27	1.24	1.21	1.18	1.15	1.12	1.08	1.05
ϕ_A	60°	61°	62°	63°	64°	65°				
Q/I	0.53	0.52	0.50	0.48	0.46	0.44				
K/I	1.02	0.99	0.95	0.92	0.89	0.85				

7）线圈由铁心至端部的总长。

$$E_{xt} = d_1 + Q + D + \text{未绝缘线圈高度} + \text{绝缘线圈高度}/2$$

8）平均匝长及质量计算

①斜边部分延长到弯曲部分中点的平均长度为

$$T = BK''/\cos\phi_A$$

②平均匝长为

$$L_{\text{平均}} = 2[2T + 2d_1 + l + K - U + (\pi/2) \times (U + \text{线圈高})]$$

③每枚线圈导线质量为

$$g_{Cu} = CLNS_1N_1r\,10^{-5}$$

④绕组总导线质量为

$$G_{Cu} = Z_1 g_{Cu}$$

式中　C——导线绝缘和引线质量的系数，裸导线 C=1.02，漆包线 C=1.03，双纱包线 C=1.05，双玻璃丝包线 C=1.1；

r——导线比密度，g/cm^3，铝取 2.7 g/cm^3，铜取 8.9 g/cm^3；

S_1——每根导线的截面积，mm^2；

N——每枚线圈导线根数；

N_1——并绕导线根数。

3. 圈式绕组绕线模的计算

线圈梭形长度。当线圈只有下层弯弧时：

$L'=l'+2l_{\Delta}$

$l_{\Delta}=\sqrt{f_d^2+(L/2)^2+(F_1'L_2-U/2-\text{线圈槽部绝缘后高度})^2}$ （见图 2—42a）

$l_{\Delta}=\sqrt{f_d^2+(L/2)^2+(F_1'L_2-U/2-\text{线圈槽部绝缘后高度})^2+40^2}$ （见图 2—42b）

当上下层均弯弧时：

$$L'=l'+2l'_{\Delta}$$

$$l'_{\Delta}=\frac{\pi R}{90}\sin^{-1}\frac{l_{\Delta}}{2R}$$

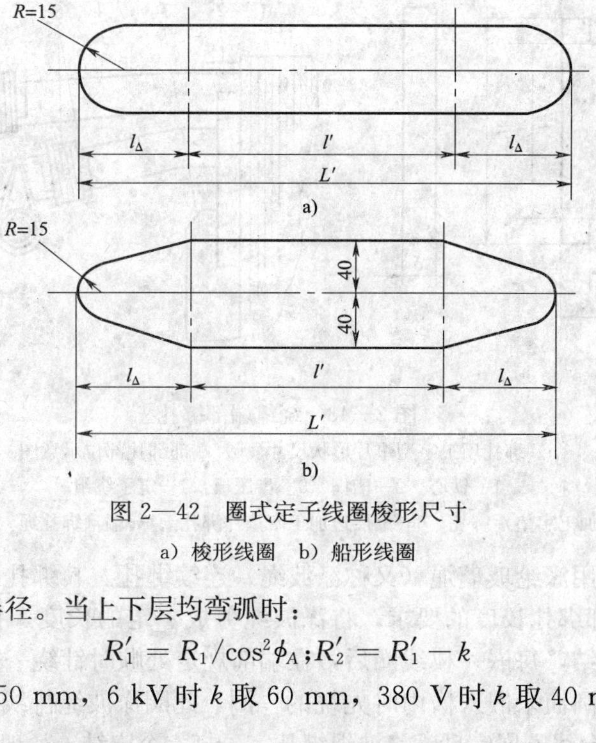

图 2—42　圈式定子线圈梭形尺寸

a）梭形线圈　b）船形线圈

斜边部分弯曲半径。当上下层均弯弧时：

$$R_1'=R_1/\cos^2\phi_A;R_2'=R_1'-k$$

式中　3 kV 时 k 取 50 mm，6 kV 时 k 取 60 mm，380 V 时 k 取 40 mm。

仅下层弯弧时：

$$R_2'=R_1/\cos^2\phi_A$$

计算时对于 3 kV、6 kV，4、6 极电机均弯弧；8、10、12 极电机仅下层弯弧。

三、垫块的选择与计算

1. 大型电机绕组端部的绑扎

（1）绑扎的意义。定子绕组的固定是通过绕组两端端部绑扎实现的。绑扎紧固、坚实，使绕组构成较好的整体，加上槽楔楔得紧实，浸漆和烘干固化良好，电机在运行中，受电磁力作用不振动，绕组不发生移位。反之，电机就会出现较大振动，绕组在槽中产生移位，结果使绕组绝缘龟裂或划伤，导致整个绕组崩溃，电机寿命告终。

（2）绑扎的方式和材料。高压框式定子绕组，不论是吊把嵌线，还是不吊把嵌线，在嵌线过程中及嵌线结束后，都必须将端部绑扎好。此工序叫做端部固定。

绑扎的部位有两处，一处是绕组两端的鼻端与端箍一一连续绑扎牢。通常采用直径 ϕ3 mm 的麻绳作为绑扎绳索，近十年来随着绝缘材料的开发，都采用 ϕ4 mm～ϕ6 mm 的无碱玻璃丝管（或带）绑扎。如鼻端与端箍不贴近，尚有 3～5 mm 的间隙，应剪一块 3～6 mm 厚、40 mm×40 mm 见方的涤纶毛毡垫在中间再绑扎，否则绑紧时会将线圈鼻端固化的绝缘扎裂。

另一处为绕组端部连续绑扎，其绑扎方式有两种。一种方法是在端部两线圈的间隙中放置工字型垫片后，用无碱玻璃丝管绑扎 3～5 圈。工字型垫片形状及整个绑扎情况如图 2—43 所示。其中 $C=15$ mm，$D=C+6=21$ mm，$A=$线圈高度尺寸，$B=A+6$（mm）。

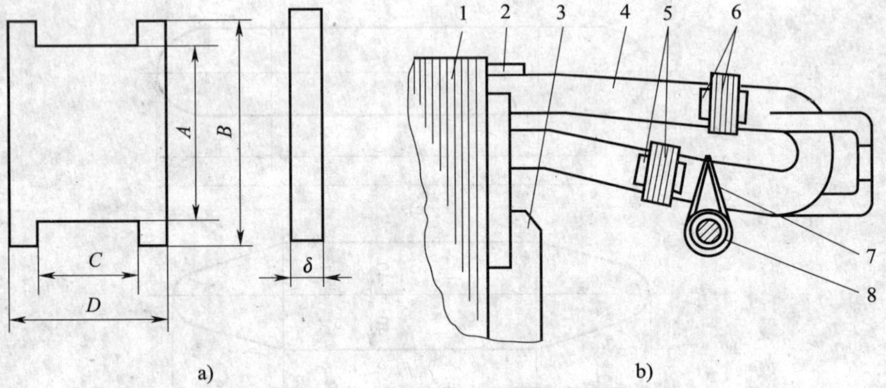

图 2—43　绕组端部绑扎

a）绑扎用工字型垫片形状尺寸　b）端部绑扎部位示意图

1—铁心　2—槽楔　3—齿压板　4—定子绕组

5—下层边加工字垫片绑扎　6—上层边加工字垫片绑扎　7—端箍绑扎绳　8—端箍绝缘

另一种绑扎是用涤纶玻璃绳（又称涤波绳）连续绑扎。其绑扎工艺为：

1）按电机端部绑扎长度的要求，将涤波绳剪成一定的长度，扎成小捆，开始绑扎第一圈。先打一个结，每嵌一枚线圈后，在端部规定处顺时针绕一圈涤波绳，即嵌线的线圈在放入铁心内圆而未嵌入槽内时先绕的一圈，此圈涤波绳待线圈嵌入槽内时、打入槽楔后再锁紧。全台线圈嵌完后，涤波绳绑扎完，打一个定结。一般情况下中间无接头。

2）绑扎前涤波绳的浸渍处理。用聚乙烯醇缩醛酸（JSF—4）100 份，543 固化剂 3～5份，乙醇 500～700 份，配制浸渍胶。

3）对大型高压电机，涤波绳的选择方法为：对 B 级复合绝缘，用多胶涤波绳，该胶的具体比例为：6001 环氧树脂 60 份、604 树脂 40 份、6308 固化剂 100 份、594 固化剂 0.5 份，聚乙烯醇缩醛酸 100 份、乙醇 50～100 份；配好后再浸涤波绳，且在 5～10℃温度下冷藏，绑扎后随定子加热固化。

对全粉绝缘的大型电机，可选择高温型的多胶涤波绳，其胶的比例为：6001 环氧树脂 100 份、JSF—4 胶 100 份、594 固化剂 5 份，三者调和后浸涤波绳用。其固化条件为在 130℃温度下烘 24 h，150℃下烘 16 h。

2. 垫块的选择

绕组端部绑扎用的垫块一般为工字型，如图 2—43 所示。

3. 垫块的计算

（1）确定垫块总厚度 x_i。垫块的尺寸与绕组端部尺寸有关，取决于线圈端部两线圈间距离的大小。参见图 2—41，计算步骤为：

1）按照计算程序求出 ϕ_A、B'。

2）从公式 $\sin\phi_A = \dfrac{Z_1 b'}{2\pi R_1}$ 求得 b'。

3）按照式 $x_i = b' - B'$，求得 x_i。

另外一个方法是直接由线圈计算的第 2 步取一个 x_i。

（2）计算垫块用量。垫块的用量计算步骤为：

①垫块的总厚度为 x_i。

②绑扎所需的垫块数 W=（槽数×2）（x_i/垫块厚度）。

【实例】

有一台 10 kV、144 槽的高压异步电动机，已经求得 $x_i = 7$ mm，若用厚度为 2 mm和 3 mm 两种规格的垫块拼接，计算仅绑扎上层一处所需的垫块用量。

计算如下：采用 2 mm 厚的 2 块，1 mm 厚的 1 块拼接，其总厚为 7 mm。各规格垫块用量为

2 mm 规格：2×（144×2）=576 块

3 mm 规格：144×2=288 块

合计 2 mm 规格的垫块约需 576～600 块用量，3 mm 规格的垫块约需 288～300 块用量。

四、大型电机槽楔选材与制作

1. 槽楔选材的要求

大型电机中，槽楔要受到导体电磁力的作用，为了使选择的槽楔能满足电机运行要求，尤其是发电机受短路电流的作用，选择槽楔应满足下面基本要求。

（1）满足力学强度要求。大型电机的槽楔经常会发生断裂现象，这是由于材料的抗拉强度和韧性不够。断裂力学理论应用弹性力学和塑性力学的分析方法，综合考虑应力和裂纹的效应，用应力强度因子 K 描述裂纹前沿应力场。裂纹按其表面位移有三种基本类型，其中拉应力垂直于裂纹表面的平面应变类型的裂纹称为I型裂纹。这类裂纹前沿为三向应力状态，最容易发生脆断。在断裂力学中就以这类裂纹的临界应力强度因子 K_{1c} 作为裂纹失稳扩展的阈值，称为材料的断裂韧度。在常温下当 K 值达到其临界值 K_{1c} 时，材料就会发生裂纹的失稳扩展而导致低应力脆断。断裂韧度 K_{1c} 是材料的一项强度指标，由专门的试验测定。各种材料的 K_{1c} 值测定是应用断裂力学的基础。与槽楔力学性能有关的计算公式有：

1）离心力计算公式

$$C = mR\omega^2 = mR\left(\frac{\pi n}{30}\right)^2 \quad (\mathrm{N})$$

式中 m——旋转体质量，kg；

R——旋转体重心半径，m；

ω——旋转角速度，rad/s；

n——转速，r/min。

2）磁拉力计算公式

$$Q = 9.8\times10^{-4}\pi D_{\mathrm{i}} l \frac{e}{\delta}\left(\frac{B_\delta}{0.5}\right)^2 \quad (\mathrm{N})$$

式中 D_{i}——定子铁心内径，m；

l——定子铁心长度，m；

e——定、转子间偏心值，mm；

δ——气隙长度，mm；

B_δ——气隙平均磁通密度，T。

（2）满足电机振动要求。通常卧式电机的振动幅值较小，只需计算固有频率。又因电机机座的高度较大，可忽略铁心的刚度作用。定子在水平面内做横向摇摆振动的最低阶固有频率为

$$f = \frac{C(\alpha)}{\sqrt{2}\pi}\sqrt{\frac{EI_{\mathrm{a}}}{mR^3}} \quad (\mathrm{Hz})$$

式中 α——自机座顶点到底脚支撑点圆弧的圆心角，如图 2—44 所示；

E——机座弹性模量，取 2.06×10^{11} Pa；

$C(\alpha)$——随 α 角变化的系数，见表 2—14；

I_{a}——机座截面惯性矩，m^4；

m——定子装配总质量，kg；

R——机座重心半径，m。

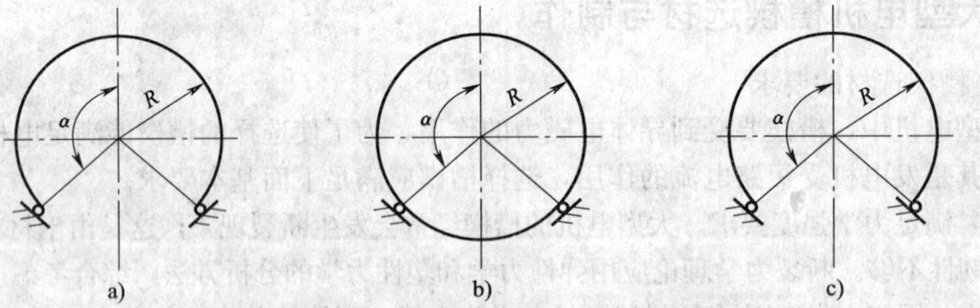

图 2—44　机座结构和底脚支撑示意图

a）部分环铰支定子　b）整圆环铰支定子　c）部分环固定支定子

表 2—14　　系数 $C(\alpha)$ 的数值

α（°）		100	110	120	130	140	150	160	170
$C(\alpha)$	a	1.60	1.15	0.80	0.60	0.35	0.25	0.20	0.10
	b	2.05	1.60	1.20	0.90	0.75	0.70	0.65	0.60
	c	3.35	2.60	1.95	1.60	1.20	0.95	0.85	0.65

当定子在其圆环面内弯曲振动时，定子圆环弯曲成梅花形，称为定子振型。该振型中的节点对数称为振型阶数。对应于第 n 阶振型的固有频率 f_n 称为第 n 阶固有频率，其计算公式为

$$f_{\mathrm{n}}=\frac{n(n^2-1)}{\sqrt{n^2+1}}\sqrt{\frac{EI_{\mathrm{a}}}{2\pi mR^3}}\quad(\mathrm{Hz})$$

（3）其他要求。包括材料的工艺性能、耐热性、耐水和耐油的能力以及对电机性能的影响等方面。

2. 槽楔的选材

大型电机中，为了提高材料的极性强度和耐电晕性能，通常选择半导体材料作为槽楔。这种材料通常由多层压力成形，典型的材料有 3241 号半导体层压板。为了提高电机的性能，我国也有电机用磁性槽楔的。这些材料的性能可查阅相关的电工材料手册。

3. 槽楔的制作

槽楔的制作主要考虑其几何形状和封楔工艺。

一般说来，槽楔的厚度不能过大，否则易引起槽内间隙增大，电机容易产生爬电和电晕现象。为此，通常槽楔的厚度选择在 3 mm 左右。

槽楔的宽度通常按槽口宽度裁剪，以适合槽形为前提。

从加工方面考虑，槽楔的长度一般应以 0.15～0.2 m 为宜，最长不得超过 0.25 m。过长容易造成槽楔制作时产生弯曲和变形，封楔后槽内间隙增大、槽内密实程度降低。为了避免槽楔变形，裁好的槽楔应放在专用的架板上。在电机运行时，由于机械振动和电磁力等的影响，变形的槽楔容易造成绕组绝缘损坏，槽楔会产生裂纹和断裂现象，因此，槽楔应该具有足够的力学强度。

第三节　修理

培训目标

→ 了解测量与公差知识
→ 能够根据端盖、机座止口的余量进行缺损止口的修复
→ 能够进行变形端盖的修理
→ 能够进行高电压电动机出线盒的修理
→ 能够进行定子绕组的简易改型计算
→ 能够使用新材料、新工艺、新技术和新设备进行电机修理
→ 能够组织大型电机的组合安装
→ 能够检查定子绕组的检修质量
→ 能够检查电机的检修质量

一、测量与公差知识

电机是一个装配体，是由其零、部件组合而成的。零、部件的尺寸及形位公差直接影响到电机装配的质量，甚至影响其性能。例如端盖止口与机壳的同轴度不好，将影响

到转子的装配，可能出现扫膛现象，导致电流、转速等性能指标出现异常。所以测量公差是非常重要的。

下面以测量跳动误差为例，介绍几种跳动误差的检测方法。

1. 径向圆跳动误差的检测

图 2—45a 所示为径向圆跳动公差在图样上的标注。从图中可知中间大圆柱面为被测要素，基准要素是两中心孔的公共轴线。

图 2—45b 所示为检测方法示例。用一对同轴的顶尖模拟体现基准，将被测工件装在两顶尖之间，保证大圆柱面绕基准轴线转动但不发生轴向移动。

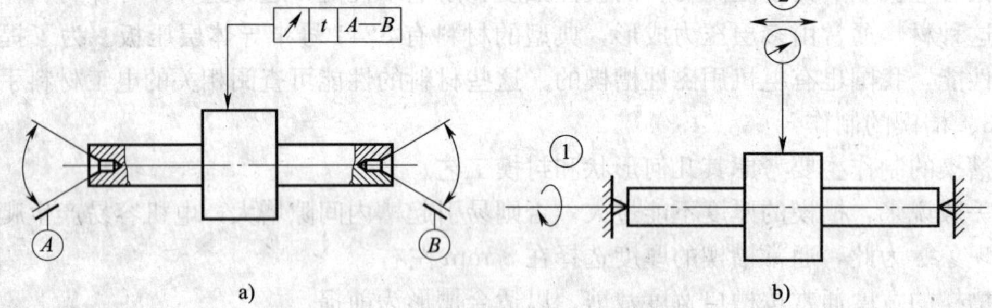

图 2—45 径向圆跳动误差检测示例

a）径向圆跳动公差在图样上的标注 b）检测方法示例

将指示器的测头沿与轴线垂直的方向与被测圆柱面的最高点接触。在被测零件回转一周过程中，指示器读数最大差值即为单个测量平面上的径向圆跳动。按上述方法，在轴向不同位置上测量若干个截面，取各截面上测得的跳动量中的最大值作为该零件的径向圆跳动误差。

2. 端面圆跳动误差的检测

图 2—46a 所示为端面圆跳动公差在图样上的标注。从图中可以看出被测要素为零件的右端面，基准要素为标注直径 ϕ 的圆柱的轴线。

图 2—46b 所示为检测方法示例。用 V 形架来模拟体现基准，并用一定位支承使工件沿轴向固定。

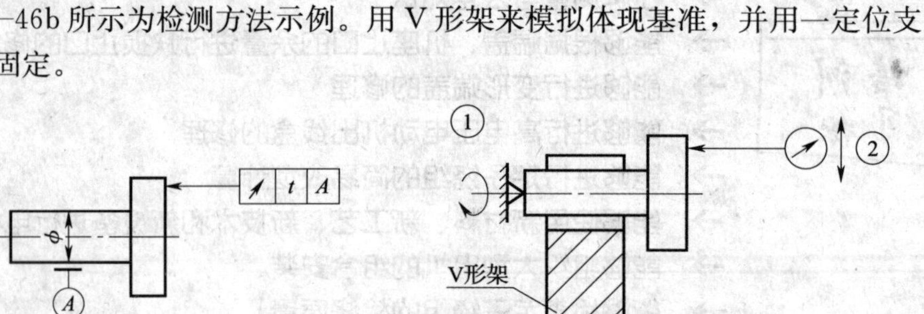

图 2—46 端面圆跳动误差检测示例

a）端面圆跳动公差在图样上的标注 b）检测方法示例

使指示器的测头与被测表面垂直接触。在被测件回转一周过程中，指示器读数最大差值即为单个测量圆柱面上的端面圆跳动。沿铅垂方向移动指示器，按上述方法测量若干个圆柱面，取各测量圆柱面的跳动量中的最大值作为该零件的端面圆跳动误差。

3. 斜向圆跳动误差的检测

图 2—47a 所示为斜向圆跳动公差在图样上的标注。从图中可知基准要素为小圆柱面的轴线，被测要素为圆锥面。

图 2—47b 所示为检测方法示例。将被测零件固定在导向套筒内，且在轴向固定。

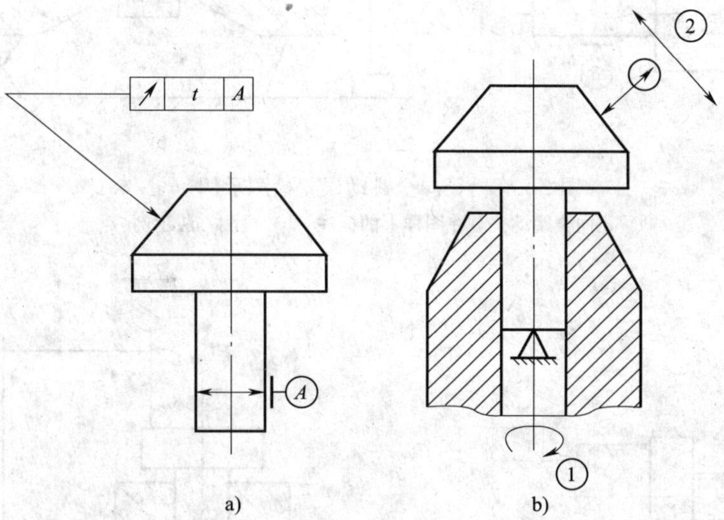

图 2—47　斜向圆跳动误差检测示例

a）斜向圆跳动公差在图样上的标注　b）检测方法示例

指示器的测头沿垂直于被测表面的方向与之接触。在被测件回转一周过程中，指示器读数最大差值即为单个测量圆锥面上的斜向圆跳动。沿图示方向（被测圆锥面素线方向）移动指示器，按上述方法在若干测量圆锥面上测量，取各测量圆锥面上测得的跳动量中的最大值为该零件的斜向圆跳动误差。

如要测量给定方向上的斜向圆跳动误差，则需将指示器的测量方向按图中标注所示的角度放置，其余检测方法与上述相同。

4. 径向全跳动误差的检测

图 2—48a 所示为径向全跳动公差在图样上的标注。从图中可以看出被测要素为大圆柱面，基准要素是两直径为 ϕ 的圆柱面的公共轴线。

图 2—48b 所示为检测方法示例。将被测零件固定在两同轴导向套筒内，同时在轴向固定零件，调整两套筒，使其公共轴线与平板平行。

使被测零件连续回转，同时使指示器沿基准轴线的方向做直线运动。在整个测量过程中指示器读数的最大差值即为该零件的径向全跳动误差。

此外，基准轴线也可以用一对等高的 V 形架或一对同轴且轴线与平板平行的顶尖来模拟体现。

5. 端面全跳动误差的检测

图 2—49a 所示为端面全跳动公差在图样上的标注。从图中可看出被测要素为零件的右端面，基准要素是直径为 ϕ 的圆柱的轴线。

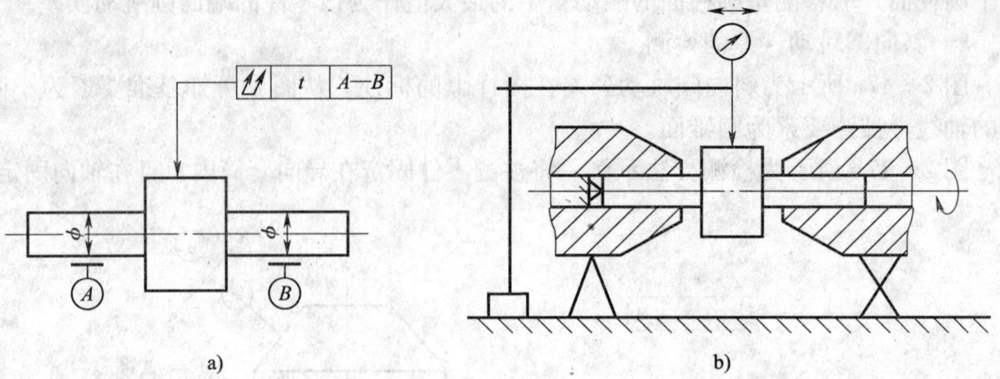

图 2—48　径向全跳动误差检测示例

a）径向全跳动公差在图样上的标注　b）检测方法示例

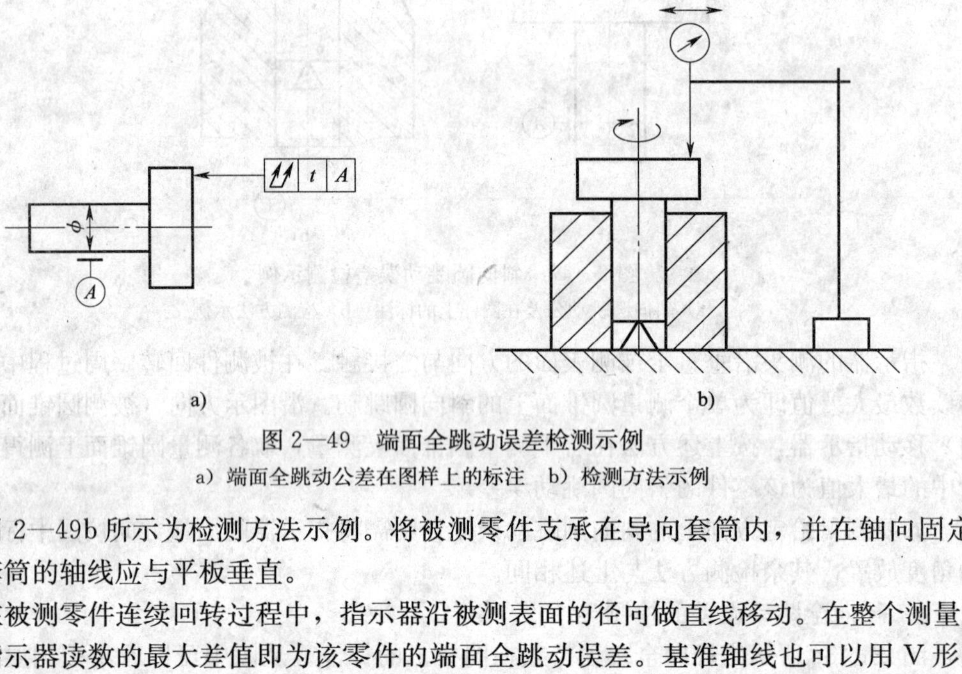

图 2—49　端面全跳动误差检测示例

a）端面全跳动公差在图样上的标注　b）检测方法示例

图 2—49b 所示为检测方法示例。将被测零件支承在导向套筒内，并在轴向固定，导向套筒的轴线应与平板垂直。

在被测零件连续回转过程中，指示器沿被测表面的径向做直线移动。在整个测量过程中指示器读数的最大差值即为该零件的端面全跳动误差。基准轴线也可以用 V 形架等模拟体现。

二、端盖与机座止口缺损的修理工艺

止口是电机的承载部件，造成止口损坏的主要原因是检修时操作不当，如拆洗时摔伤、碰伤。另一个原因是电机安装不正，同时负载过大或者有严重的冲击力作用造成的。修理止口的方法如下：

1. 重新车削止口

（1）计算或测量电机端盖的余量。在余量足够时可选择重新车削止口进行修理。

（2）按照余量大小制定车削工艺规程。车削通常分为粗车和精车两个工步。要根据企业现有设备和工装情况、端盖加工精度要求，合理分配粗车和精车的切削余量，选择机床、夹具、刀具，确定切削速度、走刀次数等工艺参数。为了防止车削时夹装引起端盖变形，选择工艺参数时，粗车时的切削功率也不宜过大，精车时的切削功率应该更小。

(3) 粗车止口。按照工艺规程进行，步骤如下：

1) 将端盖夹装在夹具上，并检查端盖是否夹正、夹牢。注意夹装力量不要过大。

2) 将刀具装到刀架上，调整刀具位置并将其可靠夹牢。

3) 以一个比工艺规程规定略小的进给量进行试切削，检查端盖夹装是否可靠。

4) 检查无误后，按规定的进给量进行重复走刀切削，直到尺寸符合精车要求。当切削了一定的切削余量以后，每刀切削结束后都要对尺寸进行检查测量，以免造成切削过度。

(4) 精车止口。其工艺方法与粗车时相似。由于其切削功率更小，一般在粗车后的余量中仍然要做多次反复车削。精车后的止口应保证尺寸精度、配合公差、圆度和表面粗糙度（$R_a=6.3\ \mu m$）等要求。

2. 补焊修理

当余量不允许重新车削止口时，通常可用手工电弧焊对损坏的止口进行补焊，然后再进行车削加工。

(1) 制定补焊工艺方案

1) 测量端盖的厚度和止口尺寸，找出止口上需补焊的部位，并按照车削加工的切削余量的要求，估算出补焊后止口的尺寸。当补焊厚度较大时，还要选择焊缝中的焊道层数。为了提高焊缝金属的塑性和韧性，要求每层焊道的厚度不能大于 4～5 mm。

2) 选择焊条。根据端盖材料和工作特点，确定焊条的型号和规格。内容包括：

①选择型号。焊条型号包括种类、强度与药皮类型。

②选择规格。焊条规格包括直径与长度。直径主要与焊件的厚度有关，通常按照表 2—15 的关系来选择，长度应根据焊接操作方便性、焊接量和生产效率等选择。

此外，对铝合金端盖还应选择焊条所要求的焊剂。

表 2—15　　焊条直径与焊件厚度的关系

焊件厚度（mm）	2	3	4～5	6～12	>13
焊条直径（mm）	2.0	3.2	3.2～4	4～5	4～6

3) 选择焊接电流。焊工在操作过程中需要调节的只有焊接电流，因此它是手弧焊最重要的工艺参数，也可以说是唯一的独立参数。选择焊接电流的主要原则和方法有：

①焊条直径。焊条直径越粗，熔化所需的热量越大，需要的焊接电流也大。每种直径的焊条都有一个最合适的电流范围，表 2—16 给出了各种直径的焊条适合的焊接电流参考值。

表 2—16　　各种直径焊条的焊接电流参考值

焊条直径（mm）	1.6	2.0	2.5	3.2	4.0	5.0	5.8
焊接电流（A）	25～40	40～65	50～80	100～130	160～210	200～270	260～300

②焊接位置。指焊接时焊缝所处的空间位置，它可分为平焊、横焊、立焊和仰焊等形式，焊接端盖通常采用平焊位置。

③焊道层次。焊打底焊道时，使用较小的焊接电流，以便于操作和保证焊道的质量；焊填充焊道时，为了保证熔合好和提高焊接效率，应将焊接电流调大一些；焊盖面焊道时，为了防止咬边和获得较美观的焊道，再将焊接电流稍微调小一些。

④焊接速度。指单位时间内完成的焊缝长度。焊接速度快则焊接所需要的电流就大，在保证焊接质量良好的原则下，焊接速度由焊工根据具体情况灵活掌握。

⑤电弧电压。电弧电压实际上由弧长决定，电弧越长则电弧电压越高，也是受焊工控制的工艺参数。它主要影响焊缝的宽窄，手弧焊中其影响不明显。合适的弧长应为焊条直径的 0.5～1 倍，电弧过长时易产生咬边、气孔等缺陷，电弧太短时易粘焊条。

4）选择电焊机。手工电弧焊焊机应满足焊条、焊接电流大小的要求，输出电压随焊接电流增大而减小，且空载电压应适当，价格要便宜。

（2）补焊

1）焊接准备

①工装准备。按焊接电流大小选择电焊钳、电缆接头、面罩，准备好地线夹、角向磨光机、砂纸、电烘箱、小锤等工器具以及其他材料。

②烘干焊条。碱性焊条应在 350～400℃烘干 2 h，酸性焊条应在 100～150℃烘干 2 h。

③处理焊面。用铁砂纸或者钢丝刷等除去端盖需补焊的焊面上的锈迹和污垢，用锉刀或磨光机在端盖的缺损部位打磨出 V 形焊接坡口，并用吹风机或洁净的白布将焊面上的金属屑清除干净。

④调节焊接电流。分粗调和细调两步：

粗调是通过改变弧焊变压器绕组的接线方式，改变焊机的空载电压和电流输出范围。

如 BX1—330 型弧焊变压器是通过切换接线板上的活动接线片，以改变二次绕组匝数来实现粗调，其原理接线图如图 2—50 所示。而 BX3—300 型是通过转换开关来实现粗调，开关在Ⅰ位时，一次、二次绕组分别接成串联，开关在Ⅱ位时接成并联，两种焊机粗调工艺参数范围见表 2—17。操作时，应先切断电源，后按所需的电流改变接线片或转换开关位置。

表 2—17　　粗调工艺参数范围

BX1－330 型焊机			BX3－300 型焊机		
接线片位置	空载电压（V）	焊接电流（A）	转换开关位置	空载电压（V）	焊接电流（A）
Ⅰ位置连接	70	50～180	Ⅰ位置（串联）	80	40～130
Ⅱ位置连接	60	160～450	Ⅱ位置（并联）	65	120～400

细调是通过改变弧焊变压器活动铁心或者线圈位置进行（见图 2—51）。

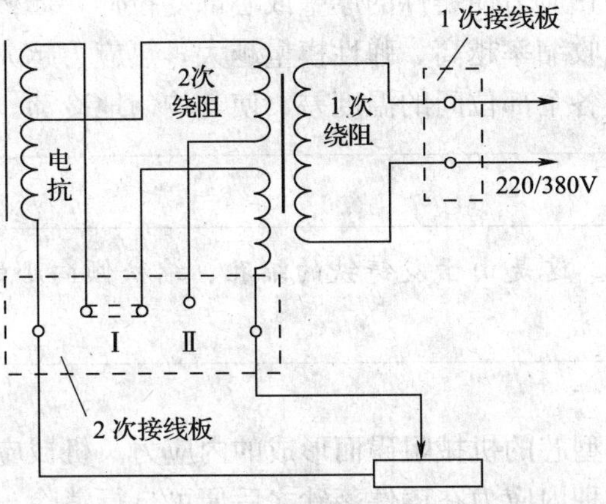

图2—50 BX1—330型弧焊变压器电流粗调节

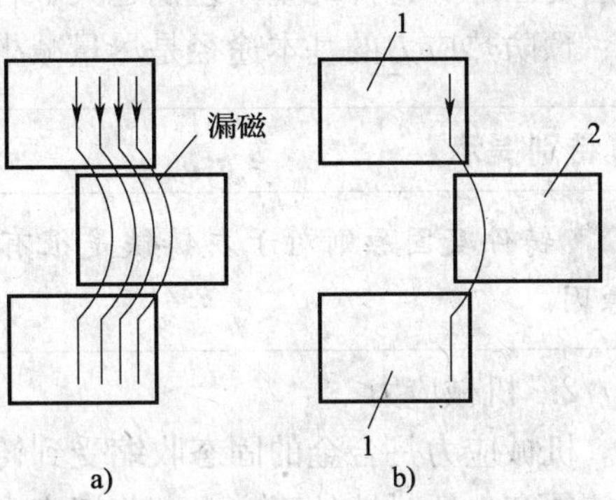

图2—51 电流细调节
a）电流小 b）电流大
1—固定铁心 2—活动铁心

⑤将端盖（焊件）按平焊的焊接位置放稳，并夹上地线夹；焊钳夹上焊条。检查焊机防护接地是否接牢，焊接电缆是否方便运条等。无问题后，合上焊机电源开关。

2）试焊。操作步骤为：

①按住焊钳上的开关，将焊条移向试板上的焊面并引燃电弧。

②运条试焊一段焊缝。试焊时，注意观察熔池状况、焊条颜色、飞溅情况，听取焊接声音和焊机声音。焊后检查焊缝质量。

③对症调整焊接电流、电弧长度，并重新试焊。待无异常后，便可进行正式焊接。

3）补焊。一般采用多层多道焊缝。应注意的问题有：

①运条速度尽量保持恒定，并控制好弧长。

②焊完每一层的每一条焊道后，都要进行清渣。

③在焊接打底焊、填充焊和盖面焊时，应调节焊接电流的大小。

4）局部热处理。按照端盖材料，选择好温度和时间，对焊缝进行局部热处理，以消除材料的残余应力。

（3）车削加工。用砂纸、锉刀或者磨光机等将焊面打平、整圆，注意不要打磨过度。然后进行车削加工，其方法步骤以及要求见重新车止口法。

三、变形端盖的修理

大中型电机的端盖一般为铸铁或铸钢件。这些铸件在铸造凝固之后的继续冷却过程中，其固态收缩若受到阻碍，内部将产生内应力，这些内应力有时是在冷却过程中暂存的，有时则一直保留到室温，后者称为残余内应力。铸造内应力是铸件产生变形和裂纹的基本原因。

按照内应力的产生原因，可分为热应力和机械应力两种。

1. 热应力

热应力是由于铸件的壁厚不均匀、各部分的冷却速度不同，以致在同一时期内铸件各部分收缩不一致而引起的。经过分析得知热应力使铸件的厚壁或心部受拉伸，薄壁或表层受压缩。铸件的壁厚差别越大、合金线收缩率越高、弹性模量越大，热应力越大。

预防热应力的基本途径是尽量减少铸件各个部位间的温度差，使其均匀地冷却。

【特别提示】

铸件凝固原则对于灰铸铁是很有效的。这是由于灰铸铁的缩孔、缩松倾向小的原因。

2. 机械应力

机械应力是合金的固态收缩受到铸型或型芯的机械阻碍而形成的内应力。机械应力使铸件产生暂时性的正应力或剪切应力，这种内应力在铸件落砂之后便可自行消除。但它在铸件冷却过程中可与热应力共同起作用，增大了某些部位的应力，促进了铸件的裂纹倾向。

具有残余内应力的铸件是不稳定的，它将自发地通过变形来减缓其内应力状态，以便趋于稳定状态。显然只有原来受拉伸部分产生压缩变形才能使残余内应力减小或消除。

为防止铸件产生变形，除在铸件设计时尽可能使铸件的壁厚均匀、形状对称外，在铸造工艺上应采用同时凝固原则，以便冷却均匀。

实践证明，尽管变形后铸件的内应力有所减缓，但并未彻底去除，这样的铸件经机械加工之后，由于内应力的重新分布，还将缓慢地发生微量变形，使零件丧失了应有的精确度。为此，对于不允许发生变形的重要机件必须进行时效处理。时效处理有自然时效和人工时效。

自然时效是将铸件置于露天场地半年以上，使其缓慢地发生变形，从而使内应力消除。人工时效是将铸件加热到550～650℃进行去应力退火。时效处理宜在粗加工之后进行，以便将粗加工所产生的内应力一并消除。

由于端盖未进行时效处理或处理得不好，或精加工时装夹工件用力太大等原因，端盖容易产生变形。当电机检修时，拆下端盖很费力，如不进行修理再装时也非常困难，此时必须进行修理。修理的方法与重新车削止口的方法相同。如不需要重新车削止口，只修理变形的形状及配合尺寸就能达到要求时，也可以只进行精车修理。这时装夹工件要用百分表调正后再精车。如轴承室过紧，应一并修理。要保证轴承室与止口的同轴度达到要求。

四、高电压电动机出线盒修理工艺

出线盒的缺陷有两类：一类是接线故障，包括断线或接触不良；另一类就是绝缘故障，导致出线盒的引线或端子接地、端子爬电等。此外，缺陷也可能对出线盒的结构造成破坏。

对于结构破坏，要按照破坏的情况或部位，选择焊接、更换等方法处理。如果是接线接触不良时，要拧紧对应的松动零件或者更换电缆线。

对断线或者绝缘故障的处理方法如下：

1. 拆卸

(1) 打开接线盒，观察电源线接头是否有接触异常、接线板有无烧焦现象。若有应处理接触不良的故障，检查断路或接地是否消失。如果消失，则故障已修好，并按照序号 4 步骤进行装配，否则需继续下列操作。

(2) 解裂电源线，拆卸接线板，检查绕组引出线接头，要求和方法同上。

(3) 拆卸接线盒，解裂故障相引出线端子。

2. 引出线断线处理

(1) 轻轻地抬起断线端头，以防止造成引出线其他部位绝缘损坏。

(2) 找出断线位置，用锋利的锋钢刀将断路处的绝缘层削掉，长度为 40～60 mm，两端削成锥体状。

(3) 清理断头，将断路点焊牢。

3. 引出线绝缘处理

(1) 检查引出线，找出损坏绝缘位置后，按照与断路相同的方法削掉绝缘层。

(2) 将削掉的绝缘层四周处理干净，然后刷上绝缘漆或者绝缘胶。

(3) 包绝缘。原来是 B 级绝缘的绕组，用 0.14 mm×25 mm 的 5438—1 粉云母带，原为 F 级的可用 F 级环氧云母粉带，先从锥体部分露出导线处 1/2 叠包起来，逐层向两边搭接，包到规定的层数后，最外层再 1/2 叠包 0.05 mm 聚四氟乙烯薄膜。

(4) 采用局部加热模压等工艺，将修补的绝缘固化。

4. 装配

(1) 装配接线盒，检查引出线端子线架是否绝缘，加工并更换损坏的绝缘垫端板。

(2) 检查接线端子排的固定螺栓，更换不合格的螺栓，并重新将接线柱固牢。

(3) 整理引出线形状并刷上一层高阻半导体防晕漆，将端头接牢在对应的端子上。

(4) 装配接线板，连接电源电缆。对损坏的接线板和电缆接头应按原样重新制作，并将电源电缆与接线板端子可靠连接。

(5) 烘干所修各部位后，测量绕组直流电阻，检查绕组绝缘电阻。

(6) 无异常后，做工频耐压试验。模压线圈的耐压试验电压为（$2.25U_N+2$）kV，时间为 60 s；对整浸线圈，3 kV 电机试验电压为 7 kV，6 kV 电机试验电压为13 kV，时间均为 10 s。

(7) 如果耐压试验正常且没有其他问题，装上出线盒盖，至此完成出线盒的修理。

五、定子绕组简易改型计算

1. 电动机主要尺寸与额定功率及转速间的关系

电动机在进行能量转换时，无论是从机械能变成电能还是从电能变成机械能，能量都是以电磁能的形式通过定、转子之间的气隙进行传递的，与之对应的功率称为电磁功率。因此电动机的主要尺寸与电磁功率有密切关系，后者可用电动机的计算功率表示。交流电机的计算功率为

$$P' = mEI \quad \text{(VA)}$$

式中　m——定子绕组的相数；

E——定子绕组的每相电动势，V；

I——定子绕组的相电流，A。

定子绕组的相电动势为

$$E = 4K_{Wm}fWK_W\phi \quad (V) \tag{2—7}$$

式中　K_{Wm}——气隙磁场的波形系数，当气隙磁场为正弦分布时等于 1.11；

f——电流的频率，Hz；

W——定子绕组的每相串联匝数；

K_W——定子的绕组系数，由于其值与基波绕组系数 K_{W1} 相差甚小，计算时通常以 K_{W1} 代入；

ϕ——每极磁通，Wb。

电流的频率为

$$f = \frac{pn}{60} \quad (Hz)$$

式中　p——极对数；

n——转速，r/min。

每极磁通为

$$\phi = B_{\delta av}\tau l_{ef} = B_{\delta}\alpha'_p\tau l_{ef} \quad (Wb) \tag{2—8}$$

式中　B_{δ}——气隙磁密度的最大值，T；

单元 2

α'_p——计算极弧系数，$\alpha'_p = \frac{B_{\delta av}}{B_{\delta}}$，其中 $B_{\delta av}$ 为气隙平均磁密度；

l_{ef}——电枢的计算长度，m；

τ——极距，m。

$$\tau = \frac{\pi D}{2p} \quad (m)$$

式中　D——电枢直径，m。

通常将沿定子圆周单位长度上的总电流称为电负荷 A，即

$$A = \frac{2mWI}{\pi D} \quad (A/m)$$

合并考虑以上几个关系式可得：

$$\frac{D^2 l_{ef} n}{P'} = \frac{6.1 \times 10^3}{\alpha'_p K_{Wm} K_W A B_{\delta}} = C_A \tag{2—9}$$

对于一定功率和转速的电机，B_{δ}、A 的变动范围不大，而 α'_p、K_{Wm}、K_W 的变化范围更小，因此，可以将 C_A 视作常数，称其为电机常数。可以将式（2—9）写成

$$C_A = \frac{D^2 l_{ef}}{P'/n} = \frac{60D^2 l_{ef}}{2\pi T'} \tag{2—10}$$

式中　T'——计算转矩，$T' = \frac{P'}{\omega} = \frac{60P'}{2\pi n}$；

ω——机械角速度。

$D^2 l_{ef}$ 近似地表示了转子有效部分的体积，定子有效部分的体积也和它有关。由

式（2—10）可见，电机常数大体反映了产生单位计算转矩所耗用的有效材料。

2. 异步电动机改变电压时（频率不变）的更改设计

三相异步电动机正常工作时的每极主磁通 Φ 为

$$\Phi=\frac{E}{4.44fWK_{W1}}\quad(\mathrm{Wb})\tag{2—11}$$

电动机的相电动势一般为相电压的 85%～95%，当三相异步电动机外施电压改变时（频率不变），相电动势随之改变。由于电压与电动势之间的关系，上式可改写为

$$\Phi=\frac{E}{4.44fWK_{W1}}=\frac{(0.85\sim0.95)U_1}{4.44fWK_{W1}}\propto\frac{U_1}{fW}\tag{2—12}$$

即每极磁通正比于电机的外施相电压，而与外施电压的频率、定子绕组每相串联匝数成反比。注意上式认为绕组系数不变。事实上，当绕组形式确定不变时，绕组系数也保持不变。

异步电动机的每极磁通是一个非常重要的参数。异步电动机的能量从定子传递到转子，靠的就是气隙中的旋转磁密度。如果保持每极磁通 ϕ 为常数，则气隙磁密度为常数，因而由定子传递到转子的电磁功率也不变。因此，当电动机的供电电压改变，而额定功率不变时，笼形异步电动机的更改设计应按如下步骤进行：

（1）由于电动机的功率、转速不变，因此，定、转子铁心的尺寸（包括槽形尺寸）均不必更改，而只需改变定子线圈的匝数及线规。

（2）线圈匝数、线规的设计按以下公式确定：

$$\frac{U_1}{W_1}=\frac{U_2}{W_2}$$

$$W_2=\frac{U_2}{U_1}W_1$$

式中　W_1、U_1——原电动机的匝数及电压；

W_2、U_2——电压更改后的匝数及电压。

匝数确定后，根据线圈匝数与线圈截面积成反比的原则，确定导线截面积后确定线规。

3. 异步电动机改变频率时的简易计算

若要求电动机保持恒转矩输出，则应保持气隙磁密度为常数。即保持 fW 不变。

若频率由低变高，如由 50 Hz→60 Hz，要电动机保持恒功率输出，应保持 $\sqrt{fW}$ 不变，由此求出频率更改后的线圈参数。

六、电机检修中新材料、新工艺、新技术和新设备的使用

1. 电机检修中新材料、新工艺、新技术简介

（1）新材料。采用新材料以不断提高电机性能是电机产品发展更新的主要措施之一。电机检修的材料与电机制造材料共同发展，主要表现在下面几个方面：

1）绝缘材料。总的发展趋势是发展耐高压、温度指数高、无公害的绝缘材料；发展耐深冷、耐腐蚀、耐水、耐油及高阻、低损耗等特殊绝缘材料。电机检修时使用的绝缘厚度越来越薄，耐热等级也越来越高，可提高重绕电机的出力。大容量高压发电机采用环氧粉云母整体绝缘体系，耐热等级为 F 级；中型低压电机中，交流电动机趋向采

用 F 级绝缘；直流电动机和起重及冶金用电动机趋向采用 F 级或 H 级绝缘。

2）导磁材料。电机用硅钢片的主要发展趋势是提高硅钢片的磁性能，并降低单位质量损耗。目前最高磁通密度可达 $B_{10}=2.03$ T，单位质量损耗，$p_{1/50}=1.04$ W/kg。同时，研究新的硅钢片绝缘涂层，其绝缘电阻大、化学稳定性好、力学强度高、涂层薄。目前电机中采用的硅钢片已基本由热轧改为冷轧，冷轧硅钢片的等级也逐步提高。

3）永磁材料。采用稀土永磁材料制造交直流电机，可使电机的体积小、质量小、磁性能稳定、运行可靠、效率高、节约用电。国外已大量采用钕铁硼、铝镍钴等永磁材料，制造印制绕组电机、盘式绕组电机、空心杯转子电机、无刷直流电机、宽调速直流电机、汽车电机和用于仪表、农业、交通和日用电器方面的电机。永磁材料的发展趋势是提高磁能积和热稳定性，并进一步降低成本。

4）辅助材料的更新。大型电机的绑扎逐步用热固无纬涤波绳（带）取代钢丝，槽内半导体适形材料、防晕材料等材料的性能也越来越高。

(2) 新工艺。如今，各种先进的电机制造技术已经广泛应用于检修过程中，如绕组固化工艺、焊接工艺等的改进。下面以插入式波绕组制作工艺过程，说明其中的非模压、非热卷绝缘包绕新工艺。

1）准备阶段

①制作用设备。包括铜排下料剪切机、回火电炉、热压模或卷烘机、起重设备、焊接设备、电烤箱等。

②工器具。包括成形端弯板专用模具及锤弧模、非成形端端部扳弯工具。

③材料。绕组用矩形铜排的尺寸符合图样要求，牌号为 TBR 的电解铜排；绝缘材料主要有 B 级 5438—1 粉云母带，F 级的 570 或 D602—1 无碱玻璃丝带；B 级 5131、F 级 5150 或 5151 柔软云母板，B、F、H 级浸渍漆和薄膜；其他辅助材料。

所有材料的规格尺寸、耐热等级以及其他质量指标均需检查测试合格。

2）制作工艺程序

①选择材料。B 级为 0.05 mm 聚脂薄膜以及 0.1～0.14 mm 厚的 B 级云母绝缘纸；F 级为 0.05 mm 聚酰亚胺薄膜以及 0.1～0.14 mm 厚的 F 级粉云母纸；H 级为 0.05 mm 聚酰亚胺薄膜以及 0.1～0.14 mm 厚的 H 级粉云母纸或 F 级粉云母纸。

②下料尺寸。规格：

宽度 L''（单根线棒总长 $L'-2\times$并头套长度）×卷包规定层数总长 L''_0。

③涂刷同等级绝缘胶或漆。以薄膜为底材，将粉云母纸表面淋刷一层胶或漆后，和薄膜对齐合为两层一体的绝缘材料。

④卷包。将调直后的长裸铜线排平放在黏合好的绝缘纸上，卷包规定的层数，卷包后成条形状。两端未包卷尺寸均为 25～30 mm。

⑤绝缘线棒一端折弯。在专用模具上按图样尺寸将线棒一端弯成规定形状。

⑥一头弯结构 1/2 叠包粉云母带不模压工艺。从线棒裸铜排折弯端开始，用粉云母带 1/2 叠包至铜排另一端，连续 1/2 叠包规定的层数，再在绝缘外表 1/2 叠包 1 层（0.04～0.06 mm）×25 mm 规格的聚脂薄膜带，完成槽内线棒对地绝缘卷包，线棒绝缘不固化。以上为新工艺过程。

⑦扎紧两端支架绝缘。按表 2—18 绝缘规范要求裁剪好两种绝缘板，刷上绝缘漆，用无碱玻璃丝带扎牢在支架上，如图 2—52 所示。

⑧先将下层一头弯线棒穿入铁心，用专用弯板工具弯折另一端，按绝缘规范包好规定层数的绝缘并扎紧；然后按同样的步骤处理上层线棒。

表 2—18　　插入式波绕组转子端部支架、层间绝缘结构及规范

绝缘等级	绝缘材料名称与规格	宽度		厚度或层数
		支架	层间	
B	0.5 mm 厚 5131 云母板 2 片夹 0.5 mm 厚钢板，用 0.14 mm×25 mm 玻璃丝带绑扎	支架轴向长度＋（10～12 mm）	支架轴向长度－（10～12 mm）	合计 4～5 层
F	0.5 mm 厚 5150 或 5151 云母板 2 片夹 0.5 mm 厚钢板，用 0.14 mm×25 mm 玻璃丝带绑扎			合计 4～5 层
H	0.5 mm 厚 5150 或 5151 云母板 2 片夹 3250 玻璃布板 2 片，用 0.14 mm×25 mm 玻璃丝带绑扎			合计 4～5 层

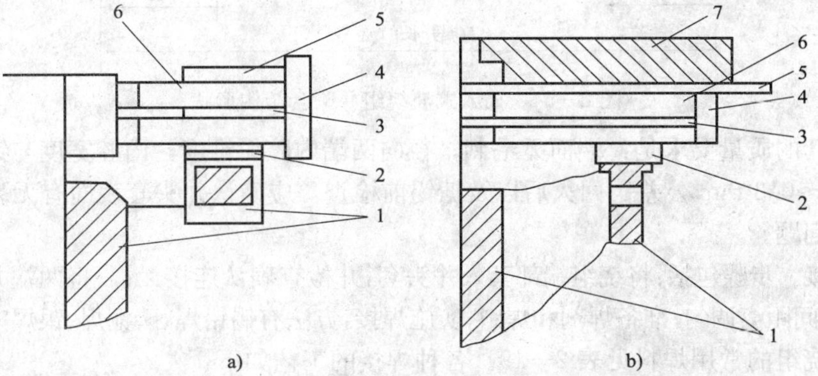

图 2—52　高压电动机转子波绕组端部绝缘结构

a）中型电机　b）大型电机

1—支架　2—支架绝缘　3—层间绝缘　4—并头套　5—绑箍　6—绕组铜排　7—护环

插入式绕组的绝缘包括线圈绝缘（匝间绝缘）、槽绝缘（对地绝缘）、转子端部绝缘（线圈支架绝缘和层间绝缘），它们的绝缘结构与规范如图 2—53 所示和见表 2—18，计算方法与定子线圈相似。

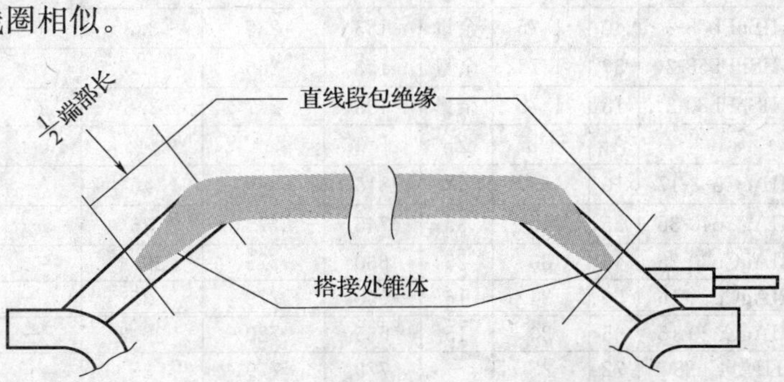

图 2—53　全粉半固化线圈锥体搭接部位

⑨制作并头套。并头套如图 2—54 所示，由 1.5 mm 厚的紫铜板制作。

并头套的制作步骤为：裁剪下料、冲成带缺口形状、回火处理、冷压模压成形、酸洗及搪锡（锡焊）。

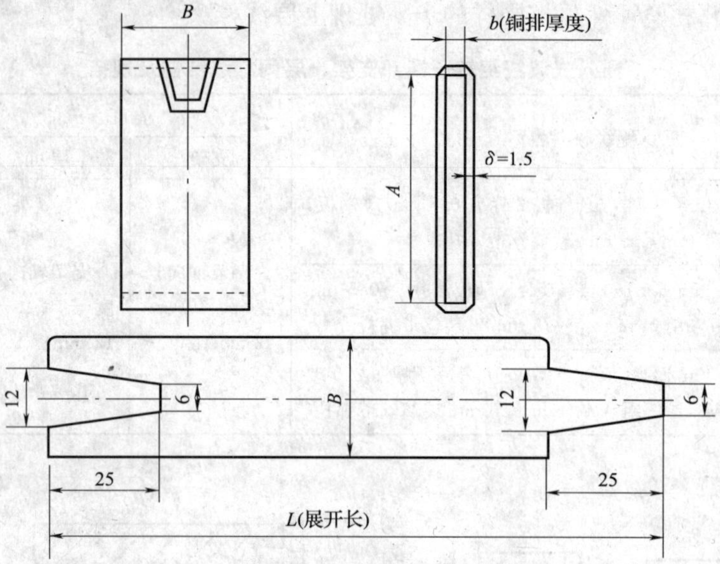

图 2—54　插入式波绕组并头套结构形状

并头套的质量要求是：端面无毛刺；径向两端内腔无锥度，内腔宽度与铜排宽度之间有 0.25～0.3 mm 公差；回火后以及搪锡前检查，应确认并头套表面有无裂纹、裂缝或变形等问题。

⑩焊接。步骤包括：将绕组端部套入并头套，并检查确认连接无误；将两端并头套位置调正、相互间距离调匀；准备焊剂和焊料；实施焊接，方法有锡铅焊、磷铜焊、银焊三种。

转子绕组的常用焊料见表 2—19。各种焊接的工艺如下：

表 2—19　　绕线转子绕组端头与并头套焊接用焊料

类别	牌号		主要成分（%）			熔化温度（℃）		拉伸强度	延伸率	密度	电阻率
	（一）	（二）	Sn	Sb	Pb	固相线	液相线	（×10 MPa）	（%）	(g/cm^3)	$(\Omega\cdot mm^2/m)$
锡铅焊料	料 604	HISnPb10	90	≤0.15	余量	183	222	4.3	25	7.57	—
	料 604	HISnPb39	60	≤0.8	余量	183	183	4.7	34	8.54	0.147
	料 604	HISnPb58-2	40	1.75	余量	183	235	3.8	63	9.32	0.17
	料 604	HISnPb68-2	30	1.75	余量	183	256	3.3		9.69	0.182
	料 604	HISnPb80-2	18	1.75	余量	183	277	2.8	67	10.23	0.22
银焊料			Ag	Cu	Zn						
	料 301	HIAgCu53-17	10	53	17	815	850	46	—	—	0.065
	料 302	HIAgCu40-35	25	40	35	745	775	36	—	—	0.069
	料 303	HIAgCu30-25	45	30	25	660	725	39.4	—	—	0.097
	料 304	HIAgCu34-16	50	34	16	690	775	35	—	—	0.076
	料 305	HIAgCu20-15	65	20	15	685	720	39.2	—	—	0.086
	料 306	HIAgCu28	72	28	—	779	779	35	—	—	0.023
	料 305	HIAgCu50	50	50	—	779	850	40	—	—	0.024

续表

类别	牌号		主要成分（%）			熔化温度（℃）		拉伸强度	延伸率	密度	电阻率
	（一）	（二）	P	Sb	Cu	固相线	液相线	（×10 MPa）	（%）	（g/cm³）	（Ω·mm²/m）
磷铜焊料	料 201	—	8	—	余量	710	800	45	—	—	0.28
	料 202	—	6	—	余量	710	890	46	—	—	0.25
	料 203	—	6	2	余量	690	800	31	—	—	0.47

如果采用锡铅焊，焊剂宜选用松香和酒精自行配制，不宜用锡焊膏；宜选HiSnPb58-2型锡焊料；焊接工具为自制的专用结构和形状的铜火烙铁或者1 kW以上的大型烙铁；焊接位置应从底部进行，即将转子位置倾斜再从低端焊接，以防止焊液流入绕组端部；必须焊满并头套内腔，以防止假焊、虚焊。

如果采用磷铜焊，宜采用含磷量在6%～10%之间的铜焊条，用氧—乙炔气焊；焊接前将绕组端部间隙中包堵湿润的石棉泥，以防止损伤端部绝缘；焊接时先用焊枪将并头套加热到发红，再将焊条焊满在并头套内腔。

如果采用银焊，常用301、302、303号焊料，以303号最好。303号焊料的流动性好、渗透性强、熔点介于锡和磷铜之间、导电性比锡料高，并头套焊点不易发热和开焊。要求做到：焊接前，绕组端头要严格整形，以消除外力，处于自由状态；绕组端部要进行预绑扎，使上下层绕组及它们与支架紧贴无间隙；要清理并头套内腔与线棒端头上的锈迹、油污和氧化层，并且并头套内腔与线棒端头间的每侧间隙应小于0.05 mm，线棒在并头套内的位置要正，上下绕组间背入铜质楔子；沿绕组端部一周堵上石棉泥，以防绝缘损伤；焊接时，采用中火焰，温度不超过725℃，以防止焊料过分流失；每个并头套的焊接时间控制在1～1.5 min以内；焊完后，不宜立即在并头套上浸冷水，必须等到温度下降到660℃以下再立即浸冷水冷却。焊接后，用毛刷沾水清洗石棉泥；通入1.5倍额定电流检查焊接质量；对焊接损坏的绝缘，应将其重新包扎好；待转子进行干燥处理后方可绑扎无纬带。

⑪绕组端部绑扎。

（3）新设备和新技术。随着电机故障诊断设备的日益完善，在电机检修过程中，各种红外测温仪器、无损探伤设备、非接触式自动测试仪器、通用和专用机械化工艺设备等，广泛地应用于故障查找、加工制作和试验。此外，在电机运行维护中，也越来越普及电机在线监测技术和设备，通过对电机故障进行预防性检查和跟踪，人们对故障产生的机理认识得越来越清楚。这些新技术和新设备的使用，使电机检修质量和可靠性大大增强，同时使电机检修工作的效率不断提高。

2. 采用新材料钕铁硼磁钢的举例

下面以小功率永磁直流电动机采用钕铁硼磁钢为例进行介绍。

（1）问题的提出。医疗器械设备中的电动呼吸器采用70ZYT07永磁直流电动机驱动，原来额定电压为110 V，现要将电压改为12 V（即蓄电池电源）来供电，要求电动机的机械特性不能改变即要求硬特性，尤其电动机在低速运行时转速随负载变化不能太大。未改换电压前110 V电动机的机械特性能满足此要求，现准备用原电动机改制，即机壳、磁钢与电枢铁心不变，只改变电枢绕组匝数、换向片数及炭刷尺寸。

（2）改换电压电枢绕组的简易计算

1）计算公式

改制前总导体数

$$N = W_C \times 2a \times K$$

式中 W_C——每元件匝数；

a——并联路数；

K——换向片数。

直流电动机电枢绕组电动势

$$E_a = e_{av}\frac{N}{2a}$$

式中 e_{av}——一匝导体中的异步电动势，V。

以下为了叙述方便起见，将改制前物理量的符号不变，改制后物理量的符号加一撇来表示。因为磁钢没有改变，气隙磁密度没有改变，可以认为改制后的导体数为

$$N' = \frac{E'_a}{E_a}N$$

式中 E'_a——改制后绕组电动势。

如果不考虑电枢绕组电阻压降，认为 $E \cong U$，电动势用电压代替得

$$N' = \frac{U'}{U}N$$

式中 U——改制前的电压，V；

U'——改制后的电压，V。

改制后的每元件匝数

$$W'_c = \frac{N'}{2aK}$$

式中 K——改制前换向片数。

改制后导线线径

$$d' = \sqrt{\frac{W_c K}{W'_c K'}} \times d$$

式中 W_c——改制前每元件匝数；

d——改制前线径，mm；

K'——改制后换向片数。

现将 70ZYT07 永磁直流电动机改制前后数据列于表 2—20 中。

2）计算过程

改制前总导体

$$N = W_c \times 2a \times K = 49 \times 2 \times 1 \times 30 = 2\,940$$

改制后总导体数

$$N' = \frac{U'}{U}N = \frac{12}{110} \times 2\,940 = 320.7$$

单元 2

表 2—20　　　　70ZYT07 改制前后数据

电压（V）	电枢铁心				电枢绕组			换向片数 K	磁钢材料
	外径（mm）	轴孔（mm）	长度（mm）	槽数	线径（mm）	每元件匝数 W_c	并联路数 a		
110	50	11	35	15	0.35	49	1	30	铁氧体
12	50	11	35	15	0.9	12	1	15	铁氧体
12	50	11	35	15	0.93×2	8	1	15	钕铁硼

改制后每元件匝数

$$W'_c=\frac{N'}{2a\cdot K'}=\frac{320.7}{2\times1\times15}=10.7$$

考虑改制后机械特性变硬点，取每元件匝数为 12。

改制后导线线径

$$d'=\sqrt{\frac{W_cK}{W'_cK'}}\times d=\sqrt{\frac{49\times30}{12\times15}}\times0.35=1.0\ \text{mm}$$

考虑容易嵌线，取线径为 0.9 mm。计算所得数据列表 2—20 中。

（3）机械特性。通过改制前与改制后样机试验，画出不同电压时的机械特性曲线，如图 2—55 所示。图 2—55a 所示为未改变电压 110 V 时的机械特性。其特性为硬特性。转速随转矩增加而降低的数值很小，可认为是恒转速特性。图 2—55b 所示为改变电压 12 V 铁氧体磁钢电动机的机械特性，其特性较前者变软，电机转速随转矩增加而下降的数值较大。曲线呈下斜线。

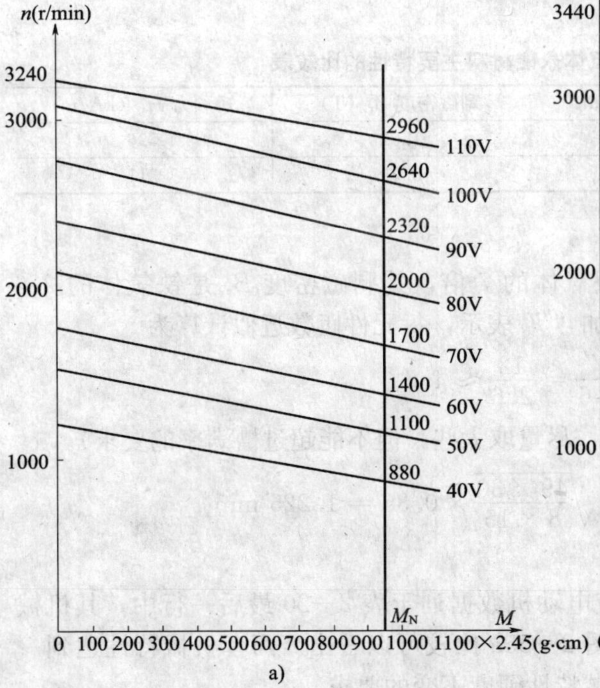

a)

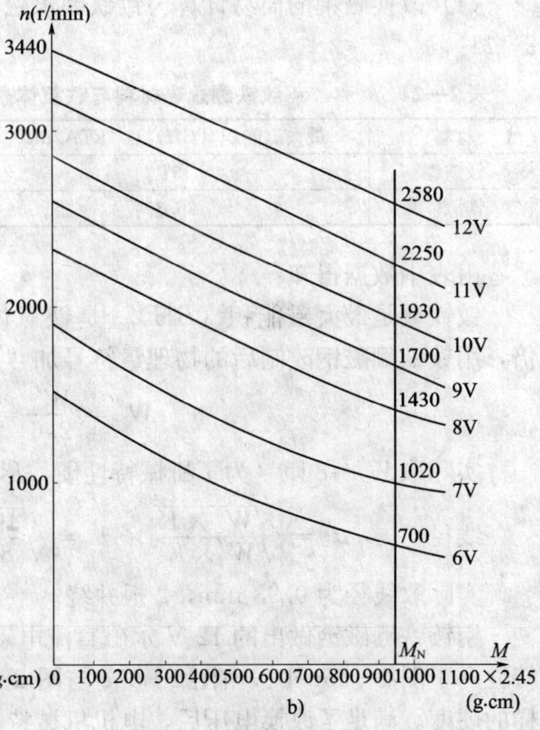

b)

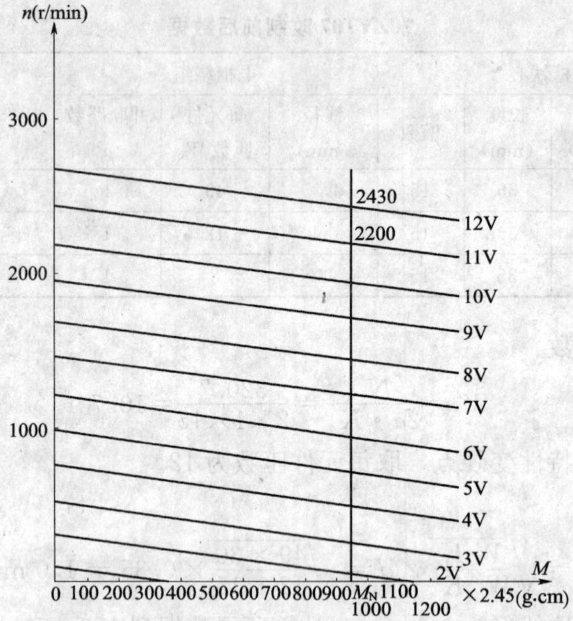

c）

图 2—55　机械特性曲线

a）额定电压 110 V 铁氧体磁钢　b）额定电压 12 V 铁氧体磁钢　c）额定电压 12 V 钕铁硼磁钢

由机械特性看出改制后的机械特性比改制前的软，达不到技术要求，尚需改进设计。在不改变电动机尺寸（受机器安装空间限制）的情况下，采用高磁能钕铁硼磁钢代替铁氧体磁钢，以便达到硬的机械特性的要求。

单元 2

（4）改换磁钢的简易计算。钕铁硼永磁材料与铁氧体永磁材料主要特性的比较见表 2—21。

表 2—21　钕铁硼永磁材料与铁氧体永磁材料主要特性的比较表

材料	最大磁能积 $(BH)_{max}$（kTA/m）	剩磁密度 B_r（T）	矫顽力 H_c（kA/m）
钕铁硼	191	1.02	796
铁氧体	26.3	0.39	211

由表中数据得知：

钕铁硼是最大磁能积 $(BH)_{max}$ 是铁氧体的 7 倍，其剩磁密度 B_r 是铁氧体的 2.6 倍，用钕铁硼磁钢改制后的物理量符号加“″”表示，每元件匝数近似计算为

$$W'' = \frac{W'}{2.6} = \frac{12}{2.6} \approx 4.6$$

实际取 $W''=8$ 匝（为了机械特性硬，尽量取大些，但不能超过槽满率的要求）。

线径　$$d'' = \sqrt{\frac{W_c \times K}{W''_c \times K''}} \times d' = \sqrt{\frac{49 \times 30}{8 \times 15}} \times 0.35 = 1.225 \text{ mm}$$

实际取线径为 0.93 mm，2 根并绕。

用钕铁硼磁钢做出的 12 V 永磁直流电动机数据列于表 2—20 最后一行中，其机械特性画于图 2—55c 中。由图 2—55c 与图 2—55a 比较可以看出，两者机械特性达到一样的硬度。满足了改换电压后，电机机械特性硬度不变的要求。

七、大型电机的组合安装

【特别提示】

大型电机安装是一个需要多种专业配合，周期较长，要求较高的作业过程，在安装过程中必须注意下列事项：

- 施工安全：电机安装时，施工中必然要进行大件搬运、起吊作业、高空作业、明火作业和油冲洗作业等。在进行上述这些作业时，必须充分地做好准备，小心地进行作业。
- 防潮：电机在现场开箱、安装在基础坑后，就会逐渐吸潮，使绝缘电阻降低。在安装过程中要用保护罩苫盖起来，并用加热器加热防潮。
- 防止异物进入电机内部：在电机安装过程中，应十分注意，不要使螺钉、螺母、棉纱和垃圾等进入电机内部。

图 2—56 为大型凸极同步电动机结构图，其组合安装如下所述：

1. 垫板组的安装（本图未注出）

大型电机的底板一般安装在金属垫板组上，以调节底板的高度和水平度并能承受电机的动、静载荷。通常电机安装图上有具体规定。

2. 底板的安装和调整（图中未标出）

大型电机的底板一般是由钢板焊接而成，或由工字钢和槽钢等组焊而成的。新安装的电机底板对基础要有严格的要求，基础应足够坚实，在承受一定的静载荷和动载荷情况下，基础不应产生下沉。吊放底板时应注意钢绳不被压住。底板放到基础上即可进行调整，先按其标高近似地放成水平，并按纵、横基准线进行调整，然后再将底板的位置较精确地调整到规定标高和水平位置。

3. 轴承座的安装

无论是单个的电机轴承和机组的多轴承，都应当安装在被连接的机械主纵轴线上或者机组的纵轴线上。调整轴承座的位置，是从最边上的轴承座开始，用水平尺放在轴承座面上来检查这些平面的水平度。

4. 联轴器的热装（图中未标出）

大型电机的联轴器，很多是在安装电机的同时热套在轴上。联轴器的轴孔与轴的配合是制造厂按工作的性质和要求来确定。热套联轴器是采用不同的方法加热使联轴器膨胀一定的尺寸，然后套在轴上。一般来说，加热方法可分为用热油煮、木柴烧，或者采用氧气乙炔以及异步加热等。

5. 转子和定子的安装

电机安装时首先对转、定子和配合面进行检查。转子安装可分预装和不预装两种情况。转子预装时先将转子吊放在轴承座上找正。不预装时，待以后落位时再找正，吊放转子时应尽量使转子保持平稳，然后对其进行初步调整。应保证轴向窜动间隙、轴颈的径向圆跳动和联轴器端面圆跳动符合要求。

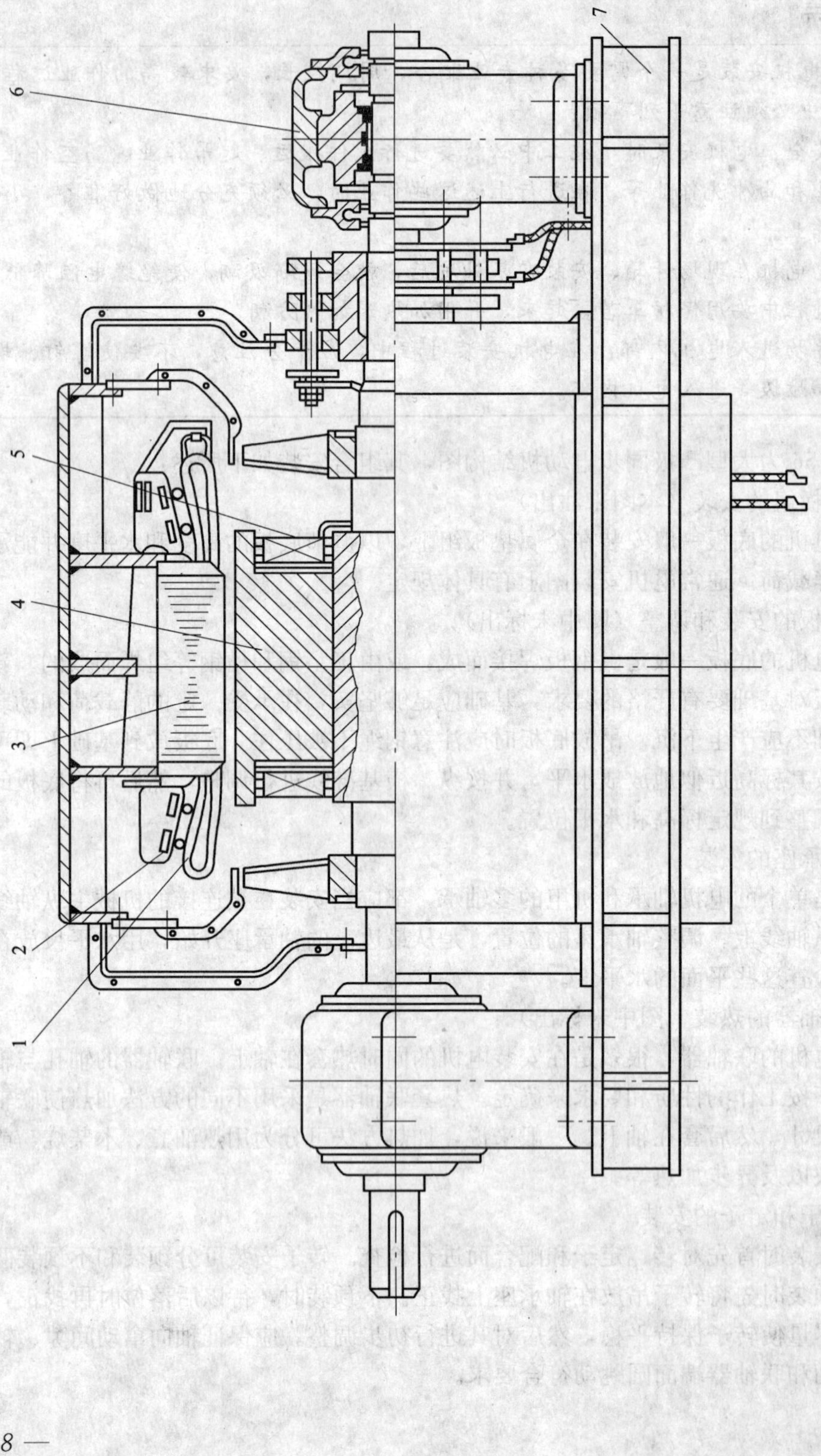

图 2—56 大型凸极同步电动机

1—定子绕组 2—端箍 3—定子铁心 4—磁极 5—励磁绕组 6—轴承 7—底板

6. 定心

任何一个独立的旋转体，都有它自己的旋转中心线（轴心线）。把两个以上的轴连接起来，让它们的轴心线同在一条线上（这条线是包含在一个垂直平面上的带有挠曲的自然挠度曲线）的工作叫定心。

定心工作有两个要素：一个是使两个轴的轴心线相交，另一个是使两个轴的轴心线（轴端的直线部分）平行。当两条轴心线既相交又平行时，就意味着两条轴心线是在一条直线上。

定心调整工作是很细致的，需要高度的责任感和熟练的操作技术，要反复地测量、计算、调整，才能求得高质量的定心效果。调整分为粗调和细调两个阶段。粗调阶段要大致把设备的主轴放在基础上，使轴心线基本形成一条线，并拧上设备的固定螺钉，但不必拧得太紧。特别需要注意的是联轴器间隙和轴的轴向窜动间隙要相互合理。细调阶段要在设备固定螺钉拧紧的情况下，进行径向和轴向间隙测量，并要做细致的调整工作。调整工作的规律一般是调整靠近联轴器的轴承来解决径向间隙问题，也就是两轴相交问题。调整联轴器另一端的轴承，来解决侧向间隙问题，也就是两轴平行问题。但是两个轴承的调整往往会互相影响，这就需要耐心和熟练地操作。

7. 轴承各部的间隙量与轴瓦的刮研

（1）磁力中心线的测量。在电机试运行和运行中，因磁力中心线调整不好，电机转子发生轴向窜动，会造成撞瓦或者严重磨损瓦侧的现象。因此，磁力中心线的测量在安装和检修中是一个必不可少的工序。在调整磁力中心线时，一般采用机械的方法来调整，即在转子磁极端子选择相应的点和定子磁极相应的点作间距测量，使各间距测量的数据接近相等。调整的方法是在保持定、转子气隙不变的情况下，将定子沿轴向移动。

（2）顶间隙的测量。大型或中型电机轴瓦的瓦衬，一般都是合金浇铸成的。为使电机正常地运行，轴和轴瓦各部均要有一定间隙，这些间隙在刮研之前，必须测出其顶间隙和侧间隙。测量时通常采用压铅法。一般采用直径为 0.5～1 mm，长度为 30～40 mm的铅丝放在轴瓦的接合面和轴颈上，装上上轴瓦和轴承盖并稍微旋紧螺钉，压扁铅丝，用千分尺量出铅丝的厚度计算间隙，当间隙不合格时，在两半轴瓦的接合面放入垫片进行调整。

（3）侧间隙的测量。轴颈和下瓦的侧间隙可用塞尺测量，用不同厚度的塞尺轮流插入缝隙中，记下每次塞尺插入的深度，根据插入的深度及厚度来确定间隙的形状和尺寸，轴瓦两侧间隙通常为轴颈直径的 1/1 000，可以通过刮削的方法来增大侧间隙。

（4）轴瓦的刮研。轴瓦的瓦衬一般都需要进行刮研，正确的刮研要使瓦衬形成的几何形状，在轴旋转时，能形成楔形油膜，使轴颈上升离开。瓦衬能在油膜的浮力作用下运转以减轻与瓦衬的摩擦，降低磨损与动力消耗。

（5）保证轴承正常运行的条件。轴承座上应装有讯号温度计，以监视运行中的轴瓦温度。轴瓦的正常工作温度为 50～65℃，最高不超过 80℃。轴承的油面应保持在油标的中心线上，油面过低将引起润滑不良，油面过高则会发生溢流现象。润滑油应保持清洁，要定期进行化验，检查油是否变质或有水分和污泥等混入。

在油环润滑的轴承中，要进行油环的安装和检查。检查油环圆度、表面粗糙度和止口、接头等处的完整性，必要时要修光毛刺和伤痕等缺陷。油环装好后应能自由地转动。

轴承上盖的定位销安装后，检查上轴瓦孔和轴承盖的导油孔是否对准，用螺钉紧固轴承盖，转动转子并检查轴承水平接合面的间隙，用 0.05 mm 厚的塞尺不得塞入，否则要进行接合面的研磨。为了使接合平面密封，在轴承盖和轴承座的接合平面上可以用虫胶漆涂刷或垫以密封塑料，但不允许放置垫片。

转轴和密封环间的间隙要求在 0.10～0.30 mm 范围之内。如间隙大于上述值，可将密封环内圈缩小，装上后不应卡擦转轴。

轴承装配完成后，即可与油路联结和复查轴承座绝缘。

8. 气隙测量与调整

气隙不均匀，会使电动机在运行时产生不平衡磁拉力，引起转轴挠度增加和振动。异步电动机由于气隙较小，单边磁拉力将导致定、转子相磨而造成事故；直流电动机因气隙不均匀，将会造成换向困难。因此，气隙调整是大型电机安装过程中一个重要的工艺过程。

在大型电机安装过程中，安装定子前应先测量和记录磁极内径尺寸和磁极装配同心度，气隙调整在轴心线调整后进行。对座式轴承电机来说，调整气隙是通过移动定、转子之间相对位置来实现的。

气隙测量常用工具有塞尺、标准垫块和气隙塞尺。

大型电机气隙装配误差不仅决定于定子、转子相对位置，也与定子装配的同轴度和转子的圆度有关。为了精确测量与调整气隙，应盘车测量，并刮去定子、转子表面测量点的漆膜。

对于座式轴承的大型电机，调整气隙通常采用移动定子位置和增减极垫片的方法（对直流电机）来调整气隙。气隙调整合格后，需拧紧磁极固定螺钉，并在机座和轴承座上打定位销钉。

八、检查定子绕组的检修质量

（1）绕组连接线经施焊后，焊接点应牢固，套管排列整齐，端部绑扎要牢固，绝缘良好。

（2）极相组之间的过桥线连接要正确，绕组并联路数应符合要求。

（3）引线材质、长度、位置要符合要求，编号正确、清晰。

（4）线圈、连接线、引出线要绑扎牢固、美观。

（5）线圈端部排列整齐，喇叭口形状正确，直径大小适宜。

（6）整形后修剪的相间绝缘高出线圈尺寸不得大于 3 mm。线圈端部形状符合并用尼龙绳绑扎牢固。

（7）绕组伸出铁心两端长度相等。线圈伸出铁心槽口处绝缘无破裂，接线正确。

（8）用绝缘电阻表测绕组绝缘电阻值应符合要求。

九、检查电机的检修质量

电机检修质量的检查要求达到修后的电机性能符合技术标准规定。检查应该从电机检修一投入就开始，一直跟踪到电机检修合格为止。检查的项目与要求分述如下：

1. 准备过程的质量检查

（1）故障检查质量要求

通过调查询问和试验检查等方法，全面、准确地了解和收集电机的故障现象及故障演变过程。据此查找出电机出现故障的部位，证实无误后方可进行下步的检修。

（2）技术准备质量要求

1）按照所修电机的种类和规格，全面准备技术数据和技术规范。包括电机的绝缘等级、主要尺寸、槽型尺寸、线规、额定值、主要性能指标等技术数据，电机的安装要求、试验标准及安全使用要求等技术规范，零部件及其制造材料的性能、规格、检验方法和装配要求。这些内容是检修工艺设计的主要依据。

2）绘制修理部件的加工图样。选择线圈的线规和匝数、匝间绝缘、槽内和端部对地绝缘的厚度和层数，计算绕线模尺寸和成形线圈的各部位尺寸。

3）编写电机检修工艺规程

适当地选择各工步的加工方法、工艺参数、加工基准和精度、检验方法，按此编写工艺过程卡片等工艺文件。

4）合理安排检修进程。对各工段，按照各工序的顺序关系和时间定额，安排各工序的开始时间和结束时间，其中最后一道工序的结束时间与第一道工序的开始时间之差称为工期。在保证总装配时各项作业都完成的前提下，按照工期最长的作业先开始的原则，可灵活地安排其他工段的开始时间和结束时间。这就是网络规划技术在电机检修质量管理中的应用。电机检修中，绕组修理的工期最长，其各工序的路线在管理上被称为关键路线。在保证质量的前提下，应尽可能缩短关键路线上各工序的工期，进而缩短整个检修工作的工期，提高检修效率。

（3）材料准备质量要求

按照检修的时间安排和估算的用量，提前准备好性能和规格符合要求的电磁材料、绝缘材料、机械结构材料、绑扎固定材料，以及轴承、电刷等配件，润滑脂、清洗剂、粘接剂、漆、溶剂等。

2. 检修过程的质量检查

电机检修质量取决于检修过程中各工艺规程的执行质量。要求做到：

（1）各工序开始前，检查设备、工装是否按工艺要求备齐。

（2）每一道工序结束后或者下一道工序开始前，都应对原材料或半成品进行质量检查，要求尺寸、性能符合图样或工艺规程规定。

（3）各工序应严格按规定的加工方法和工艺参数进行加工制作。

（4）对成品进行抽查检验。各结构部件的尺寸公差、形位公差、表面粗糙度等必须满足图样要求。线圈在嵌线前后还要进行耐压试验，耐压水平必须符合标准规定。

（5）分析成品质量不合格的原因，对工艺规程提出改进建议。对不合格的成品，若非操作不当等人为原因引起的，如线圈的耐压全部不合格、嵌线后端部过长或过短等，就要对工艺规程和图样进行更改，并在工艺过程卡或图样上写明更改事项。

（6）对数据进行严格管理，做好检修记录和试验记录。

（7）总结提高。收集整理检修的技术资料，特别是更改建议和记录，总结出取得的主要经验和存在的主要问题，并归档备查。

单元考核要点

考核类别	考核范围	考　核　点	重要程度
理论知识	故障查找	了解电机的工作特性	★
		电机性能试验的做法及要求	★
	加工制作	金工知识	★★
	修理	简易设计计算知识	★★
		测量与公差知识	★
操作技能	故障查找	能查明机械、绕组、铁心故障	★★★
		能组织拆卸大型电机	★★★
	加工制作	能制作绕线模、垫块	★★★
		能进行大型电机槽楔的选材制作	★★
	修理	能进行定子绕组改型计算	★★
		能组织大型电机组合、安装	★★★
		能修理端盖、出线盒	★★
		能检查定子绕组、电机的检修质量	★★★

单元测试题

一、单项选择题（下列每题的选项中，只有1个是正确的，请将其代号填在横线空白处）

1. 直流电动机转速调整率$\Delta n=\frac{n_0-n_N}{n_N}\times100\%$，通常$\Delta n$为________。

A. 1%～2%　　B. 2%～3%　　C. 3%～4%　　D. 4%～5%

2. 大型电机在调整气隙时，上端气隙应比下端气隙大0.05 mm左右。目的是防止电机转动后因转子被油膜________而造成气隙不均匀。

A. 减小　　B. 下降　　C. 挤压　　D. 抬起

3. 钕铁硼的________是铁氧体的7倍。

A. 最大磁能积$(BH)_{max}$　　B. 剩磁密度B_r

C. 矫顽力H_c　　D. 内禀矫顽力IH_c

4. 电机检修中，绕组检修的工期最长，其各工序的路线在管理上被称为________路线。

A. 普通　　B. 长　　C. 短　　D. 关键

5. 从加工方面考虑，大型电机槽楔的长度一般取________mm为宜。

A. 50～100　　B. 150～200　　C. 300～400　　D. 450～500

6. 修理前的试验，主要是为了________。

A. 检查电机性能　　B. 检查零部件的质量

C. 检查电机质量是否符合要求　　D. 检查电机运行情况

7. 下列哪种电动机一般不做堵转试验________。

A. 单相异步电动机　　B. 直流电动机

C. 绕线转子异步电动机　　D. 三相异步电动机

8. 同步电动机是指转子转速与旋转磁场的转速________的一种三相交流电机。

A. 相等　　B. 大于　　C. 小于

9. 电容启动电动机是在启动绕组回路中串联一只适当容量的________再与工作绕组并联。

A. 电阻　　B. 电感　　C. 电容　　D. 霍耳元件

10. 高压电机主要绝缘的基材一般采用耐电晕性能的________。

A. 玻璃纤维织物　B. 云母材料　　C. 聚酰亚胺薄膜　D. 无纬带

11. 异步电动机大修后，大修中不更换定子绕组和局部更换定子绕组的，交流耐压试验为________。

A. 1.5 倍额定电压，但不低于 1 000 V

B. 1 倍额定电压，但不低于 800 V

C. 0.8 倍额定电压，但不低于 500 V

D. 0.5 倍额定电压，但不低于 500 V

12. 异步电动机大修后，定子绕组全部更换后，定子绕组交流耐压试验为________。

A. 2 倍额定电压＋1 000 V，但不低于 1 000 V

B. 1.5 倍额定电压＋1 000 V，但不低于 1 200 V

C. 0.8 倍额定电压＋1 000 V，但不低于 1 100 V

D. 0.5 倍额定电压＋1 000 V，但不低于 1 000 V

二、判断题（下列判断正确的请打“√”，错误的打“×”）

1. 绕线式转子异步电动机转子绕组开路电压的测定是在其转速达到额定转速时进行的测定。（　）

2. 直流电动机空载试验的空载特性偏高时，需要减小气隙使磁阻减少。（　）

3. 直流电动机电枢绕组匝间短路可用电桥测量各相邻换向片间的电阻，如果电阻值不等且不为零则线圈匝间短路。（　）

4. 电机槽的宽度＝绝缘导线的宽度×并列排数＋匝间绝缘厚度＋线圈对地绝缘双边厚度＋宽度间隙。（　）

5. 异步电动机改变频率的简易计算，若要求电机保持恒转矩输出，其匝数应按$\sqrt{f}W$数值不变来计算。（　）

6. 拆开发电机端盖并抽出转子后，要做好保护及防潮工作。（　）

7. 电机铁心烧损严重时，必须将烧毁区域的冲片换掉或将整台铁心冲片都予以更换，重新叠压并紧固。（　）

8. 直流电刷下火花太大，通过检查，发现换向极绕组短路，并烧熔严重，此时就应对短路点进行修理，寻找相同规格母材，剪除烧熔部分，进行银磷铜对接焊，并锉平砂光，进行绝缘处理。（　　）

9. 电机气隙的均匀程度反映了定、转子轴线之间的安装误差的大小，两端都完全均匀的电机，其定、转子中心轴线是完全重合的。（　　）

10. 异步电动机振动大，经检查，联轴器不平衡，处理方法是做转子平衡。（　　）

11. 绕线型转子端部绑扎，目前广泛使用无纬玻璃丝带，它不仅能提高电机的电气性能和力学性能，而且操作方便、成本低。（　　）

三、技能题

第 1 题：按图 2—57 所示的图样完成插入式波绕组线棒加工（采用一头弯结构1/2叠包粉云母带不模压工艺）。

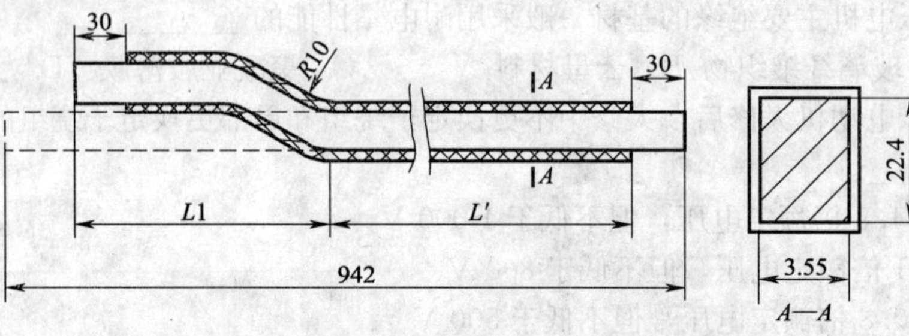

图 2—57　YR500—8 500 kW 插入式波绕组线棒

1. 操作准备

序号	名称	型号与规格	单位	数量	备注
1	图样	YR500—8 500 kW　6 kV/50 Hz 中型高压三相异步电动机转子绕组线棒图	张	1	
2	设备	铜排下料剪切机	台	1	
		工作台	台	1	
		支架	个	2	固定线棒包绝缘用
3	工器具	锡锅、剪刀或壁纸刀	个	各 1	
		锤弧模	套	1	
		扳弯工具	套	1	
4	材料	矩形铜排 TBR 3.55×22.4	m	足量	
		B 级 5438－1 粉云母带（0.1～0.14）mm×25 mm	m	足量	
		B 级 0.05 mm 聚酯薄膜	m	足量	
		B 级 0.1～0.14 mm 粉云母绝缘纸	m	足量	
		B 级聚酯薄膜带 0.05 mm×25 mm	m	足量	
		锡	kg	足量	
		B 级绝缘漆	kg	足量	

续表

序号	名称	型号与规格	单位	数量	备注
5	量具	游标卡尺	个	1	
		直尺	个	1	
		千分尺	个	1	
6	工具书	中、小、微型电机修理手册，电机修理工技师培训教材	册	各1	
7	文具	纸，笔，计算器			

2. 操作要求

(1) 检查各材料尺寸、绝缘等级均需检验合格。

(2) 按图样及工艺规程进行：检查→计算、下料、两端搪锡→复合膜制造→卷包→折弯→包绝缘带。

3. 操作时限

60 min。

4. 技术标准

按图样尺寸、技术要求、检验要求合格。

5. 配分及评分标准

序号	作业项目	考核内容	配分	评分标准	检测结果	扣分	得分
1	检查	检查铜排截面尺寸，绝缘材料尺寸及绝缘等级	5	量具使用方法、检查铜排、绝缘材料尺寸、绝缘等级各项不正确每项扣1分			
2	计算，下料，搪锡	单根线棒长＝942 mm，绝缘薄膜，粉云母纸长×宽＝(卷包规定层数×一层缠绕长度)×(942－2×30)，两端搪锡	10	查出卷包规定层数不正确扣2分 计算绝缘下料尺寸不正确扣5分 绝缘纸剪裁尺寸不正确扣5分 调直的裸铜线不规则，长短不齐扣2分 搪锡不均匀有油渍，有疙瘩扣2分 本项最多扣10分			
3	复合膜制造	在粉云母纸表面淋刷一层漆（同绝缘等级）和薄膜为底材对齐粘合成两层一体的复合膜	5	淋刷漆不均匀扣2分 两层绝缘没对齐扣2分 复合膜不平整扣2分 本项最多扣5分			

单元 2

续表

序号	作业项目	考核内容	配分	评分标准	检测结果	扣分	得分
4	卷包	裸铜排平放在复合膜上，卷包规定的层数	10	卷包方法、紧密程度、平整光滑程度、位置、尺寸，每项不正确各扣3分，本项最多扣10分			
5	折弯	绝缘线棒一端折弯达图样规定形状，折弯斜边锤弧	5	使用扳弯工具或锤弧模不正确每项扣2分，尺寸或形状不正确各扣2分，本项最多扣5分			
6	包绝缘带	从折弯端裸铜处开始用粉云母带1/2叠包至铜排另一端，连续1/2叠包至规定层数，再在绝缘外表1/2叠包1层聚酯薄膜带	5	1/2叠包方法、熟练程度、紧密程度、层数、起始与终点位置，每项不正确各扣2分，本项最多扣5分			
7	共计		40				

第2题：Y355—4高压电动机出线盒引接线绝缘故障的修理

1. 操作准备

序号	名称	型号与规格	单位	数量	备注
1	高压电动机	Y355—4 220 kW 6 kV	台	1	
2	工具	电工工具	套	1	
3	绝缘材料	1032绝缘漆	kg	足量	
		0.14 mm×25 mm 5438—1粉云母带	m	足量	
		0.05 mm聚四氟乙烯薄膜	m	足量	
		高电阻半导体防晕漆	kg	足量	
4	棉纱			足量	

2. 操作要求

按操作流程进行下列工序：拆卸→检查→修理→装配→检验。

3. 操作时限

30 min。

4. 配分及评分标准

序号	作业项目	考核内容	配分	评分标准	检查结果	扣分	得分
1	拆卸	打开接线盒，拆卸电源线	3	使用工具不当扣1分，丢掉螺钉扣1分，电动机上尘土不清除、场地不清洁扣1分			
2	检查	检查上述各零件有无缺损，接触异常，烧焦，断路，接地	5	如有故障而未检查出每项扣2分，本项最多扣5分			
3	修理	对上述各零件，接线端、引出线的故障进行修理	10	修错故障点本项无分，修理故障点正确而质量不合格扣5分，削绝缘层不成锥体状扣3分，包绝缘带层数、搭接方法、叠包方式不正确扣5分，外观不美观扣2分，本项最多扣10分			
4	装配	装配接线板，连接引出线、电源线	5	装配不牢扣2分，接错线本项不得分，本项最多扣5分			
5	检验	各零件，引线，绝缘，接触	2	工频耐压试验不通过本项不得分，收拾工具、清扫场地不合格扣1分，接触不良不得分			
6	共计		25				

单元测试题答案

一、单项选择题

1. B　2. D　3. A　4. D　5. B　6. D　7. C　8. A　9. C　10. B　11. A　12. A

二、判断题

1. ×　2. ×　3. √　4. √　5. ×　6. √　7. √　8. √　9. √　10. ×　11. √

三、技能题

略

第3单元

修试试验

电机转子校平衡是很重要的一道工序。校验得越精确，电机运行时的振动和噪声就越小。如何达到高平衡精度、如何计算许用不平衡量的限值是本单元重点介绍的内容。

转子校平衡分为校静平衡和校动平衡两种形式。校静平衡在静平衡架上进行，校动平衡则在动平衡机上进行，还有一种方法是在现场校平衡。

本单元介绍的电机电气试验与上一单元介绍的电气试验是有区别的。上一单元着重介绍为查找电机故障所做的试验，本单元则是对电机性能做试验。

第一节 平衡校验

培训目标

- → 能够根据静平衡和动平衡的校验方法做平衡校验
- → 能够计算电机的许用不平衡量
- → 能够使用与维护平衡机

一、电机转子校平衡的目的及方法

1. 校平衡的目的

在制造转子过程中，由于材料不均匀、结构不能绝对对称、加工和装配的误差等，往往导致转子质量分布不均匀，即转子不平衡。在电机出厂时，通过平衡试验校验，以使其接近平衡，但在修理过程中，如换向器重新组装，绕组重绕或更换转子部件等，往往会破坏原有的平衡，造成转子不平衡。

电机转子不平衡，会使电机运行时发生振动和噪声，加速轴承的磨损，缩短电机的寿命，还可能引起基础的共振，影响与电机配套的其他设备的运转，造成更严重的后果。直流电机，除了上述外，还会使电机换向性能恶化，换向火花增大，甚至不能正常运行。因此，在电机进行总装之前，转子必须进行校平衡，改变和重新分布转子的质量，以满足平衡条件。从而消除电机在运转时由于离心力所引起的振动。

2. 常用校平衡的方法及用途

电机转子校平衡的方法，有校静平衡和校动平衡的两种方法。而严格地说，任何转子都应该用校动平衡的方法消除不平衡。但在实际的电机修理过程中，可将低速转子（其长度 L 与直径 D 之比较小）只校静平衡。在选择转子平衡方法时，可参见表3—1。

表 3—1　　根据转子条件选择平衡方法

转子条件		校平衡类型
速度（m/s）	长度 L/直径 D	
<6	不限	静平衡
<15	$<\frac{1}{3}$	
$=15$	$\geqslant\frac{1}{3}$	动平衡
>20	$>\frac{1}{6}$	

对于中小型异步电动机，2 极、4 极和 6 极的电机转子需校动平衡，其他的可只校静平衡。一般风扇允许单个校静平衡，但平衡精度要求高的电机，应在风扇装上转子后再一起校动平衡。另外，换向器一般是在动成型（或超速）之前校静平衡，装上转子后

再一起校动平衡。功率较大的2极电机转子，应再装上每一部件逐次校动平衡。

3. 转子的许用不平衡量及平衡精度

转子的不平衡量，可用偏心距、重径积和平衡精度表示。

（1）偏心距e。即单面平衡转子重心对转轴的偏移，单位为μm。一般中、小型电机刚性转子的单位许用不平衡量e，可参见表3—2。

表3—2　电机刚性转子的单位许用不平衡量

平衡等级	不同转速电机的单位许用不平衡量 e（μm）				适用范围
	3 000（r/min）	1 500（r/min）	1 000（r/min）	750（r/min）	
Ⅰ	4.0	8.0	12	16	要求振动特别小的小型电机
Ⅱ	10	20	30	40	要求振动较小的小型电机
Ⅲ	20	40	60	80	一般电机

（2）重径积Gr。即不平衡量G与其距转轴轴线距离r的乘积，单位N·m。一般风扇的许用不平衡量Gr，不得超过表3—3的规定。

表3—3　风扇许用不平衡量

电动机中心高（mm）	许用不平衡量 Gr（N·m）				电动机中心高（mm）	许用不平衡量 Gr（N·m）			
	2极	4极	6极	8极		2极	4极	6极	8极
80	0.15	0.30			180	1.45	2.90	4.35	5.80
90	0.20	0.40	0.60		200	2.00	4.00	6.00	8.00
100	0.30	0.60	0.90		225	2.80	5.60	8.40	11.2
112	0.35	0.70	1.05		250	3.25	6.50	9.75	13.0
132	0.60	1.20	1.80	2.40	280	4.40	8.80	13.20	17.6
160	1.20	2.40	3.60	4.80	315				

（3）平衡精度A。即转子静平衡状态时，转子重心的线速度，单位为mm/s。

$$A=\frac{e\omega}{1\,000}$$

式中　e——转子的不平衡度，gmm/kg；

ω——转子的旋转角速度，rad/s；

A——转子的平衡精度，mm/s。

国际标准化组织在制定刚性转子平衡精度标准时。把平衡等级G值划分11级，G值范围从0.16～4 000 mm/s，公比为2.5，并以G的上限命名。例如G0.4级精度的转子，其G值范围为0.16～0.4 mm/s，并记为G0.4。对于G1级精度的转子，G值范围为0.4～1 mm/s，记为G1。其余以此类推。其中电机刚性转子的平衡等级与许用平衡精度值见表3—4。

图3—1所示给出了各级精度刚性转子许用不平衡度与转子工作转速间的关系，以供确定刚性转子许用剩余不平衡度时使用。采用最高两级精度时，只有当转子轴颈和轴承的精度相当高时才能达到。因此，在选用最高两级精度时应特别注意，既要从实际需

表 3—4　　电机刚性转子平衡等级与许用平衡精度值

平衡等级	平衡精度 A（mm/s）	适用范围
G6.3	6.3	一般电机转子
G2.5	2.5	特殊要求大、中型转子，小型电机转子
G1	1	特殊要求小型电机转子
G0.4	0.4	精密磨床电机转子

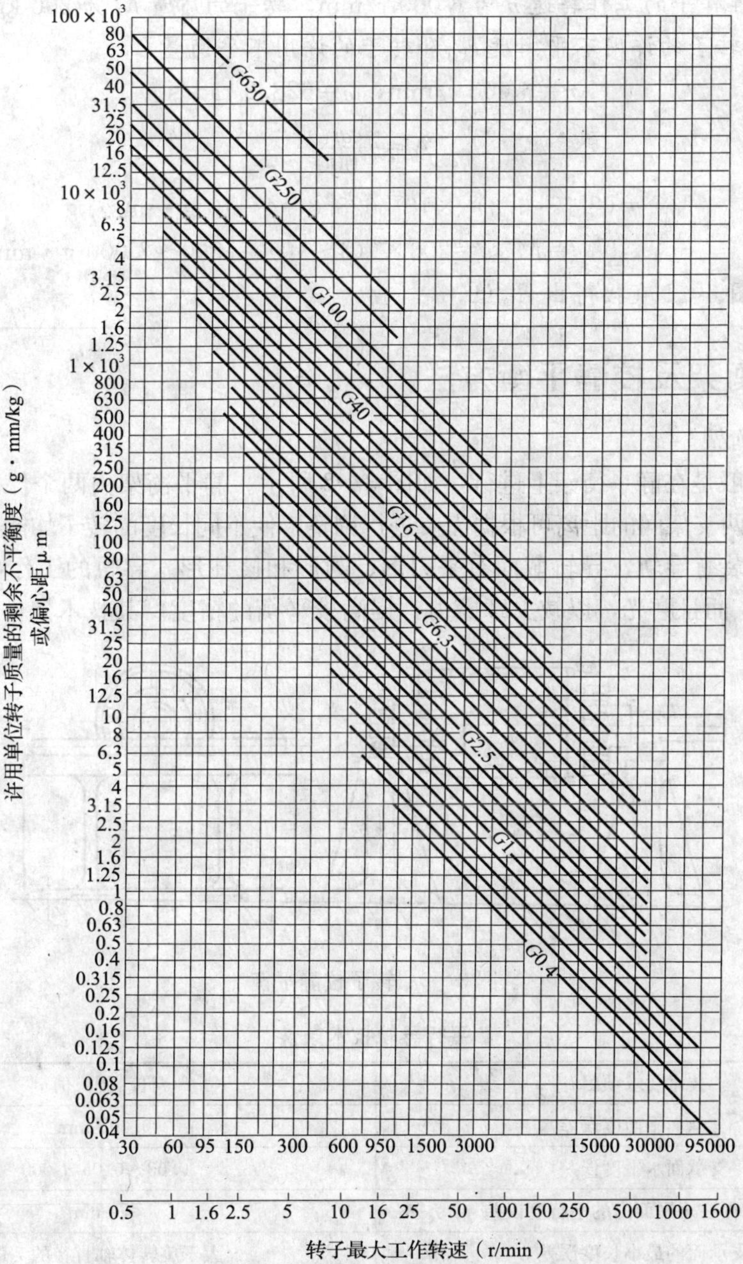

图 3—1　相应于不同平衡等级 G 的许用剩余不平衡度

要出发，又要考虑实现的可能性。对于 $G1$ 级精度，必须在转子自身的工作轴承中平衡。对于 $G0.4$ 级精度需用自身驱动，并在工作时的实际工作条件下进行平衡。

当确定了转子平衡等级之后，就可以用转子平衡等级的定义公式计算出，或由图3—1查出转子的许用不平衡度或静不平衡时的转子的许用偏心距。

【实例】

一个刚性转子的工作转速 n 为 6 000 r/min，转子的质量 M 为 200 kg，平衡等级为 $G6.3$，求转子的许用不平衡度 e_{Per} 和转子的许用不平衡量 U_{Per}。

解：$n=6\ 000$ r/min，$\omega=628.3$ rad/s

由 $$A=\frac{e\omega}{1\ 000}$$

得 $$e_{Per}=(2.5\sim6.3)\times10^3/628.3=4\sim10\ \text{g}\cdot\text{mm/kg}$$

$$U_{Per}=Me_{Per}=200\times(4\sim10)=800\sim2\ 000\ \text{g}\cdot\text{mm}$$

也可查图3—1直接得出 e_{Per} 值。

二、静平衡架及校静平衡方法

1. 静平衡架

静平衡一般是在静平衡架上进行，如图3—2所示。静平衡架由两个保持水平的平行支架组成，这两支架间的距离可根据需要进行调整，使不同长度的转子均能在上面校静平衡。在支架上装有导轨，导轨截面有平刃形、圆形和棱柱形。导轨的工作部分必须淬硬（55～60HRC）而且磨光，以减少摩擦力，提高校平衡的精度。其技术条件见表3—5。

图3—2 转子校静平衡

表3—5 平行导轨技术条件

技术要求项目	许 用 值
支承面平面度误差	0.005 mm
支承面水平度误差	0.03～0.05/1 000
两支承面在水平面内的平行度误差	≤1 mm
支承面的最小长度误差	大于旋转体轴直径的7倍
支承面的宽度误差	≈3 mm

2. 校静平衡方法

(1) 校平衡前的准备。在校静平衡之前，应将静平衡架、水平仪（支架校水平用）、平衡块或平衡垫圈准备好。再根据电机转子两端轴颈间的距离，调好静平衡架两导轨间的距离和两导轨的水平度，便可以进行校静平衡。

(2) 转子静平衡常用方法

1) 找出不平衡量的方位：吊起转子，将转子两端轴颈置于导轨上，轻轻推动一下，使转子在导轨上自由滚动（见图3—3)，待静止后，记下转子的底下M位置。再轻轻推动一下，使转子又一次自由滚动，转子静止后，若仍然在这个M位置的转子底下，则表明M的方位就是不平衡量方位。

2) 试加平衡量：即在M的相对N位置试加平衡量（一般采用橡胶泥，或将平衡垫圈套在转子平衡柱上)，如图3—3所示直至转子在任何位置均能静止为止。

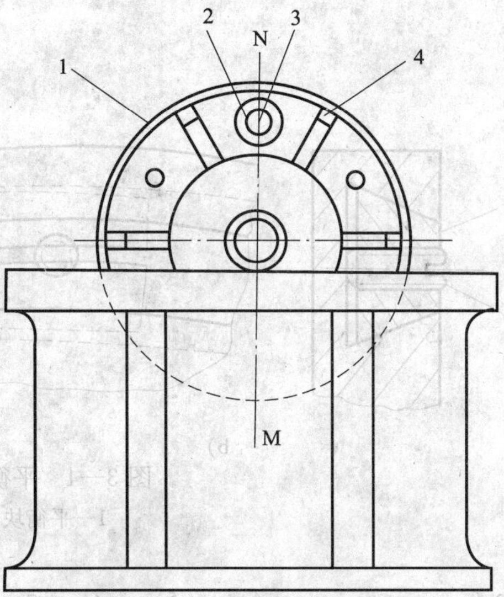

图3—3　在转子的平衡柱上加垫圈

1—转子　2—垫圈　3—平衡柱　4—风叶

(3) 安装平衡块或垫圈。转子校正静平衡后，再将转子从静平衡架上取下，并根据试加的平衡量安装平衡块或垫平衡块和垫圈，必须安装牢固，以防止在电机运行时飞出造成事故。常用的紧固方法如下：

1) 将垫圈铆在铸铝转子的平衡柱上，如图3—4a所示。

2) 将平衡块安装在换向器压圈或平衡座的燕尾槽内，再用螺钉顶紧固定，如图3—4b所示。

3) 将平衡块焊在电枢铁心压圈的内圆处，如图3—4c所示。

三、动平衡机及校动平衡方法

1. 校动平衡的目的

转子的不平衡，是由转子的质量相对旋转轴的分布状态所决定的。即使是同一类转子，由于材料分布的不均匀，加上过程误差等原因的存在，也有不同的不平衡状态和不平衡量。

转子进行动平衡（又称双面平衡）的目的，就是在转子任选的两个校正平面上加上或去掉部分质量。从而改善转子的质量分布状态，以保证转子每个校正平面上的剩余不平衡量都在规定的范围内，以防止电机运行时发生有害的机械振动。

2. 动平衡机

H6V动平衡机外形如图3—5所示。

(1) 动平衡机的用途。刚性转子的动平衡，一般是在动平衡机上进行或在转子使用现场平衡。动平衡机的用途就是测量被平衡对象（转子）的不平衡量大小和相位，以便改善其质量分布，使其剩余不平衡量或由不平衡引起的振动减小到所规定的许用范围内。

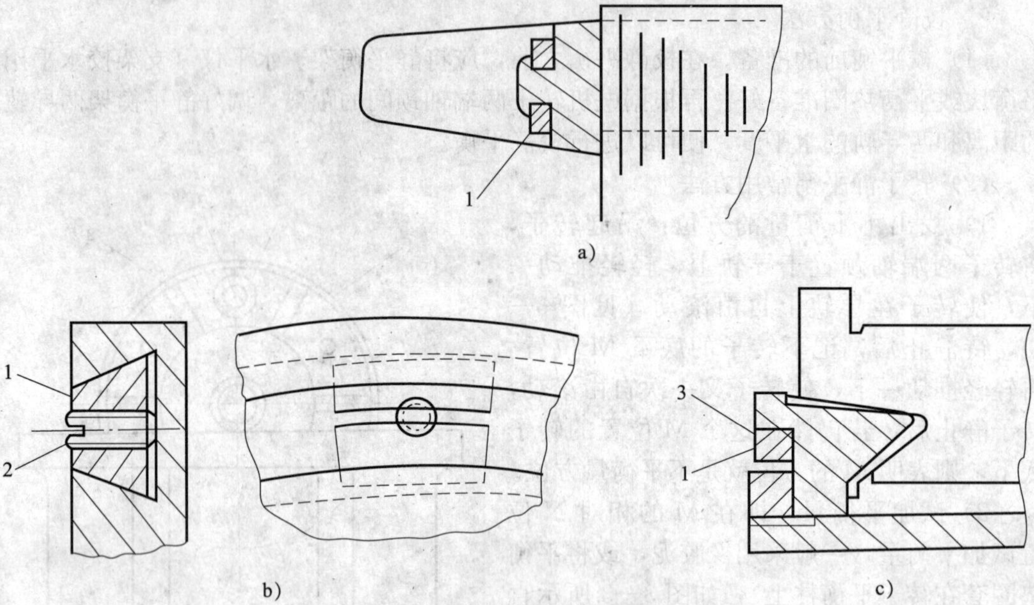

图 3—4　平衡块或垫圈的固定方法

1—平衡块　2—螺钉　3—焊缝

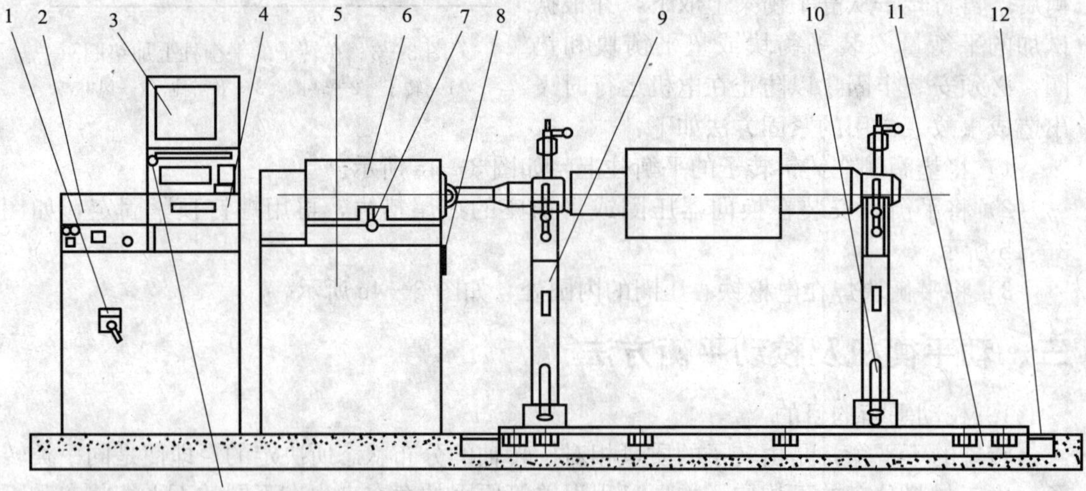

图 3—5　H6V 动平衡机外形图

1—主电源开关　2—电器开关柜　3—测量元件　4—打印机　5—床身
6—驱动齿轮箱　7—平衡转速换挡手柄　8—驱动法兰盘轴向移动调节手柄
9—支撑架　10—支撑架轴向移动调节手柄　11—平衡机底板　12—木盖板　13—键盘输入单元

（2）动平衡机的种类

1）按平衡机转子—支承系统的力学特点分类有两种，即软支承平衡机和硬支承平衡机。

①软支承平衡机是指平衡转速高于转子及支承系统固有频率的平衡机。

②硬支承平衡机是指平衡转速低于转子及支承系统固有频率的平衡机。

2）按平衡机上转子轴线的状态分类：分为卧式平衡机和立式平衡机。

①卧式平衡机是指平衡机上转子的轴线为水平状态的平衡机。

②立式平衡机是指平衡机上转子的轴线为竖立状态的平衡机。

3）按平衡机用途分类：分为通用平衡机、专用平衡机和现场平衡仪。

①通用平衡机是指在平衡机规定的转子质量范围内，能平衡形状、尺寸不同的多种转子的平衡机。

②专用平衡机是指在平衡机规定的转子质量范围内，只能平衡单一种类转子的平衡机。

③现场平衡仪是在现场用于对已安装好的整机或机组进行平衡测试的仪器。

④按测量方法、电路特点和不平衡量显示装置等分类：分为机械式平衡机、电子式平衡机、火花式平衡机、闪光式平衡机、相敏检波式平衡机和瓦特表式平衡机等。

（3）动平衡机的传动方式。动平衡机主要的传动方式有以下几种：

1）联轴器传动。联轴器传动是最常用的一种传动方式。它具有如下的优点：

①可以承受较大的扭矩，适用于质量较大的转子驱动。

②平衡时，转子的加速时间和减速时间都很短。

③适应转子范围宽，不受转子表面形状的限制。

④可以采用与联轴器驱动主轴同轴连接的基准信号发电机做相位基准，装卸转子时相位基准不变。

【特别提示】

联轴器传动的缺点是要带来一定的附加不平衡误差。因此，高精度平衡机上往往不采用联轴器传动。

2）带传动。带传动也是最常用的一种传动方式。带传动具有如下的优点：

①带传动具有减振作用，能减少驱动电机的振动对转子及支承系统振动的干扰，传动平稳、噪声小。

②传动带结构简单，成本低，易于装配和维护，更换传动带方便。

③适合于电机轴和转子轴中心距较大传动情况，而且对转子的振动没有任何约束作用。

④可以通过改变电机上带轮直径（或用塔轮）改变平衡转速。

3）转子的自驱动。这种传动主要用于微电机转子和陀螺仪转子，这些转子的平衡精度要求 $G1$ 和 $G0.4$ 级。如果采用外部驱动，由于驱动系统的不平衡或干扰振动就很难达到平衡精度要求。由于自驱动不需要任何外部机械连接和传动，所以驱动非常平稳，并且平衡状态与工作状态一致，平衡效果必定很好，使用也较方便。

3. 动平衡机的操作与维护

（1）操作前的准备工作

1）根据转子支承点间距离，调整两支承架相对位置。按转子的轴颈尺寸及转子的水平自由状态调节好支架高度，并加以紧固。

2）做好清洁工作，特别是转子轴颈、支架和带传动处的外径等的清洁工作。

3）安装转子，这时一定注意避免转子与支架的撞击。转子安装后在轴颈支架表面加少许清洁的机油。

4）调整好限位支架，以防止转子轴向移动，甚至窜出。

5）选择转速，可根据工件质量、工件外径、初始不平衡量以及拖动功率决定。按平衡机规定的mD^2n^2和mn^2（m—转子质量，D—转子直径，n—平衡转速）限止值选择好动平衡转速，并按转子的传动处直径和带轮大小，调整好带传动机构。若转子的初始不平衡量太大，出现转子在支承轴承上跳动时，应先用低速校正。有的转子虽然质量不大，但外径较大或带有风叶影响拖动功率时，也只能用低速校正。

6）根据转子情况在转子端面或外径上做上黑色或白色标记，调整光电转速传感器（光电头）位置。照向转子的垂直中心线并对准标记。

7）按电气开关柜使用说明书规定，调节好操作面板上的各旋钮和开关。

8）检查电气开关柜与显示箱、电控箱、光电转速传感器（光电头）、电动机、电源等是否已按规定连接好。

（2）试机及调整。在做好上述准备工作后，可试轻点启动按钮，检查工件轴向移动情况。调节左、右支承架高度，使工件无轴向移动。

（3）开动平衡机，进行校平衡

1）按下启动按钮，工件匀速转动。

2）观察显示屏幕上的角度和不平衡量数据。

3）停机，在相应的角度上加重或去重。

4）重新开起平衡机，观察平衡量是否达到要求。如果还达不到要求，重复2）～3）步。

（4）动平衡机的维护

1）必须经常保持动平衡机清洁，导轨面上应保持清洁，并经常涂油防锈。

2）支承块或滚轮表面应保持清洁，不能黏附铁屑、灰尘杂物，每次工作前应揩净支承块或滚轮和转子轴颈，再加上少许润滑油。移动支承架时应同时将转子转动或左右支承架同时同速移动，以免轴颈和滚轮表面划痕磨损，不允许将转子放在滚轮架上进行敲打或撞击。

3）电气开关柜和测量元件是动平衡机的关键部件，必须防止振动和受潮，应妥善保管。工作完毕后应关掉电气开关柜开关。如果电气开关柜较长时期不使用，应定期通电预热几小时。电气开关柜上所有旋钮和开关不得随意拨动，以免损坏元器件和带来测量误差。

4）动平衡机是精密检测设备，应有专人负责保管与操作。

4. 在现场校动平衡

在修理电机时，校动平衡最好用动平衡机，当现场无此装备时可用试凑法。先将转子轴的伸出部分擦拭干净，并均匀地涂上白粉，然后启动电动机，待达到正常转速时用红铅笔在涂白粉的轴上划线，笔尖应顺着转子运转方向，刚接触白粉表面为宜，多做几次。由于振动，划痕将集中到转轴的一面，并且表现深浅不一，同时用振动测试表测出振动值。停机检查划痕最深入的方向，并查明所对应之转子部位。此部位即为不平衡重量所在位置，但由于惯性关系，振动中心与不平衡重量位置存在一个角度误差，这个误差与转速有关。当转速在 750 r/min 以下，位移角为 15°～20°；转速在1 000 r/min，位移角为 20°～30°；转速在 1 500 r/min 及以上，位移角为 30°～45°。从振动中心（即划痕最深处）向逆转动方向找位移角度，再转 180°即为需加重的点。根据振动测试表所测得的值，将附加重量牢固地焊在需加重的点上。然后再次启动电动机，重复进行上述步骤，调整需加重点的方位和增减附加重量，直至转子振动幅值符合要求为止。

四、提高刚性转子平衡精度的措施

实践表明，平衡精度高的转子运行时，比平衡精度低的同类转子，其振动小得多。为了获得较高的平衡精度，可采取下述措施：

（1）采用以光点矢量瓦特计式硬支承动平衡机比老式软支承平衡机好。

（2）各种转子动平衡支承点，应尽量选在轴承位置，因为这样接近实际工作支承情况。

（3）对转子上有其他可拆旋转部分（如风扇、叶轮、驱动盘等），应尽可能采用整体平衡，且平衡后尽可能不拆动。如果必须拆动，就应做好明显的相对位置标记，以保证能准确复位，不破坏原平衡精度。

（4）对于无轴颈转子，其平衡假轴的配合间隙应尽可能小些，而且采用锥度配合假轴效果会比较好。

（5）不论使用哪种假轴，应先消除自身的不平衡。其自身平衡精度等级应不低于转子的平衡精度等级。

（6）对轴伸有键槽转子，需带工艺半键平衡，其半键应不高出轴表面，长度方向和两侧应紧贴键槽。半键应用套箍箍紧，套箍与轴的滑动配合间隙不应太大，一般不超过 0.05 mm。

（7）平衡机操作者必须认真计算或测量转子的尺寸，并一一输入机器。如果测量、计算或者输入时，数值错误会引启动平衡检测误差，影响平衡精度。

（8）必须按机器显示的不平衡量数值准确配重。当采用电焊固定平衡块时，焊缝的质量也应考虑在内，而且加重或去重的位置应该准确。

单元 3

第二节　电气试验准备

培训目标

→ 能够根据电气试验的具体内容和要求拟定试验方案
→ 能够根据试验内容准备测量仪器与仪表
→ 能够指导电气试验并检查接线
→ 能够及时消除试验的缺陷

一、电气试验的内容与要求

各种电机在工作原理及结构上具有很多共同点，因而它们的电气试验内容大部分是相同的，但也有不同之处。下面主要介绍三种电机的电气测试项目。

1. 三相异步电动机电气试验的内容与要求

（1）绕组对地及相间绝缘电阻测定。测量电机绕组的绝缘电阻采用兆欧表，其规格应根据被测试绕组的电压，按表 3—6 选定。测量埋置式检温计的绝缘电阻时，应采用不高于 250 V 的兆欧表。测量应分别在实际冷状态下和热状态下进行，不参与试验的绕组应与机壳可靠连接。测量时，兆欧表转速应保持在 120 r/min 左右，并在仪表指针稳定后读取数据。测量后，应将被测绕组对地放电后再拆线。检查试验时，可只在实际冷状态进行。

表 3—6　　兆欧表的选用原则

绕组额定电压（V）	≤36	>36～500	>500～3 300	>3 300
兆欧表的规格（V）	250	500	1 000	≥2 500

（2）绕组在实际冷状态下的直流电阻测定。通常用单臂电桥或双臂电桥测量，绕组电阻在 1 Ω 及以下时，必须用双臂电桥进行测量。定子绕组应在电机的出线端上测量，转子绕组的电阻应尽可能在绕组与集电环连接的接线片上测量。

（3）匝间绝缘试验。用专门的试验设备检查定子绕组匝间绝缘。其冲击电压值、试验时间、试验方法等要求可查阅第 2 单元第一节、二、1.（4）。

（4）耐电压试验。用专门的试验设备检查绕组对地绝缘。在绕组装到铁心上但各绕组之间尚未连接之前，应分别做各绕组对铁心的耐压试验和相互间的耐压试验。组装完成的电机，耐压试验应在绝缘电阻合格后进行。

（5）热试验。考核绝缘材料及工艺是否合格，同时还用于电机某些损耗值的计算。

（6）振动的测定。

（7）噪声的测定。

（8）超速试验。考核电机的力学强度。

（9）短时过转矩试验。对各类电动机均适用。对异步电动机，此项可不进行。

（10）偶然过电流试验。

（11）短时升压试验。如进行匝间绝缘试验，本项不要求。

（12）空载试验。检查定子的质量及气隙均匀度等。

（13）堵转试验。检查转子的铸铝质量、电机的启动性能。

（14）负载试验（效率、功率因数及转差率的测定）。测试电机工作性能。

（15）转子绕组开路电压的测定。该检测只对绕线转子和交流换向器电动机进行。

（16）最大转矩的测定。

（17）最小转矩的测定。仅对笼形转子电动机。

（18）轴电压的测定。仅对大型或有专门要求的电动机。

以上前 11 项是各种电机的通用电气试验项目。

2. 三相同步电动机电气试验的内容与要求

除通用试验项目外，按照电动机和发电机不同，还需进行下列试验：

（1）参数的测定。

（2）效率测定。

(3) 空载特性测定。

(4) 短路特性测定。仅对发电机。

(5) 电压波形正弦性畸变率及电话谐波因数的测定。仅对发电机和调相机。

(6) 额定励磁电流和电压变化率测定。仅对发电机和调相机。

(7) 自励恒压发电机的电压调整性能试验。仅对自励恒压发电机。

(8) 自励恒压发电机的不对称负载试验。仅对自励恒压发电机。

(9) 最初启动电流的测定。仅对异步启动的电动机和调相机。

(10) 最初启动转矩的测定。仅对异步启动的电动机。

(11) 名义牵入转矩测定。仅对异步启动的电动机。

(12) 最大转矩测定。仅对电动机。

(13) 失步转矩测定。仅对电动机。

(14) 冲击短路机械强度试验。

(15) 励磁系统顶值电压、电压反应比和电压反应时间的测定。对额定功率在3 000 kVA及以上的同步发电机和调相机。

(16) 绕组电抗和时间常数的测定。对功率在500 kVA以上的电机。

3. 直流电机的电气试验内容

除通用试验项目外，直流电机还需进行下列试验：

(1) 电刷中心位置的测定。

(2) 空载特性的测定。

(3) 额定负载试验。

(4) 发电机电压调整率和电动机转速调整率的测定。

(5) 电枢电流变化率测定。

(6) 绕组电感测定。

(7) 有换向极电机的无火花换向区域的测定。

(8) 整流电源供电时电机电压及电流脉动率的测定。

(9) 励磁绕组、换向绕组和补偿绕组的极性检查。

(10) 偶然过电流试验并同时检查换向。

(11) 无线电干扰的测定。

【注意事项】

上面列出的三大类电机的电气试验项目在电机修复后并不一定需要全部进行。一般而言，正规电机厂家在新产品试制，做重大设计修改或影响电机的电气性能的工艺改进后才需要对所有的检测项目全部进行，再加上机械检查就构成了我们平时所说的型式试验的全部内容。生产厂家在日常批量生产出厂前只需进行部分常规检查，即平时所说的出厂检验。以异步电机为例，除了机械检查外，出厂检验中的电气检查项目主要包括：绝缘电阻的测定；直流电阻的测定；空载试验；堵转试验；绕组匝间耐电压试验；绕组间及绕组对地的耐压试验等。在检修完毕后的电气测试一般为出厂检查的项目，并将检测结果与厂家提供的数据进行比较，基本可判断修复的质量。只有在必需的时候才进行其他项目的检测。

二、电气试验方案拟定

1. 电气试验方案的内容与要求

在重大的设计修改或影响电气性能的工艺改动后，都需要进行型式试验。在一般的电机修理完成后，也必须进行恰当的电气试验。下面介绍拟定电气试验方案的主要工作和一般原则要求，具体测试项目的方案拟定，可参阅有关电机电气试验手册。

（1）确定试验项目并准备方案数据

1）确定试验项目。电机的电气试验项目，一般按下列步骤和原则确定：

①根据被试的电机类型，查阅电机通用技术标准和对应的试验标准，列出全部试验项目表及各项目的具体要求或原则要求。

②按照标准的强制性要求，确定必须进行的试验项目。例如，电机绕组的直流电阻和绝缘电阻测量、耐压试验等通用试验项目。

③根据修理的实际情况，确定电机的特殊试验项目。如绕组修理后要进行空载试验和堵转试验，转子结构修理后要进行平衡试验和转动惯量测定等。

2）准备技术数据。根据电机的类型，选取电机的型号、额定值、性能参数等技术数据。按照所确定的试验项目，确定试验电流、试验电压、试验功率和时间要求等数据，供选择试验电源、试验负载及测量所需的仪器仪表、导线、元器件使用。

（2）确定试验方案。试验方案要求一个项目应保证至少有一套方案。每套方案的内容包括：

1）项目名称和试验目的。试验项目及其要完成的主要工作目标。

2）试验线路。可根据标准选择或根据实际情况自行设计。简单线路可以用原理图；对于复杂线路，应画出电气系统图或电气安装图。

3）主要设备和元件表。包括试验电源、负载、主电路元器件的性能和规格要求。

4）主要测量仪器和仪表。包括测量所需互感器等变换信号的设备。要求明确其精度等级和量程规格；对精密或复杂的仪器，还应指出其操作方法、使用要求和注意事项。

5）试验操作步骤。对每一步要写明具体操作的内容、做法及注意事项。

6）有关说明。包括适用环境、设计依据等。

2. 基本试验操作方法

（1）空载试验步骤

1）应测量三相绕组对地及相互间的绝缘电阻，并应符合要求。

2）将被试电机按图 3—6 接好线路。注意电源线的截面积应能承受电机的电流。

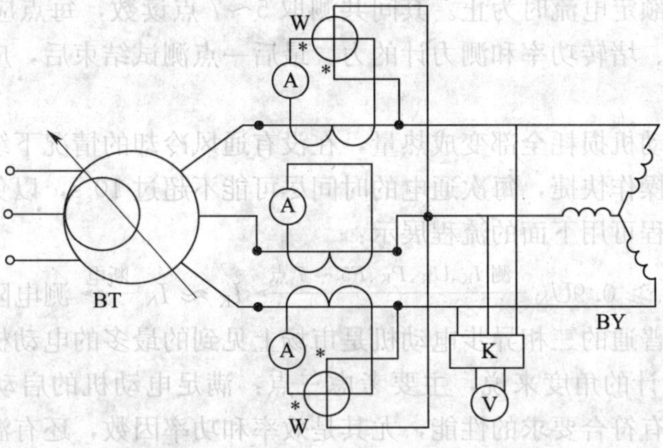

图 3—6 三相异步电机的试验空载线路图

3）检查接线正确及各端子紧固后启动电机。保持额定频率和额定电压空载运行到机械耗稳定。判定机械耗稳定的方法是：每隔 30 min 空载损耗读数之差与其平均值之比不超过 2%。在实际应用中，一般电机的空载运转时间大致为：10 kW 以下，20～30 min；10～100 kW，30～40 min；100 kW 以上，40～80 min。检查试验时，时间可适当缩短。而在做型式试验中，热试验结束后再做空载试验效果将会更好。试验时，施于定子绕组上的电压从 1.1～1.3 倍的额定电压开始，逐步降低到可能达到的最低电压值，即电流开始回升时为止。其间测取 7～9 点读数，每点应读取下列数值：电压值、三相电流、输入功率。注意，由于饱和，在额定电压附近和接近最后一点的一段内，测点应略密一些；读取数据时，应尽可能多人同时读取，以消除电压波动引起的误差。

4）测量结束后，应尽快断电使电机停转，立即测量定子绕组的电阻。

空载试验的全过程可用下面的流程展示：

$$1.1U_N \sim 1.3U_N \xrightarrow{\text{测 } I_0\text{、}p_0\text{、}U_0\, 7\sim 9\text{ 点}} I_0 \text{ 开始回升} \xrightarrow{\text{断电停转}} \text{测 } R_{01}$$

（2）堵转试验方法

1）将电机固定在试验平台上并按规定线路接线，堵住转子。注意，试验前电机应接近实际冷状态，对绕线转子电动机还应将转子绕组在出线端三相短路。试验前，应点动电机，确定电机的旋向，以保证试验的安全进行。

2）采用测力计测取电机的力矩，测力计与固定转子的力臂垂直，力臂可稍向上翘，以保证通电时力臂水平、测力计垂直，提高试验的精度。

3）量取并记录力臂的长度 l（m）。正确选取测力计的规格：按电机额定转矩的 3 倍估计试验时的力矩 T，即

$$T = 3T_N \approx 30P_N/n_N \quad (\text{Nm}) \tag{3—1}$$

$$F = T/l \quad (\text{N}) \tag{3—2}$$

上式中，P_N、n 分别为被试电机的额定功率（W）及额定转速（r/min）。计算出的数值供选择测力计时使用。

单元 3

试验时，施于绕组的电压尽可能从不低于0.9倍的额定电压开始，然后逐步降低电压至定子电流接近额定电流时为止。其间共测取5～7点读数，每点应同时读取三相堵转电流、堵转电压、堵转功率和测力计的力。最后一点测试结束后，应立即测量电动机的直流电阻。

堵转试验中电动机损耗全部变成热量，在没有通风冷却的情况下绕组温度会迅速升高，因此试验力求操作快捷，每次通电的时间尽可能不超过10 s，以免损坏电动机。

堵转试验的过程可用下面的流程展示：

$$U_K \geqslant 0.9U_N \xrightarrow{\text{测 } I_K、U_K、P_K、F5\sim7\text{ 点}} I_K \approx I_N \xrightarrow{\text{断电}} \text{测电阻}$$

（3）热试验。普通的三相异步电动机是市场上见到的最多的电动机，占所有电动机的70%左右。从设计的角度来说，主要考虑三点：满足电动机的启动特性要求；电动机稳定运行时需具有符合要求的性能，尤其是效率和功率因数，还有温升，同时，也要考虑制造尽量方便、经济。满足启动性能主要是启动电流和启动转矩要符合要求；稳定运行时主要是电动机的温升不能超过标准，效率、功率因数符合要求，同时运行时噪声、振动也需在一定的限值内。对于检修试验，在保证电动机的主要参数与原设计相同的情况下，仅仅是个验证试验。比较堵转试验和空载试验的数据与原制造厂的出厂检查数据是否相符，有时还需要进行热试验。

下面以异步电动机为例介绍热试验方面的知识。

1）热试验的目的。热试验的目的是测定电动机额定运行时各部件的实际稳定温升。电动机的温升、尤其是电动机绕组的温升，直接关系着电动机绝缘寿命的长短。正常工作时，电动机不应超过其允许温升运行，否则，电动机将会因过热而烧毁。

2）热试验的类型。加负载可分为直接负载法和间接负载法；条件许可时宜采用直接负载法；按测取绕组温升的方法可分为温度计法、埋置检温计法和电阻法，一般均采用电阻法。对于直接加负载进行热试验，如是采用测功机作为负载的，可以按实际负载运行，否则应按铭牌上给定的电流运行。热试验很费时，中小型电动机一般都需2～4 h，大型电动机则更长，有的在5 h以上。为缩短试验时间，试验开始时可以让电动机适当过载（20%左右）或者采取减少冷却介质的办法。试验时，在轴承、电机铁心以及在冷却介质的进口和出口处均放上温度计，每隔0.5 h记录一次各处温度的变化。按照国家标准规定，当1 h间隔的铁心温度差不超过2℃时，电动机温升已经稳定；实际上，当铁心处的温度连续两次的变化都在0.5℃以内时，可认为电动机温升已达稳态。这时可断电并快速使电动机停转，迅速测得电动机的电阻。

【注意事项】

电动机在运行中可能会发生各种故障，造成故障的原因也是复杂的，有电气的原因，也有机械的原因。因而，修理电动机后拟定试验方案也要因具体情况而定。有些电动机修理后，可能根本不需要进行什么电气试验。对大部分电动机来说，修理后进行一般的出厂检查就可以了。

三、准备测量仪器与仪表及其接线

1. 指针式功率表及其接线

指针式功率表俗称瓦特表，用于测量有功功率，一般为电动系，有单相和三相之分。

（1）单相功率表。单相指针式电动系功率表有图 3—7a 和图 3—7b 两种。第一种的电压及电流量程通过改变接线的方式来完成；第二种则通过转动旋钮来完成。

（2）三相功率表。三相指针式功率表如图 3—7c 所示。它实际上是两个单相功率表的组合，其接线是三相两表法的线路。

（3）单相功率测量线路。图 3—7d 所示为单相功率测量线路的两种接线方式。它们的区别在于带“*”的电压端子与电路的连接位置，在电流电路前面的称为前接法，后面的称为后接法。电机试验中常用后者。

图 3—7e 所示为带电流互感器的单相功率测量线路。

【特别提示】

带“*”的电流端钮应接电源端；带“*”的电压端钮应接在负载前端。

（4）三相功率表测量线路。三相功率表测量线路有三相一表、三相三表和三相两表，共三种。电机试验时一般采用第三种，图 3—7f 所示为带电流互感器电压后接的电路图。

2. 指针式功率表示值与测量值的换算

（1）单相功率。指针式功率表的测量值与其示值的换算关系如下式所示（电流通过互感器，电压直接）：

功率表每格瓦数＝电流量程（A）×互感器倍数×电压量程（V）×功率表的功率因数÷功率表的总格数

被测功率（W）＝功率表每格瓦数×表指示格数

【实例】

电流选 5 A 挡，电压选 600 V 挡，电流互感器为 100/5 挡，功率表的功率因数为 1，功率表总格数为 150，测量时指针指在 75 格处。则被测功率为

$$[5\times(100\div5)\times600\times1\div150]\times75=400\times75=30\ 000\ \text{W}$$

如功率表的功率因数为 0.2［称为低功率因数表，用于测量电机功率因数很低（例如空载时）时的功率，可提高测量准确度］，则上面的结果为

$$30\ 000\times0.2=6\ 000\ \text{W}$$

（2）两表法计算三相功率。采用两表法时，三相功率为两个功率表示值的代数和，即两者同号时，为两数相加；两者异号时，为两者相减。

3. 交流电动机电流、功率、电压综合测量线路

如图 3—7g 所示和图 3—7h 所示分别为不带电流互感器和带 3 个电流互感器、三相电压通过专用三相转换开关带 1 块电压表、带短接电流互感器二次（或电流表）开关的电流、功率、电压综合测量线路（功率表的电压端用后接法）。

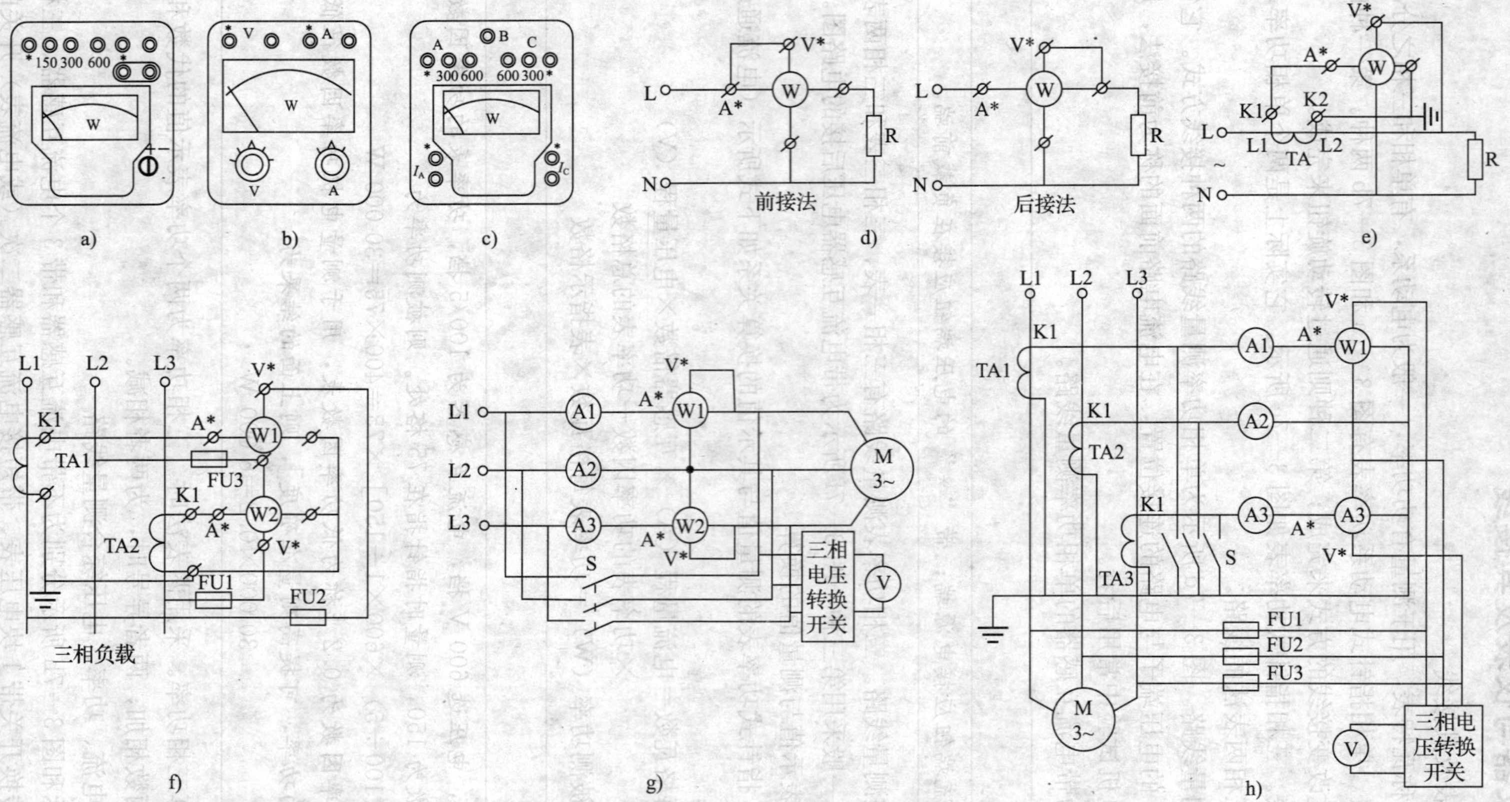

图 3—7　电流、电压、功率测量仪表及单相、三相测量线路

a）改接线换量程的指针式功率表　b）转动旋钮换量程的指针式功率表

c）三相指针式功率表　d）单相功率测量线路的两种接线方式　e）带电流互感器的单相功率测量线路

f）带电流互感器两表法三相功率测量线路　g）不带电流互感器三相电流、电压、功率综合测量线路

h）带电流互感器的三相电流、电压、功率综合测量线路

四、电气试验的接线检查与消除缺陷

1．电气试验的接线

图 3—8a 所示为三相电机试验接线图。刀开关 1 为总开关，不做试验时断开，做试验时接通。三相调压器可调节所需的不同要求电压（如 380 V 或 220 V），并可调节电压的波动以保证试验电压的稳定。封表刀开关作用是电机启动前先把封表刀开关合上，保护电流表及功率表免受启动电流的冲击，而打坏表针。电压表接在电机端，功率表电压采用后接法，以保证电压及其功率测量准确。刀开关 2 为做试验时用。

图 3—8b 所示是单相电容运转电机试验接线图，各仪表、刀开关作用同上。不同之处为能够测量主绕组电流与副绕组电流。

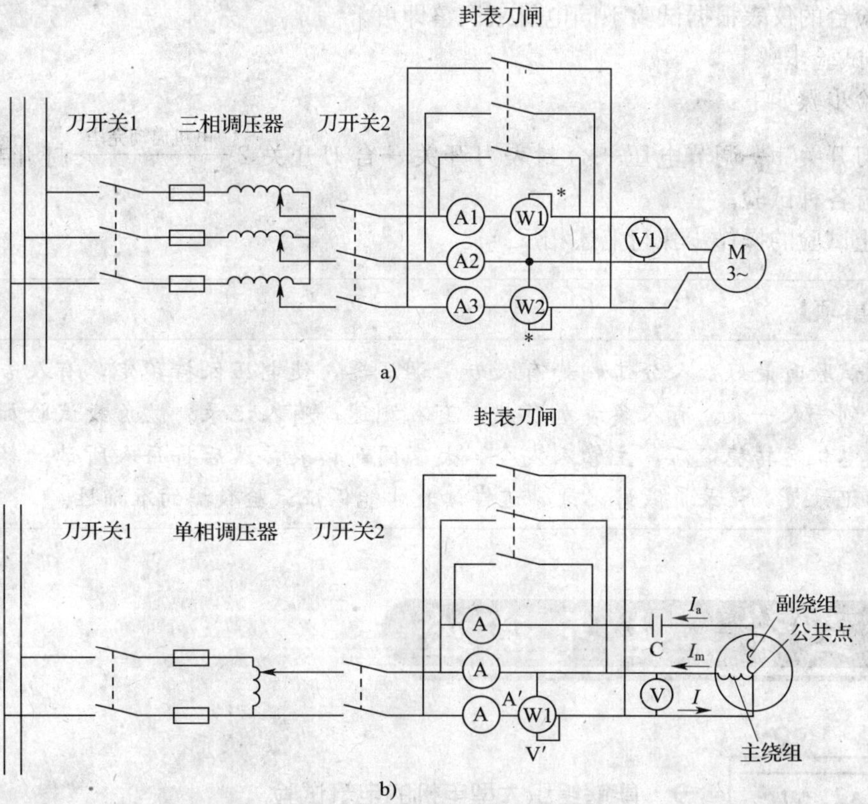

图 3—8　电机试验接线图

a）三相电机试验接线图　b）单相电容运转电机试验接线图

2．接线的检查与消除缺陷

检查接线时要按主次线路分别检查。主线路有：电源、刀开关、熔断器、调压器、各种仪表和电机。检查线路是否接正确，尤其调压器，一次绕组接电源，二次绕组接负载，不能接反。接反会过流，烧断熔断器。检查各电流表、功率表的电流端钮是否串联在各相线路上，不能并联在线路上，否则会烧毁仪表。功率表接线比较复杂，电压端钮除一端接本相线路外，另一端要接在没有功率表的线路上（两表法），如果接错，测量数据会不准确。要检查仪表量程是否正确。电流表如有两个量程时，除接线端钮有标注外，线圈尚有串并联端钮，如变动要同时变动。要两个接线头一致。不能主线路端钮为一个量程，而串并联端钮为另一个量程。功率表也是如此。电压表接在靠近电机端。整个线路线头多，但不能接错位置。最后检查次要线路即封表线路是否一一对应。如果接错会造成短路，烧毁熔断器。如各刀开关用接触器来代替，主触头按主回路检查，线圈及其按钮开关按控制回路检查。要查线圈电压是否正确，启动按钮是否能自锁，停止按钮是否串入总控制回路内，如果接错，停止按钮将不起作用。

以上所述接线的检查，一经发现错误要立即改正。最好请另外一人复查，确认无误后再进行试验。

如果常做试验，最好将试验接线做成固定的试验台，避免接线、检查、拆线诸多麻烦。试验台的仪表根据试验不同电机来调整即可。

3. 试验步骤

试验步骤如下：

合刀开关 1→调节电压→合封表刀开关→合刀开关 2 $\xrightarrow{\text{电机启动完毕}}$ 打开封表刀开关→进行各种试验。

停止试验的操作步骤与上述相反。

【注意事项】

做试验时最好数人分工，如有人专管调压器，使电压保持稳定，有人专管读仪表，做到一人一表，有人负责加负载，有人测速，有人记录。做负载试验加减负载时，当电机运转稳定后，主管人发令，大家同时读表，然后将每人所读的数据逐个地告诉记录员，记录员做好记录。这样读表才能保证试验数据的准确性。

第三节　电气试验

培训目标

→ 能够组织大型电机的电气试验

→ 能够分析试验结果及发现常见的检修质量缺陷

一、大型电机电气试验方法

1. 试验机组

大型电机的试验内容与方法与同类的中小型电机基本相同，区别是它们所要求试验电源和负载的容量大。一般大型电机的电气试验用图 3—9 所示的试验机组，其中由三机组和两机组组成的变频机组，用来作为试验电源和负载回馈设备。这套机组既可作为频率恒为 50 Hz 的交流调压电源，又可作为直流电源和变频电源，能满足异步电动机、同步电机和直流电机的各个成品试验项目的需要。

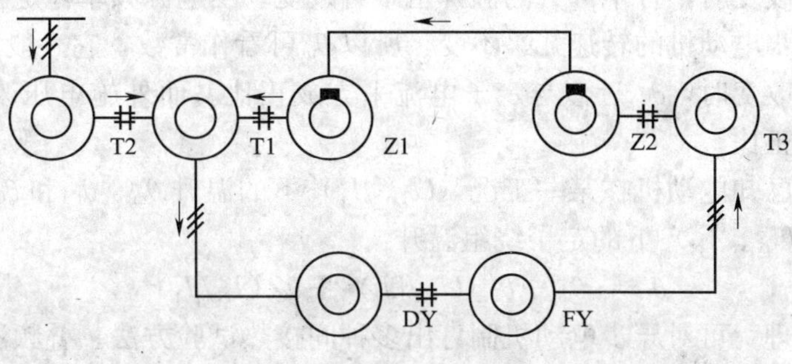

图 3—9　试验机组

表 3—7　　　大型试验机组的容量及负载能力

机　组　编　号		1	2	3	4
各电机的容量（kW）	同步电机 T1	7 600	3 600	2 000	1 250
	同步电机 T2、T3	3 600	2 000	1 250	800
	直流电机 Z1、Z2	2 500	1 600	1 000	600
被试电机最大容量（kW）	检查试验	7 600	3 600	2 000	1 250
	型式试验	2 500	2 000	1 600	650

三机组单独运行时，同步电动机 T2 驱动同步发电机 T1 输出交流，拖动直流发电机 Z1 输出直流。异步电动机做空载、堵转试验时，功率因数很低，所以 T2 的容量比 T1 的小。

为适应电机试验的需要，试验机组中的同步电机应符合下列特殊要求：电压可在 5%～130%额定电压范围内均匀地连续调节，并在 1.3 倍额定电压下可经常短时运转 5 min；转子为他励，过励能力强，负载功率因数为 0.1 时仍能短时输出额定视在功率；能在 1.25 倍额定转速下经常短时运转 5 min；滑动轴承的润滑方式，应能保证电机在 0.1～1.2 倍额定转速范围内安全运转；过载能力强；容许单相运行，以便做大型电机铁耗试验电源；在电动机状态运行时，能在 0.5～0.65 倍额定电压下空载启动三机组，启动时间不超过 10～30 s。

对直流电机的特殊要求如下：在发电机和电动机状态下都能稳定运行，并能在 0.1～1.2 倍额定转速范围内均匀调速；励磁为他励。主极带有少量串励稳定绕组；过载能力在 2 倍以上两台同规格电机可串并联使用，电枢绕组对地绝缘需加强。

2. 间接热试验

不便与负载电机连接的大型立式电机，以及缺乏大容量试验设备的场合，往往不得不采用间接热试验来确定电机额定运行时的温升近似值。

异步电动机定子绕组的发热是由各种损耗综合造成的。设电动机在电压 U_1、频率 f_1 及定子电流 I_1 下运行时，由机械损耗造成的温升为 θ_m，铁耗造成的温升为 θ_{Fe}，定子铜耗、转子铜耗和杂散损耗造成的温升为 θ_{Cu}。那么，定子绕组的温升可认为是由这几个部分的温升叠加而成：

$$\theta_N = \theta_m + \theta_{Fe} + \theta_{Cu}$$

电动机工况改变时，各个部分的温升也跟着改变。当电源频率稳定且负载在正常范围内变动时，异步电动机的转速几乎不变，所以 θ_m 可看作常数，它一般不超过 3 K。

电动机负载改变时，θ_{Cu} 近似与定子电流平方成正比。而外施电压改变时，θ_{Fe} 基本上与电压平方成正比。

这样，如果已知电动机在某一工况（U_1、I_1）下的温升 θ_m、θ_{Fe} 和 θ_{Cu}，就可按下式推算额定工况（U_N、I_N）下的定子绕组温升：

$$\theta_N = \theta_m + \theta_{Fe}(U_N/U_1)^2 + \theta_{Cu}(I_N/I_1)^2$$

根据上述原理，可对异步电动机制订出多种间接热试验方法。叠频法、不平衡电压法、两台星形联结定子绕组中性点叠加直流电流法，是模拟电动机各部分在满载状态下的实际损耗和发热状态，直接测取满载温升近似值。绕线转子异步电动机的空载短路法、笼形转子异步电动机的空载温升法，是根据几种损耗单独作用下的温升来推算满载温升。部分负载法则是用延伸绕组温升与电流的关系曲线，来求取满载温升。

不平衡电压法和叠加直流电流法，由于试验工况下电机各项损耗与额定工况出入较大，所以准确度较低。空载—短路法，试验工作量较大，而且由于空载、短路热试验中，绕组的发热和散热条件与额定工况有出入（定子绕组的热态电阻和定子铜耗随定子温升提高而增大。电机满载运行时，绕组与铁心及冷却介质之间的温差较大，散热条件变化），测试准确度也不高。

下面介绍准确度较高的叠频法和部分负载法。

（1）叠频法

1）转子叠频法。绕线型异步电动机常用转子叠频法试验。如图 3—10a 所示，被试电机 DY 的定子外施额定频率的额定电压，转子绕组外施频率 f_2 为 10～30 Hz 的低电压，转子电源的相序调整到定子、转子的旋转磁场方向相同。这样，转子旋转磁场就在定子

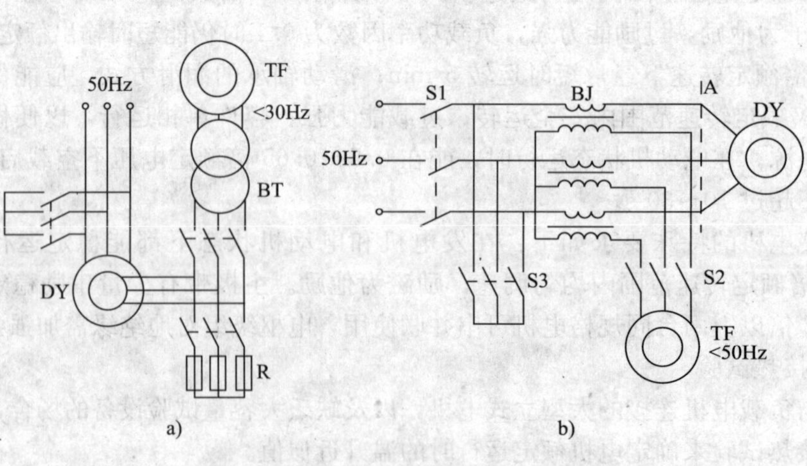

图 3—10　叠频法热试验

a）转子叠频法　b）定子叠频法

绕组上异步一个频率为 f_1+f_2 的电压，并在定子绕组与电源变压器次级绕组内叠加一个短路电流。调节转子外施电压到约为转子开路电压的 10%～20%，使定子合成电流等于额定电流，转子电流接近额定电流，让被试电机在等值负载状态下运转。试验中如果定子、转子电源相序相反，则转子旋转磁场在定子上异步电压的频率为 f_1-f_2，当 f_2 超过 40 Hz时，短路电流的频率很低，电动式或电磁式仪表的指示摆动很大，不便于测试。

试验时，首先查明两电源的相序。定子通电，转子串电阻启动（或转子短路，定子降频降压启动），再将定子短接，转子接变频机 TF 降压启动，两者转向应相反。接着让电机从定子方面启动，然后将转子自启动电阻（或短路状态）转换到低频电源，逐渐升高 TF 的输出电压，并调节 TF 的电压和频率到所需数值。被试电机温升稳定后，同时切断定子、转子电源，并采用机械制动法停机，或者仅将定子转换到短路状态，采用 TF 变频机组降频制动。定子绕组和铁心的温升通常取为实测值，转子绕组的实测温升则按与电流平方成正比的关系修正。

变频机 TF 的额定电流如果大于被试电机转子额定电流，也可不用降压变压器 BT。被试电机转子也可叠加额定频率的交流电，但转子铁耗和铜耗会比正常运转时增大，温升偏高。转子频率越低，转子工况越接近实际工况，但仪表指示摆动较大，而且同步发电机和变压器的额定电压都要随频率降低而相应降低，否则，磁路会过于饱和。

2）定子叠频法。笼形异步电动机只能用定子叠频法试验。如图 3—10b 所示，被试电机 DY 外施额定频率 f_1 的电压（稍低于额定电压），再通过接在主电源与 DY 之间的串联变压器 BJ，叠加与主电源同相序但不同频率 f_2 的低电压，使 DY 的转子在两个不同频率旋转磁场所对应的同步转速之间的平衡转速下运转。对频率较高的电源而言，DY 处于电动机状态；对频率较低的电源而言，DY 处于感应发电状态。DY 在这种混合工况下，产生与额定工况接近的等值发热损耗而做热试验。

试验时，先校正两电源的相序：被试电动机分别由主电源供电（闭合 S1，断开 S2、S3）和叠加电源供电（闭合 S2、S3，断开 S1），转子转向应相同。接着，将叠加电源 TF 的输出电压调到接近于零，断开 S3，闭合 S1、S2，被试电动机由主电源供电，并以 BJ 做电抗减压启动。然后，调节叠加电源 TF 的输出电压和频率，并相应调节主电源的电压，使被试电动机上的合成电压等于额定电压，定子电流（电压与电流都在图 3—10b中虚线 A 所示的位置测量）等于额定电流（电流基准法），或定子输入功率等于额定工况下的总损耗（损耗基准法）。

试验过程中，被试电动机会产生频率为（f_1-f_2）的差频振动和特殊噪声。调节叠加电源的频率时，必须监视被试电动机和试验电源机组，任一电机振动过大就立即降低叠加电源的电压，然后改变叠加电源的频率，避免出现共振现象。

叠加电源的频率宜与被试电动机额定频率相差±20%左右，考虑到试验机组不宜长期超速运行，叠加电源的频率一般取 38～42 Hz。串接变压器二次绕组的叠加电压，约等于被试电动机 0.2 倍额定电压，它取决于被试电动机、串接变压器和主电源的阻抗压降。

由频率为 f_2 的定子旋转磁场所异步的转子电流，其频率接近 $\frac{f_1-f_2}{f_1}f_2$，显著超过正常工况下的转子电流频率。由于转子导条的有效电阻会随转子电流频率的提高而增大，因此以电流基准法做叠频热试验时，转子铜耗会比正常工况下稍增大。如果叠频法温升合格，则直接负载法也可合格。为提高测试准确度，转子槽形较深的中大型 2 极电动机，宜以损耗基准法进行叠频试验。

定子叠频法中，主电源与叠加电源的相序相同，可使叠加旋转磁场异步的转子电流频率不会太高，转子电阻和转子铁耗不会显著增大。叠加电源的频率与额定频率相差 10 Hz 左右，可使电磁式或电动式仪表指示不会有很大摆动，被试电机的转子铜耗也不致过大。

串联变压器起到隔离主电源与叠加电源的作用。串联变压器的二次绕组应能通过被试电动机的额定电流，其绝缘的电压等级要与被试电动机相适应，其变比应接近同步发电机 TF 的额定电压与所需叠加电压的比值。

如图 3—11 所示，如果将输出频率为 40 Hz 或 60 Hz 的同步发电机 TF2 的定子绕组，直接与输出频率为 50 Hz 的主发电机 TF1（或电源变压器）串联，就可不用串联变压器。但这样也有缺点：TF2 绕组绝缘的电压等级要与主电源相适应，额定电流要大于被试电机的额定电流；TF2 和 TF1 电机气隙中分别存在很大的 50 Hz 及 40 Hz 旋转磁场，转子铁心和阻尼笼可能过热；TF2 和 TF1 励磁绕组中会异步一个 10 Hz 的交流电动势，而使励磁机 Z2 和 Z1 换向恶化。所以，只有被试电机额定电流小于 TF2 和 TF1 的额定电流时，此法才能应用，并需在试验过程中加强对机组运行状态的监视。

单元 3

（2）部分负载法。被试电机在额定电压、额定频率下做三次部分负载热试验，测取定子电流约为 0.4、0.6、0.8 倍额定电流时的定子绕组温升。绘制 $\theta=(I/I_N)^2$ 曲线，在其延长线上对应于额定电流时的温升（见图 3—12），就是电机在额定工况下的定子绕组温升。

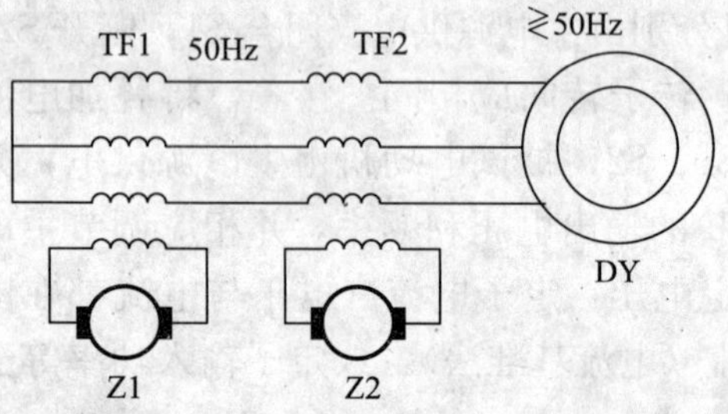

图 3—11　定子叠频法的另一种方式

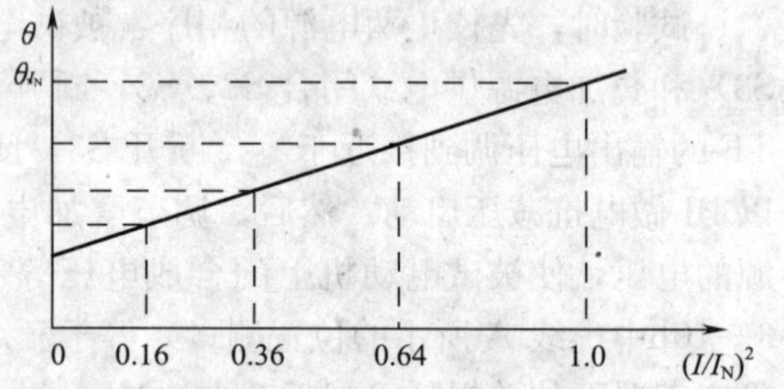

图 3—12　部分负载温升试验

按上述方法试验，如果设备容量还不够大，则可采用降低电压部分负载法测取定子绕组和定子铁心的温升。此法仅需做两次热试验：

1）空载热试验。被试电机在额定频率与额定电压下空载运转时，测取定子绕组温升 θ_0 和定子铁心温升 Δt_{Fe1}。空载定子绕组温升是由空载定子铜耗及全额的铁耗和机械损耗所造成的。

2）被试电机在额定频率、额定电流和 0.5 倍额定电压下负载运转，测取定子绕组温升 θ_{I_N} 和定子铁心温升 Δt_{Fe1}。

θ_{I_N} 是由全额定子、转子铜耗及附加损耗（以 θ_{Cu} 计），全额机械损耗（以 θ_m 计）和低电压下的铁耗（以 θ_{Fe} 计）所造成：

$$\theta_{I_N}=\theta_{Cu}+\theta_m+(U/U_N)^2\theta_{Fe}$$

式中　U——试验时定子电压；

U_N——定子额定电压。

3）温升推算。电机在额定电压、额定功率下的定于绕组温升 θ，按下式计算：

$$\theta=\theta_{I_N}+[\theta_{Fe}-(U/U_N)^2\theta_{Fe}]\approx\theta_{I_N}+\theta_0\frac{p_0}{p_0-p_{0h}}$$

式中　p_0——额定电压下的空载损耗，由空载试验测定；

p_{0h}——0.5 倍额定电压下的空载损耗，由空载试验测定。

电机在额定工况下的定子铁心温升，按下式计算：

$$\Delta t_{Fe}=\Delta t_{Fe2}+\Delta t_{Fe1}\frac{p_0}{p_0-p_{0h}}$$

式（3—5）、式（3—6）中都假定两种不同电压下的空载损耗 p_0 与 p_{0h} 的差值是由铁耗变化所引起，忽略空载定子铜耗变化的影响。

降低电压负载法与直接负载法相比，定子绕组温升的测试误差大致为±3 K。产生误差的主要原因是：电机在低电压下励磁电流减小而定子电流仍达到额定值，导致转子电流和转子铜耗增大；低电压下气隙磁密降低，杂散损耗减小；转差率增大，通风稍变差。

3. 空载试验

高压电机做空载特性曲线时，如果没有高压异步调压器或高压同步发电机组，也可用低压异步调压器，通过高压变压器给被试电机供电。

大型异步电动机如果缺乏调压电源来做空载特性，而且在其他试验中需和同步电动机或直流电动机耦合，则铁耗和机械损耗也可分开测定。

（1）求机械损耗。被试电机的绕组开路，转子由陪试电机驱动到同步转速，则机械损耗等于陪试电机的有效输出功率。

（2）求铁耗。被试电机定子接电源、转子由陪试电机驱动到同步转速。此时，被试电机的输出功率及转子铜耗等于零。机械损耗由陪试电机来承担，定子输入功率只抵偿铁耗和定子铜耗，因而铁耗可按下式求取：

$$p_{Fe}=p_0-3I^2R_\varphi$$

绕线转子异步电动机在转子开路的情况下进行此试验时，可由同极数的其他异步电动机驱动。

4. 堵转试验

（1）测量读数点调整与结果处理。如果限于设备而不能按堵转试验的一般要求测量时，可减少读数点。对 100 kW 以下的电动机，堵转试验的最大电流值应不低于 4.5 倍额定电流；对 100～300 kW 的电动机，最大电流值应不低于 2.5～4.0 倍额定电流；对 300 kW 以上的电动机，最大电流值应不低于 1.5～2.0 倍额定电流。在最大电流到额定电流范围内，均匀地测取不少于 4 点的读数。

确定堵转电流和堵转转矩的方法可分为以下情况：

1）当堵转试验时的最大电压在 0.9～1.1 倍额定电压范围内时，则在堵转特性曲线

$T_K=f(U_K)$ 和 $I_K=f(U_K)$ 上，可直接用 $U_K=U_N$ 代入，查得堵转电流 I_{KN} 和堵转转矩 T_{KN}。

2）当堵转试验时的最大电压低于 $0.9U_N$ 时，应先做 $\lg I_K=f(\lg U_K)$ 曲线，然后从最大电流点延长曲线，查取 $U_K=U_N$ 时的堵转电流 I_{KN}。此时堵转转矩 T_{KN} 可按下式求取：

$$T_{KN}=T_K\left(\frac{I_{KN}}{I_K}\right)^2$$

式中 T_K——在最大电流 I_K 时测得的或算得的转矩，N·m。

（2）试验读数不完全或无法进行时的处理。对 100 kW 以上的电动机，如果不能实测转矩时，此时应在每点读数后，在两个出线端间测量定子绕组的电阻。堵转时的转矩 T_k 可用下式计算：

$$T_k=9.55\frac{P_k-p_{kCu1}-p_{ks}}{n_s}$$

式中 P_k——堵转时的输入功率，W；

p_{kCu1}——堵转时的定子绕组 I^2R 损耗，W；

p_{ks}——堵转时的杂散损耗，W。对中型低压电机，取 $p_{ks}=0.05p_k$；对大、中型高压电动机，取 $p_{ks}=0.10P_k$。

如果没有条件做堵转试验，最大转矩和启动转矩可用转速—转矩测定仪拍摄转矩特性曲线来求取。最初启动电流可用电阻分流器取样，用光线示波器直接拍摄。电流比例尺可根据某已知电流的波形高度计算。

二、试验结果的分析与处理

1. 绝缘电阻测试结果的分析

电机绕组的绝缘电阻在热状态下所测得的数值应不小于下式所求得的数值：

$$R_M=\frac{U_N}{1\,000+\frac{P_N}{100}}$$

式中 R_M——电机绕组的绝缘电阻，MΩ；

U_N——电机绕组的额定电压，V；

P_N——电机的额定容量，对直流电机及交流电动机其单位为 kW；对交流发电机为 kVA；对调相机，则为 kVAR。

对于中小型电机一般容量不足 1 000 kW，可忽略 $P_N/100$，这样绝缘电阻的考核标准可由下式求得：

$$R_M=\frac{U_N}{1\,000}\quad(\text{M}\Omega)$$

在检查试验中，一般均是在冷态下测量绝缘电阻。标准规定，冷态下测得的绝缘电阻值应保证热态电阻符合以上两式的规定。但在实际工作中执行起来很麻烦。因此有些制造厂规定：500 V 以下的定子及所有绕线转子，绝缘电阻不得低于 1 MΩ；高压电机定子绝缘电阻不低于以额定电压计算的每千伏 1 MΩ。如果冷态下的绝缘电阻值低于上述的规定，必须对绕组进行干燥处理。实际上，绝缘良好的电机，冷态绝缘电阻一般比此规定值高数十倍甚至百倍。

2. 直流电阻测量结果的分析

绕组在实际冷状态下的直流电阻是电机的主要参数之一，它是计算铜耗和转矩的依据。将绕组电阻的测量值与设计值进行比较，可检查匝数、线径、接线是否正确和焊接是否良好。根据绕组在冷状态和热状态下的电阻值，可推算其平均温升。

三相绕组电阻值的容许偏差一般规定为：任一相电阻值与平均值之差，不得超过平均值的±（1～2)%。换算到基准工作温度的三相电阻平均值与型式试验校验过的设计值之差，不得超过±（2～3)%。混绕嵌入式绕组，一般取允许偏差的上限，成型绕组则可以取下限。

控制三相绕组电阻值的允许偏差，可保证电机不会因绕组焊接不良而影响安全运转，也不会因绕组匝数或接线错误而影响性能，或者三相空载电流及三相转子开路电压的平衡度超过技术条件的规定。三相绕组电阻值的偏差，如果是因导线截面公差、各相绕组的连接线或引出线长短不等所造成，则可适当放宽。具体的分析只有根据实际测量结果来判断。

3. 空载试验结果的分析

当三相电源对称时，异步电动机在额定电压下的空载电流，任何一相与平均值的偏差不得大于平均值的10%。如果三相电压相等，且变换电源相序后三相空载电流不平衡的情况仍然不变，则表明被试电机有缺陷。

三相空载电流不平衡的原因是定子三相绕组不对称，或气隙严重不均匀、磁路不对称。如果三相绕组电阻平衡、转子三相开路电压平衡，或三相短路电流的不平衡度比空载电流不平衡度显著减小，则可以判断空载电流不平衡是由于气隙不均造成的；反之，则表明定子绕组不对称。

异步电动机在额定电压下的空载电流约为额定电流的20%～60%，空载损耗约为额定功率的3%～8%。同规格异步电动机空载电流的波动幅度一般小于±7.5%，空载损耗的波动幅度一般小于±15%。为保证电机的功率因数和效率合格，空载电流和空载损耗不容许超过一定范围。下面介绍几种故障及可能的原因：

(1) 空载电流和空载损耗都增大，但绕组电阻正常，则多半是铁心质量问题或定、转子铁心未对齐；反之，则表明绕组匝数少。

(2) 空载电流大而空载损耗正常，即$\frac{I_0'}{P_0'}>\frac{I_0}{P_0}$（有“′”者为被试电机数据，无“′”为同规格电机正常数据)，则表明空载电流偏大是由气隙偏大引起；反之，则表明电机铁耗和机械耗偏大。

(3) 空载损耗大且空载电流不平衡，则表明绕组各并联支路的匝数不等，或有少数线圈匝间短路。

4. 堵转试验结果的分析

制造质量稳定时，同规格笼形异步电动机在规定堵转电压下的堵转电流，一般相差在±3%以内，很少超过5%。堵转损耗一般相差在±7%以内。三相堵转电流的不平衡度，一般也不超过 2%。

为保证产品的启动性能、最大转矩和效率合格，堵转试验数据不得超过容许的波动范围。否则应根据具体情况，分析原因，并排除故障。

（1）堵转电流过大或过小。堵转电流决定于定、转子电抗 x_1，x_2 和定、转子电阻 r_1、r_2：

$$I_K = \frac{U_\varphi}{\sqrt{(x_1 + x'_2)^2 + (r_1 + r'_2)^2}}$$

定子绕组匝数少或节距短，转子槽斜度小于设计值，气隙过大，定转子铁心未对齐或叠压重量不够而使磁路饱和，定子铁心槽口锉大，以及任意减小定子绕组端部尺寸，都会使电抗减小，堵转电流偏大。此时，电动机空载电流也会偏大。

铜条笼形转子焊接不良、铸铝转子铁心不齐、槽形截面缩小、铝笼中的杂质多均会使转子电阻增大，堵转电流减小。此外，转子铁心槽口没有车开、转子冲片不齐、槽口犬牙交错不成一直线也会使转子电抗增大，堵转电流减小。铸铝转子有断条、缩孔、夹渣等缺陷，不仅转子电阻会增大，而且由于各导条中的电流不平衡，气隙磁通波形畸变，定、转子的漏抗也会增大，所以堵转电流会显著减小。

如果堵转电流偏小，而堵转损耗正常，则多半是转子电阻增大；如果堵转电流偏小，堵转损耗更偏小，则多半是电抗增大。

（2）堵转损耗过小或过大。为保证启动转矩合格，堵转损耗不得小于一定数值。堵转损耗和转子启动电阻可按下式计算：

$$P_k = 3I_{k\varphi}{}^2(r_{1\varphi} + r'_{2\varphi})$$

$$r'_{2\varphi} = \frac{P_k}{3I_{k\varphi}{}^2} - r_{1\varphi}$$

式中　$r'_{2\varphi}$——折算到定子侧的转子启动电阻。

因为定子绕组电阻的分散度都控制在 3%以下，所以 $\frac{P_k}{3I_{k\varphi}{}^2}$ 偏小，则表示转子启动电阻偏小，启动转矩偏低。如高启动转矩异步电动机的转子笼条由高电阻率铝合金铸成，若合金成分控制不严、电阻率偏低，就会引起转子电阻减小。

同规格电动机，由转子电流集肤效应而引起的转子电阻增大系数，差别不大，因而电动机正常运转时的转子电阻与转子启动电阻成正比。$\frac{P_k}{3I_{k\varphi}{}^2}$ 偏大，表示转子电阻增大，笼形转子有缺陷，会引起转子铜耗增大。所以为了保证电动机效率合格，堵转损耗值也不能超过一定范围。

（3）三相堵转电流不平衡。为了控制铸铝转子的质量，保证定、转子绕组三相对称，三相堵转电流任何一相与平均值之差，不得超过平均值的 3%～4%。

如果三相堵转电流不平衡，且不平衡的情况随定、转子相对位置不同而变，则表明转子有毛病。如果三相堵转电流不平衡的情况与定转子相对位置无关，则表明定子绕组三相不对称。

三相堵转电流不平衡，一般只发生在铸铝转子电动机中。铜条笼形转子的端环与铜条焊接不良，在精车端环后都能看到。绕线转子的毛病，在直流电阻测定及转子开路电压测定中也可发现。但铸铝转子在铁心槽内部分的缺陷（端环及槽口部分的缺陷，在加工铁心外圆后尚可发现）却不能从表面上看出，如果半成品未做断条试验，铸铝转子的缺陷只有在堵转试验中才能发现。

堵转试验中，如发现堵转电流不平衡且堵转电流偏小，或电动机在启动过程中有异常叫声且启动缓慢，就应适当降低电压（约 0.15 U_N～0.25 U_N），使转子在定子内缓慢转动一周，若三相电流波动很大，就表明转子有缺陷。但双笼形异步电动机转子下笼的缺陷，在工频堵转试验中不易察觉，在负载试验或低频堵转试验中才能发现。

单元考核要点

考核类别	考核范围	考　核　点	重要程度
理论知识	平衡校验	平衡机的使用与维护知识	★★
		平衡的概念与计算	★
	电气试验准备	电气试验的内容与要求	★★
	电气试验	大型电机电气试验特点	★
		大型电机电气试验方法	★★
操作技能	平衡校验	进行动、静平衡校验	★★★
	电气试验准备	制定试验方案	★★★
		指导电气试验并检查、排除线路故障	★★★
	电气试验	组织大型电机电气试验	★★
		进行电机试验结果的分析	★★★

单元测试题

一、单项选择题（下列每题的选项中，只有 1 个是正确的，请将其代号填在横线空白处）

1. 平衡等级 $G6.3$，其平衡精度 A 为________ mm/s。

A. 0.4　　B. 1　　C. 2.5　　D. 6.3

2. 功率表的电流选 5 A 挡，电压选 600 V 挡，功率表的功率因数为 0.2，总格数为 150，测量时指针指在 75 格处，则被测功率为________ W。

A. 1 500　　B. 750　　C. 300　　D. 150

3. 大型电机做温升试验为了________，采用试验机组（变频机组）。

A. 节省能源　　B. 测试方便　　C. 测试准确　　D. 不用电网电源

4. 异步电动机做空载试验时，空载电流和空载损耗都增大，但绕组电阻正常，则多半是________问题。

A. 匝间有短路点　　B. 绕组有一处对地短路

C. 定、转子铁心未对齐　　D. 电压电源降低

5. 确定试验方案其内容包括：①项目名称和试验目的，②________，③主要设备和元件表，④主要测量仪器和仪表，⑤试验操作步骤，⑥有关说明。

A. 试验内容　　B. 试验线路图　　C. 试验计算书　　D. 试验分析

6. 对于校好静平衡的转子，转动时才表现出来的不平衡，称为________。

A. 不平衡　　B. 静不平衡　　C. 静平衡　　D. 动不平衡

7. 三相异步电动机绕组对地及其相互间绝缘电阻的试验中，绕组的额定电压为 380 V，应选用________V 的兆欧表。

A. 250　　B. 500　　C. 400　　D. 1 000

8. 在平衡精度计算公式（$A=\frac{e\omega}{1\,000}$）中，A 代表转子的平衡精度、ω 代表转子的旋转角速度，那么 e 代表转子的________。

A. 转子的不平衡度　　B. 转子重心的线速度

C. 重径积　　D. 平衡精度等级

9. 电机检修完成后，电气测试一般为________。

A. 型式试验　　B. 出厂试验　　C. 修理部件的针对试验　　D. 不做试验

10. 下列________不是造成异步电动机定子绕组的发热原因。

A. 机械损耗　　B. 铜耗和铁耗　　C. 杂散损耗　　D. 外界温度变化

11. 在电机热试验中，国家标准规定当 1 h 间隔的铁心温度差不超过________℃时电机温升已经稳定。

A. 0　　B. 1　　C. 2　　D. 5

单元 3

12. 三相异步电动机在额定电压下的空载电流，任何一相与平均值的偏差不得大于平均值的________%。

A. 5　　B. 10　　C. 15　　D. 20

二、判断题（下列判断正确的请打“√”，错误的打“×”）

1. 进行了动平衡试验后还需做静平衡。（　）

2. 交流异步电动机的电气试验中包括电压调整和转速调整率的测定。（　）

3. 绕线式电动机温升试验可用转子叠频法。（　）

4. 电机绝缘电阻在热状态下所测得的数值应不小于 $R_m=\frac{U_N}{1\,000+\frac{P_N}{100}}$ 所求得的数值。（　）

5. 如果三相堵转电流不平衡的情况与定、转子相对位置无关，则表明定子绕组三相不对称。（　）

6. 如果堵转电流偏小，而堵转损耗正常，则多半是转子电阻增大；如果堵转电流偏小，堵转损耗更偏小，则多半是电抗增大。（　）

7. 绕组在实际冷状态下的直流电阻测定。通常用单臂电桥或双臂电桥测量，绕组电阻在 10 Ω 及以下时，必须用双臂电桥进行测量。（　）

8. 电机修理过程中，可将速度小于 15 m/s，长度与直径小于 1/3 的转子只校静平衡。（　）

9. 三相堵转电流偏大，此时空载电流也偏大，说明转子存在缺陷。（　）

10. 空载定子绕组温升是由空载定子铜耗及全额的铁耗和机械损耗所造成。（　）

11. 对于检修试验，在保证电机的主要参数与原设计相同的情况下，仅仅是个验证试验。比较一下堵转试验和空载试验的数据与原制造厂的出厂检查数据是否相符就可以了。（　）

12. 在修理电机时，校动平衡最好用动平衡机，当现场无此装备时，可采用试凑法。（　）

三、技能题

做 Y180—M—4 三相异步电动机空载试验。

1. 操作准备

序号	名　称	型号与规格	单位	数量	备注
1	三相异步电动机	Y180M-4，18.5 kW，380 V，35.9 A	台	1	
2	电流表	D26A　5 A	块	3	
3	电压表	D26V　0-300-600 V	块	1	
4	功率表	D26W　0-300-600 V　5-10 A	块	2	
5	电流互感器	LMK1-0.5　0.5 kV　75/5 A	个	3	
6	三相异步调压器	FSA-30 30 kVA　0～500 V　34.5 A	台	1	
7	兆欧表	ZC7 型	个	1	
8	三相转换开关	XH1-V 电压换相开关	个	1	
9	单臂电桥	QJ23 型	块	1	
10	连接导线	1 m 长，截面积 1～2 mm^2	根	足量	
11	连接母线	2 m 长，截面积 10 mm^2	根	足量	
12	记录表格		张	1	自行设计
13	三相刀开关		个	1	

2. 操作要求

（1）测量三相绕组对地及相互间绝缘电阻。

（2）按图 3—13 所示连接空载试验线路。

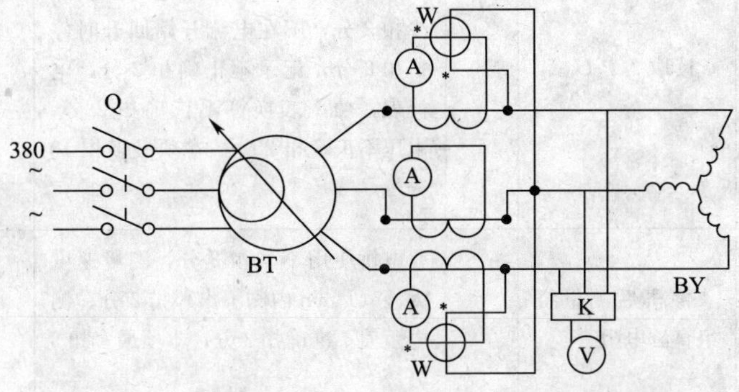

图 3—13　三相异步电机的空载试验线路图

（3）检查试验线路。

（4）降压启动电动机，空转 30 min 到机械损耗稳定（缩短至 5 min）。

（5）做空载试验，流程如下：

$$(1.1\sim1.3)U_N \xrightarrow{\text{测 } I_0、p_0、U_0 \text{ 7 点}-9\text{ 点}} I_0 \text{ 开始回升} \xrightarrow{\text{断电停转}} \text{测 } R_{01}$$

（6）测定子绕组的电阻 R_{01}。

3. 操作时限

60 min。

4. 配分及评分标准

序号	作业项目	考核内容	配分	评分标准	检测结果	扣分	得分
1	测绝缘电阻	绕组对地和相互间	5	兆欧表使用不正确扣 2 分，读数错误扣 2 分，连接不正确扣 2 分，本项最多扣 5 分			
2	接线	接电源、调压器、仪表、电机，要求正确	10	主线路、仪表、电流互感器、调压器、电动机的接线不正确每项扣 2 分，本项最多扣 10 分			
3	检查	以上线路的通路，仪表的位置，导线截面	5	线路不通扣 2 分，电流表位置不对扣 5 分，电压表位置不对扣 1 分，导线截面不对扣 1 分，本项最多扣 5 分			
4	启动	降压启动，空转 5 min	5	未降压就合闸电流表打表扣 2 分，电压不准确扣 2 分，电机不空转 5 min就做试验扣 2 分			
5	试验	读取 $I_0P_0U_0$	10	起始电压不准确扣 2 分，测点数少于 9 个扣 2 分，磁路饱和段测点少扣 2 分，不在电流开始回升时停机扣 2 分，记录不正确扣 2 分，电流表、功率表换算不正确扣 2 分，电压不正确扣 2 分，本项最多扣 10 分			
6	测电阻	停机后测量绕组直流电阻	5	电桥使用不当扣 2 分，测量速度太慢（1 min 内测不出）扣 2 分、测电阻值不准确扣 2 分，本项最多扣 5 分			

注：1 人做试验读电流、功率与电压时允许不同时读取，但要在电压波动较小时读取。

单元测试题答案

一、单项选择题

1. D 2. C 3. A 4. C 5. B 6. D 7. B 8. A 9. B 10. D 11. C
12. B

二、判断题

1. × 2. × 3. √ 4. √ 5. √ 6. √ 7. × 8. √ 9. × 10. √
11. √ 12. √

三、技能题

略

第4单元

检修报告

电机检修完毕后，需要针对电机检修的准备、修理过程和试验结果等事宜撰写一份检修报告，总结出成绩、心得体会与存在的问题等。

撰写电机检修报告前要收集一些相关资料，包括准备过程资料、施工过程资料、电机试验报告、验收报告及技术参考资料等。收集的方法有文献法与现场法两种。

对检修报告要进行整理、组合与排列，对于有价值的报告要归档管理，以便今后查阅或写论文时参考。

第一节　资料收集

培训目标

- → 能够根据需要及时收集检修过程中的原始记录
- → 能够收集上级有关文件
- → 能够收集相关试验报告
- → 能够收集新设备、新工艺、新技术和新材料的应用资料

一、资料收集方法

1. 资料及资料收集的基本要求

（1）资料的概念和特征。资料是指以一定形式存储的文字、图表、音像材料的载体。资料是人类社会活动的历史记录，它主要记载活动过程中的作为、效果以及行为的依据或规范等内容。历史记录通常是各种材料的集合体，其中具有利用价值或保存价值的那些部分（或全部）才能作为资料。利用价值、保存价值是资料的两个基本特征，两者都具有时效性。由于资料的收藏与保管需要人力和物力，因此，对能准确认定两个价值全无的材料应舍得放弃；对无利用价值，但判断不清是否有保存价值的材料，一般都应该收集。这是收集、保存资料的基本原则。

按照载体不同，资料可分成：

1）书面资料。书面资料也称为文稿，以纸张作为载体来存储文字、图表信息。这是资料最传统的存在形式。书面资料包括出版物、文件、工作记录和总结、会议记录、上级有关文件、新设备、新工艺、新技术和新材料的报导等。书面资料的特点是可以直接使用，但保存资料需要较大的空间。

2）音像资料。它通常以磁记录器或光记录器来存储声音、图像信息。音像资料需要借助于音像设备或者计算机才能使用。

3）计算机资料。它以计算机的存储器为载体来存储文字、图表、音像。计算机资料的特点是信息形式最全，占用空间小，并且它可以转化成书面资料或音像资料。随着计算机网络技术的发展，计算机资料体现出逐步取代其他两种资料的趋势。

（2）收集资料的一般要求。收集资料就是完成对资料的占有，而占有是一种有目的的行为。因此，收集资料工作应符合以下基本要求：

1）有明确的收集范围。收集的资料必须与个人（或组织）正在或将要进行的活动有关，以提高收集资料工作的效率。

2）资料要全面。只要是与活动有关的资料都可以收集。

3）重视计算机资料的收集。

2. 资料收集方法

（1）文献法。文献法是指通过调查文献获得资料的一种方法。由于文献中所包含的资料内容广泛、新颖、形式多样、具有保存价值，因而成为收集资料的主要方法。文献

法从现有的文献中收集资料，具有间接性和历史性特点。文献法主要通过访问、公共图书馆和计算机网络，直接占有文献等手段获得资料。

（2）现场法。现场法是资料收集人员通过直接或者使用仪器，从生产活动当中获得资料的一种方法，因此具有直接性。现场法主要手段包括：

1）人工采集。收集者依靠感觉器官、无存储或记录功能的仪器获得信息，在大量现场信息的基础上写出文字、图表资料，或者直接获取现场占有的资料。

2）仪器采集。收集者借助于具有记录或存储功能的仪器设备来获得资料。例如使用照相机、摄像机、自动记录仪等获得资料。

二、电机检修资料的收集

1. 准备过程资料

准备过程的资料主要包括：

（1）标准与法规。主要是指与所修电机相关的技术标准和法律、法规。内容包括三个方面：

1）电机技术规范。这是主要内容，包括检修电机的整体性能指标，材料和零部件质量要求，一般检查试验项目、条件、方法及技术要求，特殊检查试验项目、条件及技术要求，电机安装质量要求，对大型电机还有试运行要求等。

2）取费标准和法规。包括：国家和地方的材料价格表，三费取费标准，有关材料调价、费用调整的文件。

3）与施工合同违约责任相关的劳动、经济法律条款。

（2）招投标书和施工合同。这是工程项目存在的前提和背景资料。

（3）工程施工图样一套和概、预算书。要求应包括图样设计说明、重要设计和预算数据的计算书。

（4）工艺文件一套。

（5）施工计划书。

2. 施工过程资料

施工过程的资料主要包括：

（1）电机解体前的检查测试记录。按照技术标准规定进行检查、测试并做详细记录。

（2）电机解体记录。包括解体过程各步骤的操作情况记录，解体后测量到的电机主要尺寸、槽形尺寸、线规、轴承间隙等原始数据。

（3）零部件加工制作工艺过程卡。包括材料型号和检查或检验记录，各工步的加工工艺参数，零部件检验项目和结果等。此外，对一些重要的零部件，如绕组、铁心、轴和轴承等，还必须说明检验标准以及主要工器具的参数和检定记录。

（4）电机总装配过程记录。包括各零部件装配前的检查、测试记录，零部件装配次序和工艺要点，零部件装配后的检查、测试和调整情况记录；总装配完成后的电机总体外观检查情况，按照标准规定进行的测试项目和结果；电机装配调整的项目及调整前后测试结果比较与分析等。

（5）施工图样的更改情况。包括更改的内容和主要原因，更改后的方案所依据技术标准和要求，更改方案的执行情况和结果等。

（6）自制工器具的使用记录。

3. 电机试验报告和验收报告

（1）电机试验报告。内容包括：

1）基本检查测试情况。如试验前的外观检查、试验电源检查、绕组通断检查、绕组绝缘电阻和直流电阻测量等记录。

2）试验方案。包括项目的名称和目的，试验条件要求和试验标准，试验原理电路或安装接线图，试验仪器和仪表选择情况（如量程、精度等），拟定试验步骤和原始数据记录表格。要求：对标准有强制规定要求的项目，按规定名称列出各项目的方案，并安排试验项目及进行顺序；对标准未做强制规定的项目，视条件和重要程度决定是否要进行试验；各方案的原理和方法依据的理由要充分、得当，步骤详尽合理。

3）原始数据记录表。要求数据真实详尽，严禁凭空编造。

4）试验数据处理结果。包括原始数据的计算处理，绘制出特性曲线，求取主要性能等所依据的公式、曲线和计算过程。

5）试验结果分析。对各试验项目处理后得出的性能，比照国家或行业技术标准规定，对试验结果进行必要的分析。

对性能指标合格的试验结论，经检查确认计算无误后，电机试验就此结束。对性能指标不合格的试验结论，首先应检查计算过程是否存在错误；经检查无误后，再根据存在的性能偏差，分析其可能的原因；对试验方案的问题加以合理改进后，重新进行试验。如果在改进的方案下，检修后的电机性能还不合格，则要对电机进行安装、接线和负载等方面的外部检查，必要时电机要重新进行修理。

（2）验收报告。这是专家对电机检修工作质量的结论性意见，是电机检修中最重要的资料之一。内容主要有检修质量总体评价、取得的主要成绩、存在的主要问题及其改进的建设性建议。利用好验收报告，能有效地促进电机检修技艺水平提高。

4. 技术参考资料

凡是与检修的电机相关的理论、技术、工艺、材料、零部件、设备等方面的文献和资料都属于这一范畴。

第二节 撰写检修报告

培训目标

- 能够根据收集和整理的资料起草检修报告
- 能够组织讨论并修订检修报告
- 能够将报告与资料进行归档

一、检修报告的内容与要求

检修报告是电机检修验收的汇报材料，是一份相当重要的电机检修资料。检修报告有严格的内容和格式要求，其结构应包括以下几方面：

1. 抬头

抬头向参加验收的专家致意，如“尊敬的各位专家”。如参加验收的专家中有特别知名专家，最好要写出其姓名、职位或职称等，抬头的格式为“尊敬的×××教授（先生）等各位专家”。

2. 标题

标题名称即为要汇报的工作内容名称。格式为：×××单位×××型号的电机检修报告。

3. 引言

引言中说明工程概况。包括工程项目的来源、经费、开始和结束时间、工程地点及其工作地的环境、检修的主要工作等。

4. 正文

正文是报告的核心。通常将准备、检修、总装配和整机试验各个阶段的工作情况用小标题分开来写。各部分的内容和要求为：

（1）准备工作。简单介绍准备工作的基本情况，对有特色的工作可详细表述，但不能过多。

（2）重点检修部位工作情况。对电机检修工作，重点是绕组检修过程以及其他能反映电机特征性结构部位的检修情况，如电机绕组的修理和特殊用途电机的特征部位的修理情况等，这部分内容应详尽细致地说明。为了提高说服力，应列举特征部位或其他重要部位的技术数据、工艺参数等数据；零部件检修后的检查试验或测试结果；主要或特征部位处理工艺等内容。

（3）总装配和整机测试。总装配简介，安装调整情况，电机整机试验报告。总装配的准备和主要工作介绍，装配后的测试；电机安装的重点工作，安装精度的保证措施和方法，安装后的调整，整机性能试验数据。这部分要做到数据准确，重点突出，避免流水账式的介绍和数据作假。力求言语简练、说理充分。同时要总结出经验和教训，明确指出工作中的主要不足之处和需要努力改进和提高的地方。

5. 落款

落款包括工程承包单位名称、汇报人及日期。有条件的要加盖公章。

二、整理资料

整理资料就是对收集到的处于凌乱状态的资料，进行基本的分类、组合、排列，组成有序的体系。整理资料的作用是方便资料的查找和使用，体现资料的利用价值。

1. 资料的分类

资料分类的任务有两个：首先是确定分类的多少以及各类的名称，然后按分类重新汇集资料。其难点在于确定分类的多少，通常按照保持资料之间的内在联系和便于利用的原则确定。应该注意，分类太少则会失去分类的意义；分类太多往往造成资料使用不方便。对于电机检修工程中的全部资料，可按照标准和工艺分成两大类，也可按照工序的重要程度分成绕组检修、总装配和整机测试等类。

2. 资料的组合

它建立在分类的基础上，任务是对大类内资料进行细分，每一个组合形成一个小类。其原则和具体任务与大类相似。

3. 资料的排列

将小类内的资料按照重要程度等原则做出有序化的排列。排列时，还应剔除相同或类似的资料以及明显无价值的资料，使最终整理出来的资料顺序清晰，充分发挥出资料的利用价值。

三、起草撰写检修报告

1. 根据试验内容准备资料

电机检修完成后进行电气试验。通过电气试验结果可以进行总结，对电机检修质量做出定论。此时要召集各参加检修工作人员按照电机检修质量管理条例逐条讨论，加以评定，做好记录及总结，以此作为起草检修报告的撰写资料。

2. 汇总资料

从原始数据、故障查找记录到制定检修方案、检修过程、检修试验记录等所有资料汇总在一起。

3. 拟定报告撰写大纲

按汇总资料粗略地设想写哪几项内容。

4. 分项撰写

按上述检修报告的要求及规定的格式来撰写内容。

5. 审阅与修改所撰写报告内容

删除重复内容，补充遗漏部分。

6. 定稿

经过几次修改认为无误即可定稿。

【注意事项】

- 撰写草稿不必措辞、修饰。力求快捷简要。
- 条理要清楚，主次分明，内容充实，重点突出，检修中注意的事项要强调，缺点要提出。
- 必要内容要列出表格、计算公式、图样、试验结果、分析等。
- 结论要清晰、肯定。不足之处要提出改进措施。

四、资料归档

1. 档案的概念和价值

按照《中华人民共和国档案法》的定义。档案是指过去和现在的国家机构、社会组织以及个人从事政治、军事、经济、科学、技术、文化、宗教等活动直接形成的对国家和社会有保存价值的各种文字、图表、声像等不同形式的历史记录。简单地说，档案是原始的历史记录。

2. 企业档案的内容与价值

企业档案内容包括各种生产活动的情况、成果、经验和教训，从自然资源、生产手段到生产过程以及计划管理和生产技术等各方面的信息。因此，档案可作为生产建设的参考依据，这是档案的基本价值之一。又因为档案中的资料是真实的历史记录，所以档案有凭证作用，这是档案的另一个基本价值。

3. 归档案卷的质量要求

（1）整理要求。档案中的资料必须有价值，归档应对资料筛选。对企业档案来说，其范围应限制在对企业活动的质量有重要证明作用的那些材料上。应该注意档案中的内容必须是针对已经完成的工作。对正在进行的工作中的资料不能归档。

（2）档案技术加工要求。案卷封面的各个项目应填写清楚，特别是案卷题名（即标题）要确切简明地反映在卷内资料责任者、内容和形式；要根据“档案保管期限表”注明每个案卷的保管期限；需要永久和长期保存的案卷，卷内资料按一定的顺序排好，并逐张逐页编号，填写“卷内资料目录”和“卷末备考表”。

（3）其他要求。向档案室归档的所有案卷，都要按照一定的次序进行系统的排列，编以案卷顺序号，并编制案卷目录一式数份，其中一份经档案室签收后由移交单位保管。

单元考核要点

考核类别	考核范围	考　核　点	重要程度
理论知识	相关资料收集	资料与电机检修资料的收集资料归档	★
	制作检修报告	检修报告的内容	★
操作技能	制作检修报告	起草检修报告	★★★

单元测试题

一、单项选择题（下列每题的选项中，只有1个是正确的，请将其代号填在横线空白处）

1. 按照载体不同资料可分成书面资料、________、计算机资料。

A. 科技资料　　B. 音像资料　　C. 艺术文化资料　　D. 历史资料

2. 电机检修报告正文包括准备工作、________、总装配和整机测试。

A. 重点检修部位工作情况　　B. 重点工作情况

C. 重点结构情况　　D. 重点材料选取

3. 将资料进行分类、组合、排列、整理后，其作用是方便资料的________，体现资料的利用价值。

A. 搬运　　B. 存储　　C. 查找和使用　　D. 携带

4. 归档案卷中的内容必须是针对已经________的工作。对正在进行的工作中的资料不能归档。

A. 完成　　B. 接受　　C. 有价值　　D. 核对过

二、判断题（下列判断正确的请打“√”，错误的打“×”）

1. 电机绕组检修过程记在电机试验报告中作为资料保存。（　）

2. 资料收集的文献法是指通过仪器采集获得资料的一种方法。（　）

3. 验收报告是专家对电机检修工作质量的结论性意见，是电机检修中最重要的资料之一。（　）

4. 电机检修报告的标题可以写成××单位××型号的电机检修报告。（　）

5. 企业档案内容包括各种生产活动的情况、成果、经验和教训，从自然资源、生产手段到生产过程，以及计划管理和生产技术等方面的信息。（　）

三、简答题

简述电机试验报告应包括的内容。

单元测试题答案

一、单项选择题

1. B　2. A　3. C　4. A

二、判断题

1. ×　2. ×　3. √　4. √　5. √

三、简答题（略）

知识考核模拟试卷

一、单项选择题（下列每题的选项中，只有1个是正确的，请将其代号填在横线空白处；每题2分，共30分）

1. 在发电机装配过程中，装配轴承与联轴器为了防止损伤发电机有关部件，应分别在汽轮机侧与励磁机侧测量定子、转子气隙，使各处气隙与平均气隙的最大偏差不超过________。

A. 5％　　B. 7.5％　　C. 10％

2. 通常低速轻载荷时，滚动轴承润滑方法应选用________。

A. 脂润滑　　B. 油润滑　　C. 二硫化钼润滑

3. 更换滚动轴承时，原则上应采用________的轴承。

A. 大一规格　　B. 小一规格　　C. 相同规格

4. 当换向器片间的沟槽被电刷粉、金属屑或其他导电物质填满时，会造成换向片间________故障。

A. 接地　　B. 断路　　C. 短路

5. 三相异步电动机，若要稳定运行，则转差率为________。

A. 大于临界转差率　　B. 等于临界转差率　　C. 小于临界转差率

模拟试卷

6. 三相电机的正常接法若是△形，当错接成Y形，则________。

A. 电流电压变低，输出的机械功率为额定功率的1/2

B. 电流电压变低，输出的机械功率为额定功率的1/3

C. 电流电压功率基本不变

7. 为了使三相异步电动机启动转矩增大，可采取的方法是________。

A. 增大定子相电压　　B. 增大定子相电阻　　C. 适当地增大转子回路电阻值

8. 在实际应用中，并励和复励式直流电动机要实现电机反转，一般________。

A. 只能通过改变电枢中的电源方向来实现

B. 同时改变电枢和定子中的电流方向来实现

C. 在电枢中串入不同的电阻值

9. 同步电动机在运行时，用温度计测得绕组和铁心的最高温升不应超过________（B级绝缘）。

A. 75℃　　B. 95℃　　C. 105℃

10. 用矩形铜排扁绕制线圈，在绕制半径及铜排厚度不变时，则铜排宽度______，内径增厚越多，外径减薄越多。

A. 越宽　　B. 越窄　　C. 越厚　　D. 越薄

11. 凸极式转子线圈冷压整形后，需焊接或铆接引线，引线位置是以________为基准的。

A. 磁轭中心线　　B. 轴中心线　　C. 磁极线圈中心线

12. 抽出隐极式发电机转子后，必须检查各处紧固情况，定位螺栓是否松脱，锁定装置是否完好，护环上通风孔是否堵塞，风扇环及叶片有无________、是否牢固等。

A. 裂缝　　B. 锈蚀　　C. 位移

13. 电机绕组的重新更换、重新绑扎钢丝、直流电机升高片的补焊、转子和风叶破损或更换的部件材料质量不均匀、形状不对称等原因，会使转子的重心对轴线产生偏移，转动时由于偏心的惯性作用，产生一种________，使电机运行时发生振动，加速轴承的磨损，缩短电机的寿命。

A. 向心力　　B. 离心力　　C. 动力

14. 严格说来，任何转子都应该用________来消除不平衡的影响。

A. 静平衡　　B. 动平衡　　C. 高速平衡

15. 高压电机定子绕组接地后的修理，对缺乏线圈烘压设备的单位，在局部修理时，可采用原绝缘结构的云母带包扎处理，故障线圈取出后先将故障处的旧绝缘扒去，检查匝间绝缘，如果没有损伤及过热老化现象，可在铜线上刷 1410 云母漆，搭接出的绝缘________，然后用云母带进行半叠包，应包得紧实，绕包层数参照绝缘规范。

A. 削成 90°　　B. 削成梯阶　　C. 削成斜坡

二、判断题（下列判断正确的请打"√"，错误的打"×"；每题 2 分，共 30 分）

1. 自励式的直流电机可分为：并励电机、串励电机、复励电机。（　）

2. 在直流发电机和电动机的电枢绕组中都同时存在着电动势和电压，对于发电机，电动势小于输出电压；对于电动机，电动势大于输入电压。（　）

3. 三相交流电机定子绕组的电角度是指计量电磁关系的角度单位。（　）

4. 在电机拆装过程中，拆卸换向器侧端盖时，拆卸前在端盖与机座接合处做好标记，然后垫上木板，用铁锤猛烈地敲打端盖边缘，使端盖止口脱离机座和轴承外圈取出刷架。（　）

5. 当电动机损坏的绕组已被拆除，只剩下空壳铁心，又无铭牌和原始数据可查时，该电动机就无法修复了，只能报废。（　）

6. 滑动轴承快速磨损的原因有：(1) 瞬间缺油；(2) 润滑油混入杂质。（　）

7. 电机转轴常见的损坏现象有轴头弯曲、轴颈磨损、轴裂纹或者断裂等。（　）

8. 换向器过热、短路或装配不良等，都会引起换向器松弛而导致换向片过高形成凸片现象。（　）

9. 就直流电机内部故障来说，多数是从换向火花增大和运行性能异常反映出来的，由于制造和安装及使用维护等原因，在直流电机的运行中也可能出现机械和电气方面的故障。（　）

10. 异步电动机如果轻载运行，则效率低，不经济，造成"大马拉小车"，但功率因数高，则对电网运行有利。（　）

11. 异步电动机的调速方法主要有以下几种：依靠改变定子绕组的变极调速、改变转子电路的电阻调速、变频调速、串级调速等。（　）

12. 铸铝转子有断条故障时，要将转子槽内铸铝全部取出更换，若改为铜条转子，

一般铜条的截面积应适当比槽面积小一些，以免造成启动转矩小而启动电流增大的后果。（　）

13. 他励直流发电机的调整特性是指励磁电流不变、但负载变化时端电压变化的规律。（　）

14. 校平衡的任务，在于消除重心偏移引起的不平衡现象，校平衡的办法一般用静平衡和动平衡。（　）

15. 绝缘材料的耐热等级按其在正常运行条件下容许的最高工作温度分为 Y、A、E、B、F、H、C 七个等级。（　）

三、简答题（每题 5 分，共 40 分）

1. 试述电机装配的主要技术要求（答对 6 项即得 5 分）。
2. 滚动轴承运行时温度过高的原因有哪些？如何排除？（答对 4 项即得 5 分）
3. 电机转轴键槽磨损和轴颈磨损后怎样修理？
4. 怎样排除直流电动机转速异常的故障？（答对 5 项即得 5 分）
5. 检查绕组断路故障有哪些方法？
6. 无纬玻璃丝带绑扎应注意哪些事项？
7. 转子不平衡有哪三种情况？分别予以解释。
8. 简述直流电机主极绕组的故障及修理。

知识考核模拟试卷答案

一、单项选择题

1. A 2. A 3. C 4. C 5. C 6. B 7. C 8. A 9. A 10. A 11. C 12. A 13. B 14. B 15. C

二、判断题

1. √ 2. × 3. √ 4. × 5. × 6. √ 7. √ 8. √ 9. √ 10. × 11. √ 12. √ 13. × 14. √ 15. √

三、简答题

1. 答：(1) 保证电机径向装配精度和气隙均匀度。

(2) 保证电机轴向装配精度，要求定、转子的轴向中线基本重合。

(3) 要求轴承润滑良好，运转灵活、温升合格，噪声小、振动小。

(4) 转子运行平衡、振幅不超过规定标准，平衡块应安装牢固。

(5) 电刷压力和位置应符合图样要求。

(6) 风扇及挡风板位置应符合规定，通风道中应无阻碍通风或振动发声的杂物。

(7) 绕组应接线正确、绝缘良好、无擦碰损伤。

(8) 机座及端盖的止口接触面应无碰伤。

(9) 换向器、集电环及电刷工作表面应无油污、脏物，接触可靠。

(10) 电机内部应无其他杂物。

(11) 电机的所有固定连接应符合图样要求。

2. 答：(1) 滚动轴承安装时，配合公差太紧或太松。内圈与轴配合过紧时，可采用重新加工的方法使配合合适，内圈与轴过松或外圈与端盖过松时可采用喷涂金属或镶套的方法来弥补。

(2) 润滑脂不合适、质量差、加得太多或太少。解决方法：①润滑脂可根据电机安装地点的具体情况选择。②换上合适的和洁净润滑脂使其约为轴承室空间体积的 1/2～1/3。

(3) 电机外轴承盖与滚动轴承外圈之间的轴向间隙太小。应加工轴承盖或在轴承盖之间加垫一薄纸垫，以形成一足够的间隙。

(4) 电机的端盖或轴承盖未装配好。应重新将端盖或轴承盖止口装平，并用螺栓均匀旋紧固定。

(5) 滚珠、滚柱、内外圈、滚珠架严重磨损或金属剥落。应更换轴承。

(6) 与负载机械连接不良。纠正不正确的连接。

(7) 轴发生弯曲。将轴校直或更换新轴。

3. 答：键槽磨损的修理：电机轴的键槽磨损时，可用电焊在磨损处堆焊（勿用气焊，以免轴变形），然后在机床上切削和重铣键槽。

轴颈磨损的修理：轴颈磨损后，可采用电镀法在轴颈处镀一层铬，再磨削至需要尺寸。如果磨损较多，可在磨损处用电焊堆焊，然后车削至所需尺寸；如果磨损过大或堆焊会造成变形，可在轴颈车小 2～3 mm，再车一合适的套筒，将套筒加热后趁热套入轴颈，最后精车。

4. 答：针对引起直流电动机转速异常的各种原因，用下列几个办法予以解决：

（1）拆开绕组，找出断路处，重新接好。

（2）用指南针检查极性，并改正接线。

（3）将串励绕组引线互换。

（4）将换向器绕组引线互换。

（5）调整刷架至几何中心线上。

（6）调整气隙至要求。

（7）测量电源电压，并调整至电动机额定电压。

（8）立即检修电枢绕组。

（9）检查变阻器及励磁绕组，并检查引线接触是否良好。

（10）立即停机检查励磁绕组、启动电阻及调速器连接是否良好，有无接错、断路等状况。

5. 答：检查绕组断路故障可用串联灯泡的方法，也可用万用表、电桥、兆欧表来测量。

6. 答：（1）如果无纬带储存在低于室温条件下，取出后不能马上使用，必须保存在原塑料袋中，不要撕开，存放在室温条件下 24 h，使之恢复到室温，方可取出使用。

（2）无纬带绑扎时，角度不应过大，控制在 6°以内，不要使单边折叠，张力应均匀，绑扎速度推荐为 10～15 m/min。

（3）绑扎带并接，不宜用打结的方法，并接时将待接的带子首端压在已绑扎带子的尾端下方，预加小一点张力，绕 1～2 圈压紧后，再增加到原绑扎张力，继续绑扎。

（4）绑扎时有加热灯的，当绑扎结束或中途停止时，均应立即将加热灯移开，以免带子过早固化。

（5）绑扎张力应符合要求。

7. 答：（1）静不平衡。转子的主惯性轴与旋转轴线不相重合，但相互平行，即转子重心不在旋转轴上，当转子旋转时，将产生不平衡的离心力。

（2）动不平衡。转子的主惯性轴与旋转轴交错，且相交于转子的重心上，即转子的重心在旋转轴线上，这时转子虽处于静平衡状态，但转子旋转时，将产生一个不平衡力矩。

（3）混合不平衡。这时转子既存在静不平衡，又存在动不平衡，当转子转动时，将产生一个不平衡的离心力和一个力矩。

8. 答：对于框架式励磁绕组，一般可按以下三种情况进行修理：

（1）表面断线或短路时，可去掉损坏的几匝，用同样规格导线对接上补绕足够的匝数，焊好引线片，再用玻璃丝带扎紧，重新浸漆烘干。

（2）线圈内部短路时拆掉全部线圈，清理极身绝缘，如极身绝缘良好，再用同样规格导线重新绕线。绕线时，注意将铜线拉紧，并使每层排列紧密整齐，边绕边整形，绕完后再浸漆烘干。

（3）线圈接地时，先拆除全部线圈，再重换极身绝缘，包好极身绝缘后，再重新绕线，最后用玻璃丝带扎紧，浸漆烘干。

技能考核模拟试卷

一、发电机定子绕组拆卸（25 分）

1．操作准备

序号	名称	规格型号	单位	数量	备注
1	发电机		台	1	
2	工具	常用呆扳手	套	1	
3	工具	锤子、钢丝钳	把	各 1	
4	压缩机	06E 系列	台	1	
5	氧气乙炔焊		套	1	

2．操作要求

能按正确的操作顺序进行拆卸，不能损伤零部件。

3．操作时间

操作时间为 1 h。

4．配分及评分标准

序号	作业项目	考 核 内 容	配分	评 分 标 准
1	拆端部	用压缩空气吹净定子绳组灰尘	4	不清理端部卫生扣 1 分
		敲槽楔。注意要保护铁心，拆下的槽楔要保留。顶部线圈用临时槽楔固定		损坏铁心扣 3 分
				没用临时槽楔扣 1 分
		拆去绑扎涤玻绳，剥去鼻子绝缘	2	操作方法不正确扣 2 分
		拆压板、槽口垫块、端部垫块	2	操作方法不正确扣 2 分
		拆引水管。注意不要损伤，拆下后要保留	2	损伤引水管扣 2 分
2	烫头子	烫头子，取出压板螺杆，拆除连接线	3	没有正确使用氧气乙炔焊扣 3 分
3	拆线	拔除上层线棒（注意操作站位，选择合适的线棒拆除顺序）	3	没有按合适的顺序拆除扣 3 分
		清理和拆除上层线棒端部垫块，R 垫块，清理槽内	2	操作方法不正确扣 2 分
		拔除下层线捧（应尽可能先取出槽内侧面垫条，注意保护槽内测温元件引线不要损坏）	3	测温元件引线损坏扣 3 分
		拆除总进水	2	操作方法不正确扣 2 分
		拆除端箍、支架等	2	操作方法不正确扣 2 分
4	安全文明生产	遵守操作规程，现场清洁 安全操作，无人身、设备事故	否定项	因违规操作而引起人身、设备事故，本题按 0 分处理

二、分析铁心扇张的原因并用环氧胶粘接冲片法进行修理（20分）

1. 操作准备

序号	名称	规格型号	单位	数量	备注
1	定子铁心		台	1	
2	汽油		kg	足量	
3	工具	电工刀、毛刷	把	各1	
4	压缩机	06E系列	台	1	
5	环氧胶			足量	

2. 技能要求

分析扇张原因，并修理扇张铁心。

3. 时间要求

时限30 min。

4. 配分及评分标准

序号	作业项目	考核内容	配分	评分标准
1	分析	铁心扇张原因	2	分析为拆除工艺不当，导致铁心变形得2分
			2	分析为用喷灯烤绝缘时，导致铁心受热变形得2分
			2	分析为制造时端部压紧装置不完善，造成扇张得2分
2	修理	修理扇张的铁心	2	用汽油清洗干净冲片内的油污、锈迹，用压缩空气吹净得2分
			4	配置环氧胶得4分
			2	将胶浸入扇张冲片缝内得2分
			4	使用夹具将扇张铁心压紧，固化后卸下夹具得4分
3	文明生产	清理现场	2	没将工具摆放整齐扣1分
				没清理现场扣1分

三、使用动平衡机进行转子动平衡操作（30分）

1. 操作准备

序号	名称	规格型号	单位	数量	备注
1	转子		个	1	
2	动平衡机		台	1	
3	吊车		台	1	
4	配重物			足量	

2. 技能要求

能正确使用动平衡机，进行转子动平衡。

3. 时间要求

时限30 min。

4. 配分及评分标准

序号	作业项目	考核内容	配分	评分标准
1	操作前的准备	根据转子支承点间距离，调整两支承架相对位置	2	调整相对位置不正确扣2分
		清洁转子轴颈、支架和带传动处的外径	2	清洁不干净扣1分，没清洁扣2分
		安装转子	2	放置转子磕碰支架扣2分
		调整好限位支架，以防止转子轴向移动，甚至窜出	3	调整不到位扣2分，没调整扣3分
		选择转速	3	转速不正确扣3分
		做标记，调整光电转速传感器位置。照向转子的垂直中心线并对准标记	2	没做标记扣2分
		输入各项数据，调节好操作面板上的各旋钮和开关	2	输入数据有错本项不得分旋钮开关位置不正确扣2分
		检查各仪器是否已按规定连接好	2	未检查扣2分
2	试机及调整	启动按钮，检查工件轴向移动情况	2	没有进行试运行检查扣2分
3	进行校平衡	启动按钮，工件匀速转动	2	操作正确得2分
		观察显示屏幕上的角度和不平衡量数据	3	能正确理解显示屏读数得3分
		停机，在相应的角度上加重或去重	3	在正确角度位置上加重或去重得3分
4	重复校平衡	调整后重新校平衡	2	重新做动平衡得2分